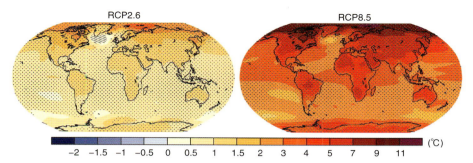

口絵 1 RCP2.6 と RCP8.5 について気候モデルで計算された 2081〜2100 年の平均地上気温
1986〜2005 年の平均気温からの偏差として表してある．(IPCC AR5, 2014)（p. 38 参照）

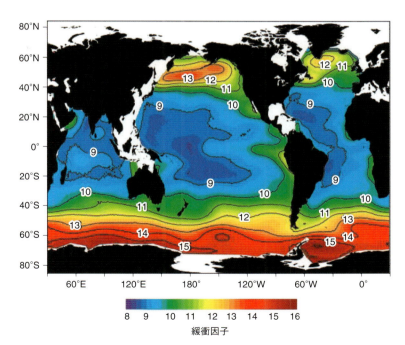

口絵 2 表層海水の緩衝因子の分布
(Sabine *et al.*, 2014)（p. 92 参照）

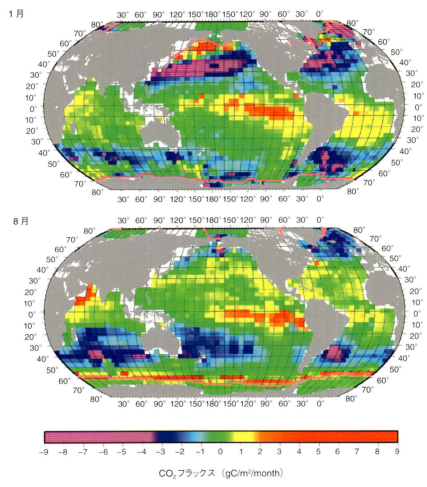

口絵3 CO_2分圧差測定をもとにして推定された1月と8月の大気-海洋間のCO_2フラックス分布

(Takahashi *et al.*, 2009) (p. 97 参照)

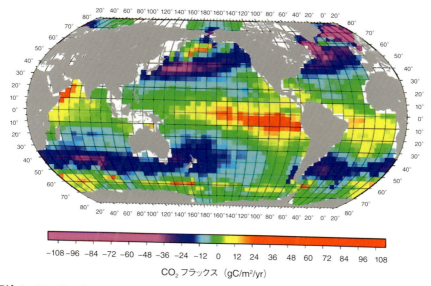

口絵 4　CO_2 分圧差測定をもとにして推定された年平均の大気-海洋間の CO_2 フラックス分布
（Takahashi *et al*., 2009）（p. 98 参照）

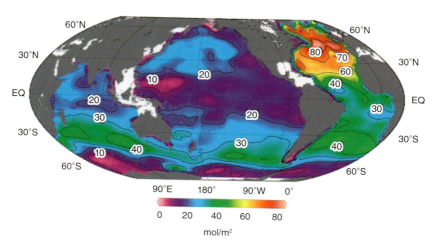

口絵 5　海洋が吸収した人為起源 CO_2 の鉛直積算値の分布
（Sabine *et al*., 2004）（p. 100 参照）

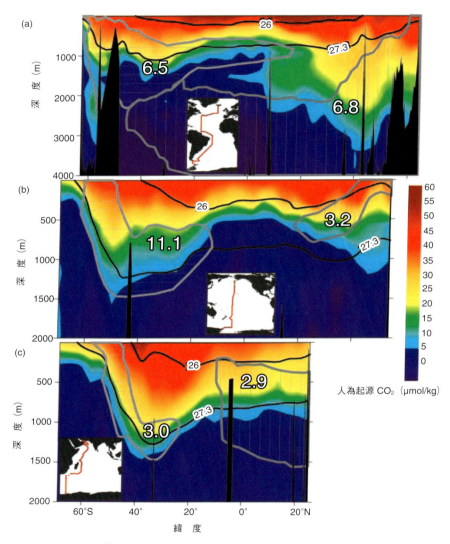

口絵6 海洋が吸収した人為起源 CO_2 の緯度-深度分布

(a) は大西洋, (b) は太平洋, (c) はインド洋の結果であり, それぞれの断面は図中の地図に示した赤い線に沿っている. 灰色の線で囲まれた領域は中層水および北大西洋深層水の分布を, 数字はそれぞれの水塊中の人為起源 CO_2 の総量 (GtC) を表している. また黒い線はポテンシャル密度である. (Sabine et al., 2004) (p. 101 参照)

現代地球科学入門シリーズ
大谷栄治・長谷川昭・花輪公雄 [編集]

Introduction to
Modern Earth Science Series

5

地球環境システム
― 温室効果気体と地球温暖化 ―

中澤高清・青木周司・森本真司 [著]

共立出版

現代地球科学入門シリーズ

Introduction to Modern Earth Science Series

編集委員

大谷 栄治・長谷川 昭・花輪 公雄

JCOPY ＜出版者著作権管理機構委託出版物＞
本書の無断複製は著作権法上での例外を除き禁じられています．複製される場合は，そのつど事前に，出版者著作権管理機構（ＴＥＬ：03-3513-6969，ＦＡＸ：03-3513-6979，e-mail：info@jcopy.or.jp）の許諾を得てください．

現代地球科学入門シリーズ
刊行にあたって

読者の皆様

　このたび『現代地球科学入門シリーズ』を出版することになりました．近年，地球惑星科学は大きく発展し，研究内容も大きく変貌しつつあります．先端の研究を進めるためには，マルチディシプリナリ，クロスディシプリナリな多分野融合的な研究の推進がいっそう求められています．このような研究を行うためには，それぞれのディシプリンについての基本知識，基本情報の習得が不可欠です．ディシプリンの理解なしにはマルチディシプリナリな，そしてクロスディシプリナリな研究は不可能です．それぞれの分野の基礎を習得し，それらへの深い理解をもつことが基本です．

　世の中には，多くの科学の書籍が出版されています．しかしながら，多くの書籍には最先端の成果が紹介されていますが，科学の進歩に伴って急速に時代遅れになり，専門書としての寿命が短い消耗品のような書籍が増えています．このシリーズでは，寿命の長い教科書を目指して，現代の最先端の成果を紹介しつつ，時代を超えて基本となる基礎的な内容を厳選して丁寧に説明しています．

　このシリーズは，学部2～4年生から大学院修士課程を対象とする教科書，そして，専門分野を学び始めた学生が，大学院の入学試験などのために自習する際の参考書にもなるよう工夫されています．それぞれの学問分野の基礎，基本をできるだけ詳しく説明すること，それぞれの分野で厳選された基礎的な内容について触れ，日進月歩のこの分野においても長持ちする教科書となることを目指しています．すぐには古くならない基礎・基本を説明している，消耗品ではない座右の書籍を目指しています．

　さらに，地球惑星科学を学び始める学生・大学院生ばかりでなく，地球環境科学，天文学・宇宙科学，材料科学など，周辺分野を学ぶ学生・大学院生も対象とし，それぞれの分野の自習用の参考書として活用できる書籍を目指しました．また，大学教員が，学部や大学院において講義を行う際に活用できる書籍になることも期待致しております．地球惑星科学の分野の名著として，長く座右の書となることを願っております．

編集委員一同

序　文

　46億年前に誕生した地球は，自然的要因によりその環境を大きく変えてきたが，約1万年前に氷河期から回復した後は比較的安定した気候を維持していた．しかしながら，18世紀末に起こった産業革命を契機に人類が大量のエネルギーと食糧を生産，消費し，便利な生活を求めた結果，二酸化炭素やメタン，一酸化二窒素といった温室効果気体が大気へ放出され，それによって近い将来の気候が大きく変化すると懸念されている．この問題は地球温暖化とよばれており，単に地上付近の気温が上昇するだけでなく，気候システムそのものが変化するので，人類を含む地球上に生存している生物に深刻な影響を与えると考えられ，地球温暖化への対応は喫緊の国際的課題となっている．

　地球温暖化問題に的確に対処するためには，気候の維持や変動における温室効果気体やその他の関連要素の役割を理解し，高度な気候モデルを用いて将来起こると考えられる気候変動を高い確度で予測することが重要である．また，原因となっている温室効果気体が，何時どこでどのような理由でどれだけ放出，消滅され，結果として大気にいくら残るか，といった地球表層における循環を明らかにし，濃度の将来予測や濃度増加の抑制対策を可能にすることも不可欠である．さらに，温室効果気体の循環および温室効果気体と気候との関わりをより深く理解するためには過去に学ぶことも重要であり，自然的要因による温室効果気体の変動を詳細かつ長期にわたって復元し，その結果を多方面から検討し，考察する必要がある．

　このように温室効果気体の循環を解明し，気候変動との関わりを調べることは，地球温暖化の理解と対応にとってきわめて重要な課題である．しかしながら，とくに温室効果気体について総合的かつ系統的に扱った教科書は，わが国においてはほとんど見当たらないのが現状である．そこで，基礎から最新の研究成果までを広く網羅し，温室効果気体と地球温暖化に関わる科学的知見をまとめることを目的として本書を執筆することにした．

　まず第1章で温室効果気体と地球温暖化に関する基礎知識および研究の背景

序　文

を紹介し，第2章で温室効果気体の気候への関わりについて述べる．次に第3章で温室効果気体の計測法を紹介し，第4章と第5章で代表的な人為起源の温室効果気体である二酸化炭素，メタンおよび一酸化二窒素の変動と循環に関する科学的知見をまとめ，第6章で氷床コア分析をもとにした過去の温室効果気体の変動の復元とその解釈について述べる．

　本書は，学部生と大学院生をおもな対象として執筆したものであるが，この分野に興味をもつ幅広い層の方々にも利用していただけると幸いである．また，本書においては引用文献を多く示すように配慮したので，より深く内容を理解することを望まれる方は参考にしていただきたい．なお，本書を執筆するにあたり，吉川久幸氏（北海道大学），田口彰一氏（産業技術総合研究所），川村賢二氏（国立極地研究所），石澤みさ氏（国立環境研究所），石戸谷重之氏（産業技術総合研究所），石島健太郎氏（海洋研究開発機構），中岡慎一郎氏（国立環境研究所），Prabir K. Patra 氏（海洋研究開発機構）に貴重なご意見，ご助言をいただいた．ここに記して深甚なる謝意を表します．

2015 年 4 月

中 澤 高 清
青 木 周 司
森 本 真 司

目　　次

第1章　序　　論　　1
1.1　地球の大気　　1
1.2　温室効果気体の発見　　6
1.3　温室効果と地球温暖化に関する研究の歴史　　10

第2章　気候の維持・変動における温室効果気体の役割　　17
2.1　太陽放射と地球放射　　17
2.2　地球の放射エネルギー収支　　20
2.3　大気の温室効果　　22
2.4　温室効果気体の増加による温暖化　　25
2.4.1　放射強制力　　25
2.4.2　地球温暖化指数　　29
2.4.3　温暖化の進行　　33

第3章　温室効果気体の測定　　42
3.1　温室効果気体の観測方法　　42
3.2　温室効果気体の濃度測定　　43
3.2.1　非分散型赤外分析計　　44
3.2.2　キャビティーリングダウン分光分析計　　46
3.2.3　ガスクロマトグラフ　　47
3.2.4　標準ガス　　48
3.3　温室効果気体の同位体比測定　　53
3.3.1　安定同位体比分析と標準試料　　57
3.3.2　放射性炭素同位体比分析と標準試料　　59

目　次

第4章　二酸化炭素の変動と循環　　62
- 4.1　地球表層における炭素循環　　62
  - 4.1.1　産業革命以前の炭素循環　　64
  - 4.1.2　最近の炭素循環　　65
- 4.2　大気中の CO_2 濃度の変動　　66
  - 4.2.1　濃度の季節変動　　67
  - 4.2.2　濃度の年々変動　　70
  - 4.2.3　濃度の経年増加　　74
- 4.3　人為起源の二酸化炭素の収支　　76
  - 4.3.1　人為起源 CO_2 の放出　　77
  - 4.3.2　大気–海洋間の CO_2 分圧差の解析　　85
  - 4.3.3　大気中の O_2 濃度と CO_2 濃度の同時解析　　102
  - 4.3.4　CO_2 の安定炭素同位体比 $\delta^{13}C$ の解析　　114
  - 4.3.5　全球3次元大気輸送モデルによる解析　　121
  - 4.3.6　IPCC 第5次評価報告書による全球 CO_2 収支　　139

第5章　メタンおよび一酸化二窒素の変動と循環　　147
- 5.1　CH_4 の変動と循環　　147
  - 5.1.1　CH_4 の発生と消滅　　148
  - 5.1.2　大気中の CH_4 濃度の変動　　152
  - 5.1.3　地球表層における CH_4 の収支　　159
- 5.2　N_2O の変動と循環　　177
  - 5.2.1　N_2O の発生と消滅　　178
  - 5.2.2　大気中の N_2O 濃度の変動　　181
  - 5.2.3　地球表層における N_2O の収支　　189

第6章　氷床コアから復元された二酸化炭素，メタン，一酸化二窒素の変動　　200
- 6.1　氷床コア分析　　201
  - 6.1.1　氷床コア　　201

	6.1.2	氷床コア分析の特徴	204
	6.1.3	氷床コアの分析方法	210
6.2	人間活動による温室効果気体の増加		213
	6.2.1	氷床コアから復元された濃度変動	213
	6.2.2	CO_2 濃度の増加原因	215
	6.2.3	CH_4 濃度の増加原因	217
	6.2.4	N_2O 濃度の増加原因	220
6.3	自然的要因による温室効果気体の変動		223
	6.3.1	完新世における CO_2, CH_4 および N_2O の変動	223
	6.3.2	氷期–間氷期における CO_2, CH_4 および N_2O の変動 . .	231

参考文献　　　　　　　　　　　　　　　　　　　　　　245

索　　引　　　　　　　　　　　　　　　　　　　　　　271

欧文索引　　　　　　　　　　　　　　　　　　　　　　274

第1章 序論

この章では，本書の内容を理解するための基礎知識として，地球の**大気**（atmosphere）がいかなる成分から構成されているか，**温室効果気体**（greenhouse gas）は誰が発見したのか，**地球温暖化**（global warming）の研究はどのように行われてきたのか，といったことについて簡単にまとめる．

1.1 地球の大気

地球が誕生したころの大気は，原始惑星を形成した星間雲の主成分であった水素やヘリウムといった軽い気体から構成されていたが，原始太陽の活発化に伴う太陽風の強まりや周辺に存在していた微惑星の衝突による原始地球の加熱といった効果により，宇宙に散逸した．その後の大気については，最近では，微惑星との衝突により溶けてマグマ状態となった原始地球の表層から揮発成分として放出された**水蒸気**（water vapor; H_2O）や**二酸化炭素**（carbon dioxide; CO_2），**窒素**（nitrogen; N_2）などから形成されたと考えられている．微惑星は地球に衝突して徐々に数が減っていくので，やがて衝突による熱の発生もなくなり，宇宙に熱放射することによって地球の温度は低下したはずである．それに伴って大気に含まれる大量の H_2O は凝結して降水となり，**海洋**（ocean）が形成され，その中に CO_2 が吸収されたために大気の主成分は N_2 になったと考えられる．およそ27億年前に光合成によって有機物をつくり出す原始生物シアノバクテリア（ラン藻）が出現し，そのはたらきによって CO_2 を原料として**酸

第1章 序　論

素（oxygen; O_2）が生成され始めた．初期のころには O_2 は鉄（Fe）や硫黄（S）の酸化に使われたが，およそ 20 億年前から大気への蓄積が始まった．大気に O_2 が蓄積されると，太陽からの紫外線によって O_2 分子は光解離し（$O_2 + h\nu \to 2O$），生じた酸素原子（O）が周囲の O_2 分子と結合して**オゾン**（ozone; O_3）を生成し（$O + O_2 + M \to O_3 + M$．ここで M は反応のエネルギーを吸収する役割を果たす O_2 や N_2），いわゆる**オゾン層**（ozone layer）を形成する．オゾン層は，生命の維持にとって有害な短波長の太陽紫外線を吸収して地上に到達する強度を弱めるので，その出現によって地上での生物活動が可能となった．約 4 億年前には陸上植物による光合成が始まり，生産された O_2 がさらに大気へ蓄積されるようになった．このように，地球の大気は長い時間をかけて複雑な変遷をたどり，現在に至っている．

表 1.1 に現在の大気を構成する気体とその割合（**体積比**（volume ratio））を示す（U. S. Standard Atmosphere（1976）をもとに作成．体積比は 1960 年ころの値）．大気には H_2O が存在し，その量は場所や季節などによっておよそ 0～4% の範囲で変化するが，これを除くと，大気の組成は地表付近から高度 80 km くらいまではほぼ一定である．主たる成分は N_2，O_2，**アルゴン**（argon; Ar）である．表からわかるように，N_2，O_2，Ar を合わせると全体の 99.97% を占めるので，地球大気はこれら 3 つの気体で構成されているといっても過言ではない．しかし，さらに詳しく見てみると，わずかではあるが数多くの気体を含んでいることがわかる．これらの微量気体の中で CO_2，**メタン**（methane; CH_4），**一酸化二窒素**（nitrous oxide; N_2O），対流圏に存在する O_3 などは，H_2O とともに**温室効果**（greenhouse effect; 2.3 節で説明）を生み出すので，温室効果気

表 1.1　乾燥大気の組成

成　分	化学式	体積比（%）	成　分	化学式	体積比（%）
窒　素	N_2	78.084	ヘリウム	He	0.000 524
酸　素	O_2	20.947 6	メタン	CH_4	0.000 12
アルゴン	Ar	0.934	クリプトン	Kr	0.000 114
水蒸気	H_2O	−	水　素	H_2	0.000 05
二酸化炭素	CO_2	0.031 5	一酸化二窒素	N_2O	0.000 032 9
ネオン	Ne	0.001 818	オゾン	O_3	0.000 007

（U. S. Standard Atmosphere（1976）をもとに作成）

体とよばれている．また，表 1.1 には示していないが，**クロロフルオロカーボン**（chlorofluorocarbon; CFC．国内での通称はフロン）や**パーフルオロカーボン**（perfluorocarbon; PFC），**ハイドロフルオロカーボン**（hydrofluorocarbon; HFC），**ハイドロクロロフルオロカーボン**（hydrochlorofluorocarbon; HCFC）といった**ハロカーボン類**（halocarbon; ハロゲン原子であるフッ素，塩素，臭素，ヨウ素を含んだ炭素化合物の総称），および**六フッ化硫黄**（sulfur hexafluoride; SF_6）などもごくわずかに大気に存在しており，強力な温室効果気体として知られている．なお，H_2O は最強の温室効果気体であり，気温に対して正のフィードバック効果をもつので，気候変動を考えるうえではきわめて重要であるが，その大気中での量は人間活動によって直接変えられることがないため，**人為起源**（anthropogenic origin）の温室効果気体としては扱われない．なお，表 1.1 では温室効果気体の**濃度**（concentration）は体積比として％で表されているが，本書ではとくに断らないかぎり**モル比**（mole ratio）とし，濃度に応じて科学的慣用句である ppm（parts per million; 百万分率，10^{-6}），ppb（parts per billion; 10 億分率，10^{-9}），ppt（parts per trillion; 1 兆分率，10^{-12}）を用いて表現する．

　CO_2 や CH_4，N_2O については第 4 章と第 5 章で詳しく扱うので，ここではハロカーボン類と SF_6 について簡単に触れることにする．表 1.2 は，"**気候変動に関する政府間パネル**（Intergovernmental Panel on Climate Change; IPCC）"（以後，IPCC と表現する）の**第 5 次評価報告書**（Fifth Assessment Report; AR5）がまとめた代表的なハロカーボン類および SF_6 の大気中の寿命と 2011 年における全球平均濃度である（IPCC AR5, 2014）．また，1980 年以降の大気中濃度の変動を図 1.1 に示す（IPCC AR5, 2014）．代表的なハロカーボンである CFC は，米国のゼネラルモーターズ（General Motors）社に勤務していたトーマス・ミッジリー（Thomas Midgley, Jr.）が 1928 年に初めて人工的に合成した物質であり，無色，無臭，無毒である，容易に液化および気化する，洗浄能力が高いといった優れた性質を有するため，"奇跡の物質"とまでよばれた．その後，他の CFC も開発され，冷蔵庫やクーラーの冷媒，スプレー缶の噴射剤，半導体の洗浄剤などとして広く使用された．CFC は対流圏では安定しており，成層圏に輸送された後に紫外線による光解離で消滅するので，大気中での寿命が数十年から 100 年と長く，使用量の増大とともに大気中の濃度は急増した．しかし，CFC は光解離する際に**塩素原子**（chlorine atom; Cl）を放出し，それが O_3

第 1 章 序　論

表 1.2　ハロカーボン類などの大気中の寿命および 2011 年の全球平均濃度

気　体	化学式	寿命(年)	2011 年の全球平均濃度 (ppt)	
			AGAGE	NOAA
六フッ化硫黄	SF_6	3,200	7.26±0.02	7.31±0.02
パーフルオロメタン	CF_4	50,000	79.0±0.1	
六フッ化エタン	C_2F_6	10,000	4.16±0.02	
HFC-125	CHF_2CF_3	28.2	9.58±0.04	
HFC-134a	CH_2FCF_3	13.4	62.4±0.3	63.0±0.6
HFC-143a	CH_3CF_3	47.1	12.04±0.07	
HFC-152a	CH_3CHF_2	1.5	6.4±0.1	
HFC-23	CHF_3	222	24.0±0.3	
CFC-11	CCl_3F	45	236.9±0.1	238.5±0.2
CFC-12	CCl_2F_2	100	529.5±0.2	527.4±0.4
CFC-113	$CClF_2CCl_2F$	85	74.29±0.06	74.40±0.04
HCFC-22	$CHClF_2$	11.9	213.4±0.8	213.2±1.2
HCFC-141b	CH_3CCl_2F	9.2	21.38±0.09	21.4±0.2
HCFC-142b	CH_3CClF_2	17.2	21.35±0.06	21.0±0.1
四塩化炭素	CCl_4	26	85.0±0.1	86.5±0.3
1,1,1-トリクロロエタン (メチルクロロホルム)	CH_3CCl_3	5	6.3±0.1	6.35±0.07

AGAGE：先進的全球大気気体実験，NOAA：アメリカ海洋大気庁．
（IPCC AR5（2014）をもとに作成）

を消滅させるので，成層圏のオゾン層を破壊する原因物質でもある．そのため，1985 年の「オゾン層の保護のためのウィーン条約」および 1987 年の「オゾン層を破壊する物質に関するモントリオール議定書」により CFC の生産および輸入が禁止され，1992 年ころを境に大気中の濃度は増加を停止あるいは減少しつつある．一方，CFC の代替品として開発された HFC や HCFC，半導体・液晶パネルの製造過程で使用され，またアルミニウムの精錬過程で副産物として発生する**四フッ化炭素**（テトラフルオロメタンともよばれる，tetrafluoromethane; CF_4）や**六フッ化エタン**（hexafluoroethane; C_2F_6）などの PFC，電力機器の絶縁材として，あるいは半導体・液晶パネルの製造やマグネシウム合金の鋳造の際に使用される SF_6 といった気体の大気中濃度は急速に増加している．

　代表的な PFC である CF_4 は岩石圏からも自然に放出されていることが知られているが（人為起源気体の放出が行われる前の大気中濃度は，第 6 章で述べる**氷床**

1.1 地球の大気

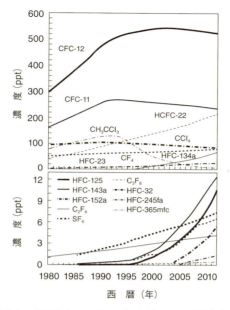

図 1.1　代表的なハロカーボン類と SF_6 の濃度変動
(IPCC AR5, 2014)

コア (ice core) の分析から 31〜35ppt と推定されている), ここで示した気体のほぼすべては人間がつくり出したものであるので, 製造量や特性はよく把握されている. しかし, 製造量と大気への放出量は異なるので, 大気中濃度を系統的に観測し, その動向を把握しておくことが重要であり, 実際にそのような活動はいくつかの研究機関や国際プロジェクトによって行われている. たとえば, 1978〜86 年に行われた**大気寿命実験** (Atomospheric Lifetime Experiment; ALE), 1981〜96 年に行われた**全球大気気体実験** (Global Atmosheric Gases Experiment; GAGE), 1993〜96 年に開始され今日まで継続されている**先進的全球大気気体実験** (Advanced Global Atmospheric Gases Experiment; AGAGE) という国際プロジェクト (最近では 3 つの実験をひとまとめにして AGAGE とよばれることも多い) やアメリカ海洋大気庁地球システム研究所全球監視部門 (National Oceanic and Atmospheric Administration/Earth System Research Laboratory/Global Monitoring Division; NOAA/ESRL/GMD) の活動は広く知られており, 表 1.2

第 1 章　序　　論

や図 1.1 に示した結果もこれらのグループによって取得されたものである．本書ではハロカーボン類や SF_6 についてはこれ以上詳しく扱わないので，興味のある読者はそれぞれのホームページ（http://agage.eas.gatech.edu/index.htm と http://www.esrl.noaa.gov/gmd/hats/），IPCC が公表した**第 4 次評価報告書**（Fourth Assesment Report; AR4）や第 5 次評価報告書（IPCC AR4, 2007; IPCC AR5, 2014）などを参照していただきたい．なお，本書では以後，アメリカ海洋大気庁地球システム研究所全球監視部門を NOAA/ESRL/GMD と表現し，国際プロジェクトについても ALE，GAGE，AGAGE という略称を用いるが，使用するデータの期間に応じて単独または複数の略称を並列して表現する．

1.2　温室効果気体の発見

　人間活動によって大気中で増加した代表的な温室効果気体としては，CO_2 や CH_4，N_2O，CFC，SF_6 を挙げることができる．これらの気体の存在はいつのころから知られていたのであろうか．まず発見の歴史について振り返ってみることにする．これらの気体のなかで最も早く発見されたのは CO_2 であり，すでに 1754 年に英国の物理化学者ジョゼフ・ブラック（Joseph Black, 図 1.2）によってその存在が確認されていた．彼は，石灰石（$CaCO_3$）を焼いたときに発生する気体を石灰水（$Ca(OH)_2$）に通すと白濁することを見いだした．現在の科学の知識を用いると，この反応は

$$CaCO_3 \longrightarrow CaO + CO_2$$

$$Ca(OH)_2 + CO_2 \longrightarrow CaCO_3 + H_2O$$

と書くことができる．また，彼は，石灰水に空気を通しても同様な白濁が生ずることを見いだし，白濁を生じさせる気体を"固まる空気（fixed air）"と名付けた．固まる空気が炭素と酸素から構成される CO_2 であることは，フランスのアントワーヌ・ラボアジエ（Antoine-Laurent de Lavoisier）によって 1777 年に確認された．ちなみに，大気の主成分である N_2 はジョゼフ・ブラックの弟子であった英国人化学者ダニエル・ラザフォード（Daniel Rutherford）によって 1772 年に，O_2 は英国人神学者・化学者ジョゼフ・プリーストリー（Joseph Priestley）によって 1774 年に（スウェーデン人化学者カール・ヴィルヘルム・

1.2 温室効果気体の発見

図 1.2 ジョゼフ・ブラック (Joseph Black; 1728〜99 年)
(Encyclopædia Britannica Online (http://global.britannica.com/EBchecked/topic/67460/Joseph-Black) より)

シェーレ (Carl Wilhelm Scheele) が 1 年前にすでに発見していたが,発表が遅れたためにプリーストリーが発見者とされている),アルゴン (Ar) は英国人化学者ウィリアム・ラムゼー (William Ramsay) と英国人物理学者ジョン・ストラット (John W. Strutt;レイリー卿 (Lord Rayleigh) として広く知られている) によって 1895 年に発見されており,これらの気体と比べると CO_2 の発見はかなり早い.

大気中の CO_2 濃度は,1797 年にドイツの博物学者アレキサンダー・フォン・フンボルト (Friedrich Wilhelm Heinrich Alexander von Humboldt) によってすでに測定され,体積比でおよそ 1% (10,000ppm) であると報告されていたようである.しかしその後,分析技術や観測方法が改善されるとともに測定値は低下し,**産業革命** (Industrial Revolution) 以前の濃度は 290ppm 程度であると考えられていた (Callendar, 1958).そのような様子は,図 1.3 から見てとることができる (Keeling, 1997).この図は,英国人蒸気機関技術者ガイ・カレンダー (Guy S. Callendar,図 1.4) が収集した化学分析法 (たとえば,水酸化ナトリウム (NaOH) に大気中の CO_2 を吸収させ,塩化水素 (HCl) で中和滴定して濃度を決める (Brown and Escombe, 1905)) による CO_2 濃度データをまとめたものである.また,図 1.3 は 1900 年ころから CO_2 濃度が経年的に増加していることも示している.

第 1 章 序　論

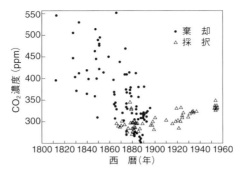

図 1.3　化学的手法を用いて測定された大気中の CO_2 濃度の結果
●は測定に問題があると考えられたデータ，△は妥当と判断されたデータ．（Keeling, 1997）

図 1.4　ガイ・カレンダー（Guy S. Callendar, 1898〜1964 年）
（Cleveland（2012）より）

　CH_4 は，すでに 1700 年代に大気に存在する**自然起源**（natural origin）の燃焼性ガスとして気づかれていたようであり，1862 年にフランスの化学者ジャン・バティスト・ブサンゴー（Jean Baptiste Boussingault）が都市大気のひとつの構成気体であることを示唆した．また，1800 年代の終わりころには，CH_4 が湿地あるいは有機物の酸化，木や石炭の燃焼から発生することが知られていた．実際に大気中に CH_4 が存在することを確認したのは，ベルギーの物理学者マルセル・ミジョット（Marcel Migeotte）である．彼は 1948 年に高分解能分光光度計を用いて太陽を光源として大気スペクトルを測定し，室内実験で得られた

1.2 温室効果気体の発見

CH_4 のスペクトルと比較することによって，波長 3.3 μm 付近の吸収スペクトル線が CH_4 によるものであることを見いだした（Migeotte, 1948）．大気中の CH_4 濃度を最初に測定したのはロバート・マックマース（Robert R. McMath）らであり，彼らは分光光度計を用いたスペクトル測定を行い，鉛直方向に平均したカラム（気柱）濃度として 2.3ppm という値を得た（McMath *et al.*, 1949）．

N_2O は，1772 年にジョゼフ・プリーストリーによって初めて生成され，1795 年には英国の化学者ハンフリー・デービー（Humphry Davy）が N_2O の麻酔効果を発見し，**笑気ガス**（laughing gas）と命名した．実際に N_2O は 1845 年に抜歯の際の麻酔剤として使用が試みられ，失敗に終わったが，その後に技術の改善が図られ，現在でも麻酔剤として使用されている．N_2O が大気を構成する気体のひとつであることは，1939 年に米国の天文学者アーサー・エーデル（Author Adel）が低分解能分光光度計を用いて大気スペクトルの測定を行い，波長 7.8 μm と 8.6 μm の付近に N_2O の吸収帯を発見し，初めてその存在を確認した（Adel, 1939）．N_2O 濃度の定量的な測定は，リチャード・グッディー（Richard M. Goody）とデスモンド・ウォルショウ（C. Desmond Walshaw）によって分光法を用いて初めて行われ，鉛直カラム平均濃度として 350ppb という値が報告された（Goody and Walshaw, 1953）．なお，上で述べた初期のころの CO_2, CH_4, N_2O 濃度の観測結果（CO_2 の場合は図 1.3 の採択データ）は，その後に行われた大気の系統的観測や氷床コア分析の結果と比べると，いずれも明らかに高い濃度を示しており，現在と同等の信頼性をもっていたわけではない．

ハロカーボン類や SF_6 が大気中に存在していることが確認されたのは，3.2.3 項で述べる**ガスクロマトグラフ**（gas chromatograph; GC）の検出器のひとつである**電子捕獲型検出器**（electron capture detector; ECD）が 1956 年に英国人科学者ジェームス・ラブロック（James E. Lovelock）によって発明されたことによるところが大きい．すなわち，この検出器を備えたガスクロマトグラフ測定装置を用いて，SF_6 と代表的なフロンである CFC-11 は 1971 年にラブロック自身によって（Lovelock, 1971），もうひとつの代表的フロンである CFC-12 は 1973 年に米国のチーウー・スー（Chih-Wu Su）とエドワード・ゴールドバーグ（Edward Goldberg）によって発見された（Su and Goldberg, 1973）．

第 1 章 序　論

1.3　温室効果と地球温暖化に関する研究の歴史

　第 2 章で説明するように，地球に大気が存在することによって地表付近の気温は 33°C も上がっており，われわれが快適に暮らすことができる環境となっている．"温室効果" とよばれるこの大気による昇温作用は，すでに 18 世紀前半には知られていた．フーリエ級数で有名なフランスの数学・物理学者ジョゼフ・フーリエ（Jean Baptiste Joseph Fourier，図 1.5）は，1824 年に発表した論文の中で，地球の温度は太陽からのエネルギーと月や星からのエネルギー，地熱で決められていると述べており，その際，大気は太陽からやってくる光（可視光線のこと）よりも地表から出る目に見えない光（赤外線のこと）を強く吸収し，地表を暖める効果があるとしている．彼は，太陽の光の下におかれたガラス容器の中が周囲より暖まることになぞらえて，この大気による昇温作用をガラスの効果（un effet de verre）と名付けた．その後，地表から放射される赤外線を吸収するものは H_2O と CO_2 であることを 1859 年に英国の物理学者ジョン・ティンダル（John Tyndall）が発見した．ちなみに，赤外線は，英国で活躍していたドイツ人天文学者ウィリアム・ハーシェル（William Herschel）によって，可視光線より波長の長い領域にもエネルギーがあるという分光実験の結果をもとにして 1800 年に発見されていた．

図 1.5　ジョセフ・フーリエ（Jean Baptiste Joseph Fourier; 1768～1830 年）
（Lee (2012) より）

1.3 温室効果と地球温暖化に関する研究の歴史

図 1.6　スバンテ・アレニウス（Svante A. Arrhenius; 1859～1927 年）
（Lee（2012）より）

　大気中の CO_2 が増減すると地表付近の気温が変化することを最初に指摘したのは，スウェーデンの物理化学者スバンテ・アレニウス（Svante A. Arrhenius，図 1.6）である．彼は，1903 年に電解質溶液理論の研究でノーベル化学賞を受けた著名な学者であるが，CO_2 の温室効果に関して 1896 年にパイオニア的論文を発表した（Arrhenius, 1896）．アレニウスは，ティンダルが見いだしたように地上から放射される赤外線は H_2O と CO_2 によって吸収されるものとし，赤外線に対する両者の吸収係数を，地球と温度が似ていると考えられていた満月の月を光源として米国の天文物理学者サミュエル・ラングレー（Samuel P. Langley）が行った放射観測の結果から求め，さらに大気中の水蒸気量分布を独自に作成し，CO_2 の量を変えながら緯度と季節について地上気温の変化を計算した．その結果，300ppm の CO_2 を 0.67，1.5，2，2.5，3 倍にすると，全球平均地上気温はそれぞれ $-3.2°C$，$+3.4°C$，$+5.7°C$，$+7.4°C$，$+8.4°C$ ほど変化することを明らかにした．今日のスーパーコンピュータを用いた気候モデルによるシミュレーションと比較すると，気温変化は 2 倍近くになっているが，きわめて大胆な仮定の下に不十分なデータを用いて計算された結果であることを考慮すると，いささか驚くべき数値であるといえる．

　アレニウスの研究は，もともとは人間活動に伴う温暖化を予測するために行われたわけではなく，当時すでに知られていた氷期–間氷期の気温変動を火山起

第 1 章　序　　論

源の CO_2 で説明しようとしたものである．すなわち，火山活動が活発になると地球の内部から大気に大量の CO_2 が放出され，それによって温室効果が強まり，気温が上昇するが（**間氷期**; interglacial period），火山活動が不活発になると逆のことが起こり，気温が低下して**氷河期**（glacial period）となると考えたのである．しかし，アレニウスは，この研究の直後，得られた結果をもとに人為起源の CO_2 による気温上昇について考察し，いくつかの論文を発表した．彼は，これらの一連の論文において，工業化に伴う石炭燃焼によって大気に放出される CO_2 の 5/6 は海洋により吸収され，大気に残る 1/6 はほとんど風化により消滅されてしまうが，大気中の CO_2 は少しずつではあるが着実に増え続け，3,000 年後には 50% ほど増加し，気温は 3.4°C 上昇すると予測した．また，このような CO_2 の増加によって気候が温暖になり，われわれの子孫は快適な環境の下で過ごすことになるかもしれないとも述べており，今日より温暖化を楽観視していたようである．ちなみに，現在の科学の知識によると，**氷期–間氷期サイクル**（glacial-interglacial cycle）は，地球の軌道要素がひき起こす日射（太陽からの放射エネルギー）変化に気候システムが応答し，大気–**氷床**（ice sheet）–地殻が相互に作用することによってもたらされるものと考えられており（Abe-Ouchi et al., 2013），また**火山噴火**（volcanic eruption）が起こると成層圏に大量の二酸化硫黄（SO_2）が注入され，その酸化物である**硫酸エアロゾル**（sulfate aerosol）が長期に滞留するため，日射が反射，吸収されて対流圏の気温が低下する（**日傘効果**（parasol effect）とよばれる）ことが知られている．なお，アレニウスの研究成果は 1906 年に著書としてもまとめられおり（スウェーデン語による原題名は"Varldarnas Utveckling"），わが国においても一戸直蔵がドイツ語版（題名は"Das Werden der Welten"）を訳し，1912 年に大倉書店から『宇宙発展論』として出版している（1921 年に『宇宙之進化』と改題して再出版）．旧漢字，旧仮名遣いではあるが，所蔵している大学図書館もあるので，興味のある読者は参考にされたい．

　温室効果を表す言葉として，フーリエは"un effet de verre（ガラスの効果）"を使い，その後"hotbed effect（温床効果）"という言葉も使われ，アレニウスは"hothouse effect（温室効果）"を使用した．今日では"greenhouse effect（温室効果）"が広く使われているが，この言葉は，1909 年に米国の物理学者ロバート・ウッド（Robert W. Wood）が，温室の中の気温が高い理由は，温室内から

1.3 温室効果と地球温暖化に関する研究の歴史

外に向かう赤外線をガラスが吸収する効果より，ガラスによって風を遮って**潜熱**（latent heat）や**顕熱**（sensible heat）の散逸を防ぐ効果が大きいことを示す実験を行った際に使った（Wood, 1909）ことが始まりといわれている．ちなみに，彼自身は，この時点では地表付近の気温にとって大気の温室効果が重要であることに気づいていなかったようである．

人間活動に伴う CO_2 の増加による気温上昇を最初に指摘したのは，ガイ・カレンダーである（Callendar, 1938）．彼は蒸気機関の技術者であったが，20世紀前半に観測された気温上昇に興味をもち，個人的な趣味として気候の研究を始め，1938～58年に一連の論文を出版した．これらの研究において，それまでに化学的手法を用いてヨーロッパや米国などで観測された大気中 CO_2 濃度のデータを収集して注意深く選別し，図1.3（採択データ）のような濃度の経年的増加を見いだし，その原因は石炭を中心とした**化石燃料**（fossil fuel）の燃焼によるものであるとした．また，このような CO_2 濃度の増加をもとにして放射収支を計算し，20世紀前半に観測された気温上昇は人為起源の CO_2 によってひき起こされたものであると結論づけた．なお，CO_2 増加に化石燃料燃焼が深く関与していたことは，オーストリア人化学者ハンズ・スース（Hans Suess）によって，木の年輪の**放射性炭素**（radioactive carbon; ^{14}C）の経年的な減少からも指摘された（Suess, 1955）．ちなみに，3.3節で述べるように，太古の昔につくられた化石燃料は半減期が5,730年の ^{14}C を含まないので，化石燃料を燃焼して CO_2 を発生させると大気中の CO_2 の ^{14}C 濃度は減少し，その CO_2 を取り込んだ樹木の ^{14}C も減少する（この現象のことを**スース効果**（Suess effect）という）．

カレンダーの研究は大きな関心をよび，1950年代末に開始された米国のチャールズ・キーリング（Charles D. Keeling, 図1.7）による CO_2 濃度の系統的観測や真鍋淑郎（図1.8）らによる気候モデルの開発の引き金となった．なお，1900年代前半に上昇した気温は，1940年ころをピークにして1970年ころまで下降あるいは停滞したため，温暖化に関わる研究はその後も大きな関心をひき続けたわけではない．しかし，1988年に米国で発生した大干ばつに関連してアメリカ航空宇宙局のジェームス・ハンセン（James E. Hansen, 図1.9）が，上院公聴会で「1980年代の暖かい気候は地球温暖化によるものである確率が99％である」と証言したことが大きなきっかけとなり，1990年代に入って活発に研究が

第1章 序　論

図 1.7　チャールズ・キーリング（Charles D. Keeling; 1928〜2005 年）
（キーリング家提供）

図 1.8　真鍋淑郎（1931〜）
（プリンストン大学ホームページ（http://www.princeton.edu/aos/people/faculty/manabe/index.xml）より）

行われるようになった．現在では，CO_2 をはじめとする温室効果気体の大気観測は世界の 150 か所以上で行われており，地球規模の温室効果気体循環に関する広範な研究が精力的に展開され，気候モデルも非常に複雑化されたものが開発，利用されている．

　最後にわが国における地球温暖化と温室効果気体の研究動向について簡単に

1.3 温室効果と地球温暖化に関する研究の歴史

図 1.9 ジェームス・ハンセン（James E. Hansen; 1941〜）
（James Hansen ホームページ（http://www.columbia.edu/~jeh1/）より）

紹介する．非常に早い段階で CO_2 による温暖化を扱ったことで広く知られているものは，宮沢賢治が 1932 年に雑誌「児童文学」で発表した童話『グルコーブドリの伝記』である．このなかには「地球の気温はおもに CO_2 によって決まっており，火山が爆発して CO_2 を放出すると地球全体に広がり，下層の空気や地表からの熱の放散を防ぎ，地球全体の温度を 5°C くらい上昇させる」という記述がある．その内容は上で述べた『宇宙発展論』あるいは『宇宙之進化』とよく似ているので，賢治はいずれかの本を読み参考にしたのではないかと想像される．一方，わが国における地球温暖化に関する専門的な研究は，大気放射学を専門としていた東北大学の山本義一（故人）が初めて行ったと思われる（1957 年 7 月 14 日の朝日新聞への投稿記事「暖かくなる地球―工業の発展で炭酸ガスがふえる―」）．彼は，H_2O の効果も考慮に入れて CO_2 を 2 倍に増やし，鉛直方向の気温がどのように変化するか緯度別に計算して，1957 年 5 月に名古屋で開催された日本気象学会年会において発表した．その結果は，地表気温は赤道（0.3°C）よりも極域（2〜3°C）で大きく上昇し，成層圏では逆に冷却が起こることを示している．また，朝日新聞の記事において，彼は地球温暖化問題に対して警鐘を鳴らしており，いずれ近い将来に人間活動に伴う CO_2 排出を削減する必要があることを訴えている．

その後，1970 年代末に東北大学が温室効果気体の地球規模循環に関する研究に着手し，1980 年代に気象庁気象研究所が全球 3 次元気候モデルの開発を開始

第 1 章 序　　論

した．1990 年代に入って温暖化への関心が高まるとともに，気象庁や国立極地研究所，気象研究所，国立環境研究所，産業技術総合研究所，農業環境技術研究所，森林総合研究所，地球環境フロンティア（現 海洋研究開発機構），東京工業大学，北海道大学などで温室効果気体の観測や循環の研究が開始された．また東京大学・地球環境フロンティア・国立環境研究所による全球気候モデルの開発が始まり，さらに 2000 年代には国立環境研究所や大学などで温暖化影響評価・緩和策・適応策の研究が行われるようになって，今日に至っている．

第2章 気候の維持・変動における温室効果気体の役割

　表1.1や表1.2からもわかるように，温室効果気体は大気にほんのわずかしか含まれていないが，太陽からやってくる可視光線（太陽放射）を透過し，地球から射出される赤外線（地球放射）を強く吸収するという性質がある．このような性質から生ずる温室効果を通して，温室効果気体は気候の維持と変動にとって重要な役割を果たしている．この章では，**太陽放射**（solar radiation）と**地球放射**（terrestrial radiation）の特徴，地球の**放射エネルギー収支**（radiation budget），大気の温室効果，温室効果気体と気温の関係について述べる．なお，この章で述べる大気放射については，会田 勝（1982）や浅野正二（2010），藤枝 鋼・深堀正志（2014）がより専門的に扱っているので，さらに深く学びたい方は参考にされたい．

2.1　太陽放射と地球放射

　地球の自然エネルギーの源は太陽にある．図2.1に示すように，地球は太陽から短波長の放射エネルギー（太陽放射，日射あるいは短波放射ともいう）を受け取るとともに，その一部を宇宙に反射し，また太陽光によって暖められた地表から長波長の放射エネルギー（地球放射，赤外放射あるいは長波放射ともいう）を宇宙に放出しており，これらのエネルギーのバランスによって地球大気の基本的な温度構造は決められている．そこで，まずこの節で太陽放射と地球放射の特徴について説明することにする．

第 2 章　気候の維持・変動における温室効果気体の役割

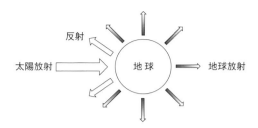

図 2.1　地球の放射エネルギー収支

　地球が太陽から受け取るエネルギーは，両者の間の距離の 2 乗に反比例するので，太陽の周りを楕円軌道でまわっている地球が受け取るエネルギーは季節によって異なる．現在の地球は遠日点を 7 月 5 日ころに通過し，そのとき太陽との距離は 1.017 AU（AU は**天文単位**（astronomical unit）であり，太陽と地球の平均的距離 149,597,871 km を 1 とする）であるが，近日点を通過する 1 月 2 日ころには，太陽との距離は 0.983 AU になる．したがって，遠日点と近日点での太陽放射の強度の違いは 7% に及ぶ．太陽と地球が平均的な距離にあるとき，地球が受け取る放射エネルギーは約 $1,366\,\text{W/m}^2$ であり（Lean and Rind, 1998），これを**太陽定数**（solar constant）とよぶ．

　太陽放射のエネルギー分布は，図 2.2 に示すように，約 6,000 K の**黒体**（blackbody；熱放射などを波長によらず完全に吸収し，また放出する理想的な物体のこと）から放射されるエネルギーによって近似することができる（Goody and Yung, 1989）．エネルギーの 99% は 0.15〜3 μm の波長域にあり，**ウィーンの変位則**（Wien's displacement law）から強度が最大になる波長はおよそ 0.5 μm となる．太陽放射強度は 0.38〜0.77 μm の可視域で強く（52%），それより長波長の赤外領域（42%）と短波長の紫外領域（6%）にもエネルギーをもつ．

　太陽放射が大気を通過すると，そのエネルギーは N_2 や O_2 といった空気分子および**エアロゾル**（aerosol；大気に浮遊する微粒子）による散乱や雲による反射によって減衰されると同時に，微量な気体分子による吸収を受ける．0.3 μm より波長が短い紫外線は，成層圏において**ハートレー帯**（Hartley band）とよばれる O_3 の強い吸収帯（0.2〜0.3 μm）および O_2 の**シューマン–ルンゲ帯**（Schumann-Runge band；0.13〜0.2 μm）や**ヘルツベルグ帯**（Herzberg band；0.2〜0.24 μm）によってほぼ完全に吸収され，また赤外領域では H_2O や CO_2，O_3 の**振動–回転**

2.1 太陽放射と地球放射

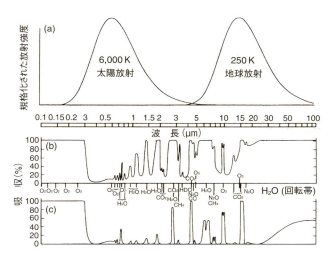

図 2.2 太陽放射と地球放射に相当する黒体放射エネルギーのスペクトル分布 (a) および地上 (b) と高度 11 km (c) での吸収スペクトル
(Goody and Yung (1989) を改変)

帯 (vibration-rotation band; 分子の振動と回転のエネルギー準位の遷移が同時に起こることによって生ずる吸収帯であり，さまざまな強度をもつ多くの吸収線から構成されている) によって波長選択的に吸収を受ける．一方，可視領域では O_3 の**シャピウス帯** (Chappuis band; 0.44～0.8 μm) や 0.76 μm 付近に存在する O_2 の**電子遷移帯** (electronic transition band)，H_2O の振動回転帯などによってわずかに吸収されるものの，ほとんどのエネルギーは地上に到達する．

地球は宇宙から見るとほぼ 250 K の黒体で近似することができ，図 2.2 に示したように，地球放射は 12 μm 付近を最大強度として 4～100 μm の波長領域にエネルギーをもつ．太陽放射と異なり，地表面から射出される赤外線は，"**大気の窓** (atmospheric window)" とよばれる 8～13 μm の波長領域を除くと，H_2O，CO_2，O_3，CH_4，N_2O の振動-回転帯や H_2O の**回転帯** (rotation band; 分子の回転エネルギー準位の遷移によって生ずる吸収帯) などによって強く吸収され，直接宇宙には届かない．すなわち，次節で示すように，赤外線の目で宇宙から地球を観測すると，地表面が見えているのではなく，地表から発せられた赤外線を吸収したより上空の温度の低い大気を見ていることになる．ちなみに，本

書で扱う CO_2,CH_4 および N_2O の近赤外領域から赤外領域にかけての代表的な吸収帯は,それぞれ 1.4,1.6,2.7,4.3,5,10,15 μm 付近と 3.3,7.6 μm 付近,4.5,7.8,17 μm 付近に存在している.

以上で述べたように,大気は太陽放射を透過させ,地球放射を強く吸収するが,この性質は 2.3 節で説明する大気の温室効果にとってきわめて重要である.

2.2 地球の放射エネルギー収支

固体の地球とその周りを覆う大気を合わせて地球とし,その地球を単純な球の黒体とみなして,緯度や季節,昼夜による違いを平均化した放射エネルギー収支を考える.地球の半径を R,太陽定数を S,太陽放射に対する地球の反射率(アルビードまたはアルベド(albedo))を α とすると,図 2.1 からわかるように,地球に入射する太陽放射エネルギーは地球の断面積 πR^2 に S をかけたものになり,地球によって反射されて宇宙に返されるエネルギーは $\pi R^2 S \alpha$ となる.一方,地球表面から宇宙に向かって散逸する放射エネルギーは,σ をステファン–ボルツマン(Stefan-Boltzmann)定数(5.67×10^{-8} W/m^2/K^4),T_e を地球の**等価黒体温度**(equivalent blackbody temperature)とすると,黒体放射フラックス密度 σT_e^4 と地球の表面積 $4\pi R^2$ を乗じたものとなる.したがって,放射エネルギーの収支式は

$$S\pi R^2 = S\alpha\pi R^2 + 4\pi R^2 \times \sigma T_\mathrm{e}^4 \tag{2.1}$$

で与えられる.(2.1)式を T_e について書き換えると

$$T_\mathrm{e} = \left[\frac{(1-\alpha)S}{4\sigma}\right]^{1/4} \tag{2.2}$$

となる.観測から地球の α は 0.3,S は 1,366 W/m^2 と推定されているので,これらの値を(2.2)式に代入すると,T_e として 255 K が得られる.一方,実際の気象観測から求められる地表面付近の全球平均温度は 288 K であり,エネルギー収支式から求められた放射平衡温度より 33 K も高い.この温度の違いは,大気の温室効果によって生み出されているものであり,この効果については次節で説明する.

次に実際の地球において太陽放射と地球放射のエネルギーがどのように流れ,

2.2 地球の放射エネルギー収支

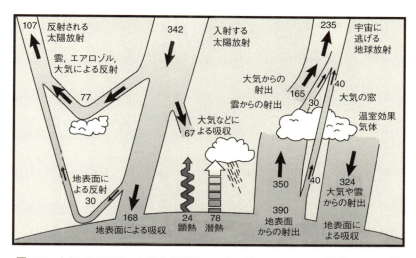

図 2.3　大気–地表面系における年平均のエネルギーフラックス（単位は W/m²）
(Kiehl and Trenberth, 1997)

その大きさがどれくらいかを見るために，長い時間にわたって地球全体を平均したときの大気–地表面系のエネルギーフラックスを図 2.3 に示す（Kiehl and Trenberth, 1997）．この図からわかるように，大気上端に入射する 342 W/m² の太陽放射エネルギー（地球の表面積は断面積の 4 倍であるので，地球全体を考える際には断面で受けた太陽放射 1,366 W/m² に 1/4 を乗じたものとなる）のうち，168 W/m² は大気を透過して地上に到達するが，67 W/m² は雲やエアロゾル，大気によって吸収され，残りの 30 W/m² と 77 W/m² はそれぞれ地表面および雲やエアロゾル，大気によって反射され，宇宙へ戻っていく．一方，地球放射を見ると，地表面から 390 W/m² が射出され，そのうちの 40 W/m² だけが大気の窓を通して宇宙に逃げ，残りの 350 W/m² は雲や大気によって吸収されている．また，大気と雲からは宇宙に向かってそれぞれ 165 W/m² と 30 W/m² が，両者から地表に向かって 324 W/m² が射出され，さらに地面からは対流による顕熱輸送で 24 W/m² が，水の**蒸発**（evaporation）・**凝結**（condensation）に伴う潜熱輸送で 78 W/m² が大気に供給されている．

このようなエネルギーの流れをまとめて見てみると，宇宙の側は，太陽放射として 235 W/m² のエネルギーを失う（$(-342+107)$ W/m²）が，地球放射に

よって埋め合わせられており（(165+30+40) W/m^2），過不足なくバランスしていることがわかる．また，大気は太陽放射として 67 W/m^2 を得ているが，地球放射として同量を失っており（(350+24+78−165−30−324) W/m^2），地表面は太陽放射として得た 168 W/m^2 というエネルギーを地球放射および潜熱，顕熱として大気に放出（(324−390−24−78) W/m^2）している．すなわち，宇宙の側，大気，地表面ともにエネルギーの収支は均衡しており，したがって系全体の温度は一定に保たれていることになる．なお，図 2.3 に示したフラックスの値は確定したものでなく，研究によって多少異なるので，他の教科書や文献を見る際には注意されたい．

2.3　大気の温室効果

　前節の計算では地球を黒体と仮定したが，σT_e^4 を $\varepsilon \sigma T^4$ とおき，T を 288 K として系の**射出率**（emissivity）ε を求めてみると 0.61 となる．この結果は，地球の表面を 288 K の等価黒体温度をもつ黒体とみなした場合，その放射エネルギーの 61% しか実質的に宇宙に射出していないことを意味している．このような現象は，地表面より射出された地球放射は大気によって吸収されてしまい，実際に大気上端から宇宙に散逸する放射は温度が低い上空の大気から射出されたものと考えることにより理解できる．上でも述べたように，大気は太陽放射をほぼ透過させるが，地球放射を強く吸収するので，地表面は大気を透過した太陽放射に加え，地表からの地球放射を吸収した大気が下向きに射出する赤外放射エネルギーによっても加熱されるので，その温度は大気より高くなる．この大気からの赤外放射エネルギーによる加熱現象が温室効果であり，地表面付近の温度を 288 K に保つために重要な役割を果たしている．なお，太陽放射に対して透明であり，地球放射に対して不透明であるという大気の性質を実際に生み出すものは，大気の主成分である N_2 や O_2，Ar ではなく，大気にわずかに含まれる H_2O や CO_2，CH_4，N_2O，ハロカーボン類，SF_6，対流圏 O_3 などであり，温室効果を生じさせる気体という意味で温室効果気体とよばれている．

　大気の温室効果を放射エネルギー収支の観点から理解するために，図 2.4 に示すような，等密度，等温度の大気層と地表面から構成される簡単な系を考える．このモデルにおいては，大気が太陽放射をあまり吸収しないことと，図 2.2

2.3 大気の温室効果

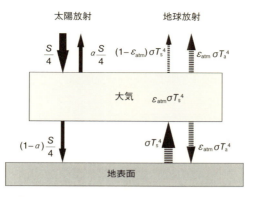

図 2.4 大気–地表面系の放射エネルギー収支

からわかるように，太陽放射と地球放射のエネルギー分布に重なりがないことを考慮して，太陽放射を地面の加熱源として取り扱い，大気層の温度は地球放射の収支によって決まるとする．また，大気は局所的熱力学平衡にあり，**キルヒホッフの放射法則**（Kirchhoff's law of thermal radiation）に従って地球放射に対する**吸収率**（absorptivity）と射出率は等しいとし，さらに大気は地球放射を強く吸収するので，吸収や射出を波長によらず一定と見なす．このような仮定のもとで，地表面温度を T_s，大気層の温度を T_a，大気層の射出率を $\varepsilon_{\mathrm{atm}}$ とし，地球に入射する太陽放射エネルギーに対して断面積/表面積比（1/4）を考慮すると，地表面と大気上端でのエネルギー収支は，それぞれ

$$\frac{(1-\alpha)S}{4} = \sigma T_s^4 - \varepsilon_{\mathrm{atm}}\sigma T_a^4 \tag{2.3}$$

と

$$\frac{(1-\alpha)S}{4} = (1-\varepsilon_{\mathrm{atm}})\sigma T_s^4 + \varepsilon_{\mathrm{atm}}\sigma T_a^4 \tag{2.4}$$

によって与えられる．これらの式から

$$T_s = 2^{1/4} T_a \tag{2.5}$$

が得られる．この結果は，大気上端でのエネルギー収支をバランスさせるためには，地表面温度が大気層の温度より 1.2 倍ほど高くならなければならないことを意味しており，ここで用いた簡単なモデルによっても温室効果を説明する

第 2 章 気候の維持・変動における温室効果気体の役割

ことができる.

また，(2.3) と (2.4) 式から T_a を消去すると

$$T_s = \left[\frac{(1-\alpha)S}{2\sigma(2-\varepsilon_{\mathrm{atm}})}\right]^{1/4} \tag{2.6}$$

が得られる．この式からわかるように，α と S を不変とすると，大気中の温室効果気体が増加した場合，大気層の地球放射に対する吸収率（射出率）が大きくなるので T_s は上昇する．逆に温室効果気体が大気からなくなった場合（$\varepsilon_{\mathrm{atm}} = 0$）には T_s は低下し，地球を黒体と仮定して求めた (2.2) 式の等価黒体温度 T_e と等しくなる.

大気の温室効果は地球に限った現象ではなく，地球型惑星である金星や火星でも見られる．太陽と惑星との間の距離を天文単位で r とすると，惑星が正味として受け取る太陽放射エネルギーは $(1-\alpha)S/r^2$ となるので，(2.1) 式と同様なエネルギー収支を考えることにより，その惑星の等価黒体温度は

$$T_e = \left[\frac{(1-\alpha)S}{4\sigma r^4}\right]^{1/4} \tag{2.7}$$

となる．この式に従って計算した金星と火星の等価黒体温度と関連パラメーターを表 2.1 にまとめ，地球と比べてみる．内惑星である金星は地球より太陽に近いので太陽から受け取るエネルギーは多いが，硫酸の雲に覆われているためにアルビードが 0.78 と高く，等価黒体温度は 225 K と低い．しかし，大気の主成

表 2.1 地球型惑星における温室効果

惑星	太陽からの距離（天文単位）	アルビード	地上気圧（atm）	主要大気成分（％）	等価黒体温度（K）	観測による表面温度（K）	観測による表面温度と等価黒体温度との差
金星	0.72	0.78	92	CO_2（96.5） N_2（3.5） SO_2（150ppm）	225	743	518
地球	1.00	0.30	1	N_2（78.08） O_2（20.95） Ar（0.93）	255	288	33
火星	1.52	0.16	0.006	CO_2（95.32） N_2（2.7） Ar（1.6）	216	228	12

分が CO_2 であり，地上気圧が 92 atm と非常に高いため，赤外線の吸収が強く，地表気温は 743 K ときわめて高くなっており，温室効果によって 518 K もの昇温が起こっていることになる．一方，火星は外惑星であり，アルビードも 0.16 と低く，大気の主成分は CO_2 であるものの，地上気圧が 0.006 atm と低いために，地球と比べて温室効果は小さくなっているが，それでも 12 K の昇温をひき起こしている．

2.4　温室効果気体の増加による温暖化

上でも述べたように，温室効果気体が増加すると温室効果が強まり，地表付近の気温が上昇するが，ここではその影響を表現するためによく用いられるパラメーターについて説明し，さらに実際の気候変動の実態と今後の予測について簡潔にまとめることにする．

2.4.1　放射強制力

気候モデルを用いた数値実験から，大気上端での放射収支の不均衡と全球を平均した地表気温の変化には良い相関があることが知られている．そのため，放射を介して気候に関与している要素について，その気候影響を評価するために**放射強制力**（radiative forcing）がしばしば用いられる．放射強制力の概念を図 2.5 に示す模式図を用いて説明する．現在（$t=0$），大気上端で太陽放射 F_S と地球放射 F_L は 239 W/m^2（$=1,366 \times (1/4) \times 0.7$）で釣り合っており，地表の温度は T_s で安定しているとする．時間 $t=t$ に，気候に影響を与える大気中のある要素が n から $n+\Delta n$ へ変化したとすると，大気上端では太陽放射と地球放射のバランスが崩れ，それぞれ $F_S + \Delta F_S$ と $F_L + \Delta F_L$ となる．その後十分

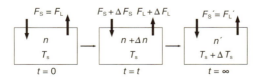

図 2.5　放射強制力の概念

第 2 章　気候の維持・変動における温室効果気体の役割

に時間が経過すると，大気上端の放射は $F'_S = F'_L$ で釣り合い，$T_s + \Delta T_s$ という地表気温をもつ新たな平衡状態が実現される．このような一連の流れを追ってみると，大気上端での放射収支の不均衡が地表気温の変化をひき起こしているように見えるので，再平衡に達する前の放射収支の不均衡を放射強制力とよぶ．

放射強制力の一例として，大気中の CO_2 が増加した場合を考えてみる．CO_2 は太陽放射をほとんど吸収しないが，地球放射を強く吸収するので，F_S は F_S のままであり（$\Delta F_S = 0$），F_L は $F_L + \Delta F_L$ となる（ΔF_L は負の値をとる）．したがって，放射強制力（$\Delta F = \Delta F_S - \Delta F_L$）は正となり，放射エネルギーが大気–地表面系に蓄えられることになる．この場合，大気上端での放射収支を平衡させるためには，大気–地表面系の温度構造を変えて上向きの地球放射を増加させ，CO_2 によって減少した F_L を補償する必要があり，結果として温室効果を強めることになる．

なお，図 2.6 に示すように，実際に IPCC 評価報告書で用いられている放射強制力にはいくつかの定義があるので注意が必要である．第 4 次までの評価報告書においては，ほとんどの放射強制力は大気上端ではなく対流圏界面での正味の放射フラックスの変化によって定義されてきた．すなわち，地上や対流圏の温度，水蒸気，雲量などは固定しておき，CO_2 などの気候変動要因を変化させると，対流圏界面での放射収支がバランスを崩すが，その際の正味放射フラッ

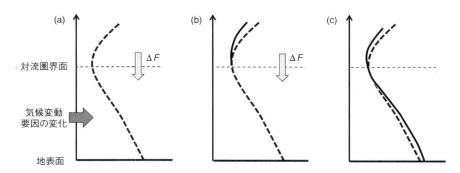

図 2.6 IPCC 評価報告書で用いられている放射強制力の定義と気温の高度分布の変化
（a）瞬時の放射強制力（対流圏界面での正味放射フラックスの変化），（b）成層圏気温調整後の放射強制力（対流圏界面での正味放射フラックスの変化），（c）有効放射強制力（大気上端での正味放射フラックスの変化）．

2.4 温室効果気体の増加による温暖化

クスの不均衡を**瞬時の放射強制力**（instantaneous radiative forcing）という（図2.6a）．また，このような変化を気候変動要因に加えると成層圏で放射収支の不均衡が生じ，それを解消するように成層圏の気温は調整されるが，調整後の対流圏界面での正味放射フラックスの不均衡を放射強制力とよび，これまで広く使われてきた（図 2.6b）．一方，IPCC 第 5 次評価報告書では，従来の放射強制力に加え，とくにエアロゾルなどによって生ずる時間スケールの短い気候応答をよりよく表現するために，全球の地表面気温あるいは海水温や海氷を固定しておき，気候変動要因を変化させ，大気の温度や水蒸気，雲量を調整した後に得られる大気上端での正味放射フラックスの不均衡（**有効放射強制力**（effective radiative forcing））も用いられている（図 2.6c）．ただし，気候モデルを用いた数値実験から，従来の放射強制力と有効放射強制力は，多くの場合はおおむね一致することがわかっている．

図 2.7 に，IPCC 第 5 次評価報告書（IPCC AR5, 2014）でまとめられた 1750

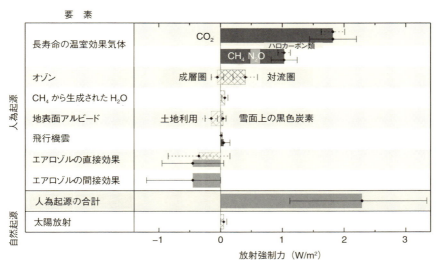

図 2.7 1750 年を基準とした 2011 年時点でのさまざまな要素に関する全球平均放射強制力の推定値

塗りつぶした横棒は有効放射強制力，網模様の横棒は成層圏気温調整後の放射強制力，実線と破線はそれぞれの不確かさを表す．（IPCC AR5, 2014）

第 2 章　気候の維持・変動における温室効果気体の役割

年から 2011 年の期間におけるさまざまな要素に関する放射強制力（有効放射強制力も含む）を示す．正の放射強制力は温暖化に，負の放射強制力は寒冷化にはたらくことを念頭においてこの図を見ると，CO_2 や CH_4，N_2O，ハロカーボン類，対流圏 O_3，成層圏で CH_4 から生成された H_2O，雪面に降下した黒色炭素によるアルビードの減少，飛行機雲（高い高度でできる薄い氷の雲であるため，太陽放射は通すが，地球放射を強く吸収する性質がある）といった人為的要因と，太陽放射の変動という自然的要因によって地球は暖められたことになる．温室効果気体に注目すると，CO_2 が最も大きく（$1.82\,\mathrm{W/m^2}$），それに CH_4（$0.48\,\mathrm{W/m^2}$），対流圏 O_3（$0.4\,\mathrm{W/m^2}$），ハロカーボン類（$0.36\,\mathrm{W/m^2}$），N_2O（$0.17\,\mathrm{W/m^2}$）が続く．一方，CFC などによる成層圏 O_3 の破壊，土地利用によるアルビードの増加，エアロゾルによる太陽放射の散乱と吸収（直接効果），エアロゾルが核となって形成された雲による太陽放射への影響（間接効果）などが地球を冷却する方向にはたらいたことを示している．両者の差し引きを行うと，$2.29\,\mathrm{W/m^2}$ という正の値となり，産業革命以降の人間活動によって地球が温暖化したことを意味している．しかし，推定された放射強制力の不確定性はかなり大きく，とくにエアロゾルの直接・間接効果に関する評価の精度を高めることが気候変動の理解と予測にとって重要である．

　近年における長寿命の温室効果気体の放射強制力をさらに詳しく見るために，NOAA/ESRL/GMD が IPCC **第 3 次評価報告書**（Third Assesment Report; IPCC TAR, 2001）で推奨されている経験式を用いて計算した，CO_2，CH_4，N_2O，CFC-12，CFC-11 および 15 の微量気体（CFC-113，四塩化炭素（CCl_4），メチルクロロホルム（CH_3CCl_3），HCFC-22，-141b，-142b，HFC-134a，-152a，-23，-143a，-125，SF_6，ハロン-1211，-1301，-2402）に関する瞬時の放射強制力を図 2.8 に示す（http://www.esrl.noaa.gov/gmd/aggi/aggi.html）．1750 年を基準とした 2013 年時点での全球放射強制力は $2.90\,\mathrm{W/m^2}$ であり，CO_2 が $1.88\,\mathrm{W/m^2}$ と最も大きく，それに続いて CH_4 が $0.50\,\mathrm{W/m^2}$，N_2O が $0.18\,\mathrm{W/m^2}$，CFC-12 が $0.17\,\mathrm{W/m^2}$，CFC-11 が $0.06\,\mathrm{W/m^2}$，15 の微量気体が $0.11\,\mathrm{W/m^2}$ となっており，主要な 5 つの気体が全体の 96% を占め，残りの 4% が 15 の微量気体によるものである．また，CO_2 と CH_4，N_2O，15 の微量気体の放射強制力は時間とともに増加しているが，成層圏のオゾン層を保護するために規制された CFC の寄与は徐々に小さくなっており，2009 年にはそれまで第 4 位であった

2.4 温室効果気体の増加による温暖化

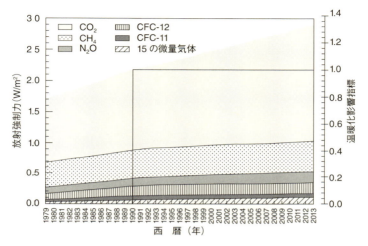

図 2.8 各温室効果気体の瞬時の放射強制力と温暖化影響指標
温暖化影響指数は，1990 年を基準として各年の温暖化の割合を表現したものである．
(http://www.esrl.noaa.gov/gmd/aggi.html)

N_2O が CFC-12 を逆転している．また，CH_4 は 1999 年から 2006 年にかけて大気中濃度の増加が停滞したためこの間はほとんど一定の値をとっている．全放射強制力は，**気候変動に関する国際連合枠組条約**（United Nations Framework Convention on Climate Change; UNFCCC）**京都議定書**（Kyoto Protocol）の第一約束期間の基準年である 1990 年と比べると，2013 年には 34%（$0.74\,\mathrm{W/m^2}$）ほど増加しているが，その 80% は CO_2 によるものである．

2.4.2 地球温暖化指数

大気中での**寿命**（lifetime）を考慮して，それぞれの温室効果気体の温暖化への寄与を評価するために，次のように定義される**地球温暖化指数**（global warming potential; GWP）がしばしば使われる．

$$GWP_i = \frac{\int_0^n RF_i(t)\,\mathrm{d}t}{\int_0^n RF_{CO_2}(t)\,\mathrm{d}t} = \frac{\int_0^n f_i C_i(t)\,\mathrm{d}t}{\int_0^n f_{CO_2} C_{CO_2}(t)\,\mathrm{d}t} \tag{2.8}$$

ここで，RF_{CO_2} は基準とする CO_2 の放射強制力，RF_i は温室効果気体 i の放

第 2 章　気候の維持・変動における温室効果気体の役割

射強制力，n は GWP 値を評価する時間の長さ，f_i は温室効果気体 i が単位量だけ大気中で増加したときの放射強制力，$C_i(t)$ は瞬間的に大気に加えられた単位量の温室効果気体 i が t 時間後に残留する量，f_{CO_2} と $C_{CO_2}(t)$ は CO_2 に関するそれぞれの量を表す．地球温暖化指数は，定義からわかるように，温室効果気体 i が大気に加えられた後ある時間が経過したとき，CO_2 に対して何倍の温室効果を示すかを表している．

表 2.2 に，代表的な温室効果気体の大気中の寿命と 1 kg あたりの地球温暖化指数を示す（IPCC AR5, 2014）．なお，第 5 章で述べるように，CO_2 には 2 つの独立した**吸収源**（sink）があるため，大気中での寿命を 1 つの値で示すことはできない（GWP を求める際に必要な $C_{CO_2}(t)$ は簡易炭素循環–気候モデルを用いて計算される）．この表から，SF_6 や代表的な PFC である CF_4 および C_2F_6，CFC-12 などのように，寿命が長く，単位量あたりの放射強制力が強い気体は大きな GWP 値を示すことがわかる．また，大きな放射強制力をもつが，寿命が短い HCFC-22 や HFC-134a，HFC-245fa，CCl_4，CH_4 は，温暖化への寄与が時間とともに小さくなることを示しており，逆に寿命がきわめて長い SF_6 や CF_4，C_2F_6 の寄与は長期的には大きくなる．なお，単位量あたりの放射強制力

表 2.2　代表的な温室効果気体の大気中寿命および評価期間を 20 年間と 100 年間としたときの地球温暖化指数（GWP）

気体	大気中寿命（年）	GWP_{20}	GWP_{100}
CO_2	–	1	1
CH_4	12.4	84	28
N_2O	121.0	264	265
CFC-11	45.0	6,900	4,660
CFC-12	100.0	10,800	10,200
HCFC-22	11.9	5,280	1,760
CF_4	50,000.0	4,880	6,630
CCl_4	26.0	3,480	1,730
HFC-134a	13.4	3,710	1,300
HFC-245fa	7.7	2,920	858
SF_6	3200.0	17,500	23,500
C_2F_6	10,000.0	8,210	11,100

（IPCC AR5（2014）をもとに作成）

の大きさは，それぞれの温室効果気体による赤外線の吸収特性と吸収帯の位置に深く関係している．すなわち，SF_6 や CF_4，CFC などのように大気中の濃度が低い気体は，濃度増加に呼応して赤外線を効率よく吸収するので放射強制力は大きく，CO_2 のような濃度が高い気体による赤外線吸収は効率が落ちるので放射強制力は小さくなる．また，吸収帯が他の強い吸収帯と重なっている気体は，濃度が増加してもその波長域の赤外線の吸収にあまり寄与しないので，放射強制力は小さくなり，大気の窓の領域に吸収帯をもつ CFC や SF_6，CF_4 のように，他の気体の吸収帯と独立した波長域に吸収帯をもつ気体の放射強制力は大きくなる．とくに大気の窓は地球放射のエネルギーが最大を示す波長域に存在するので，この領域に吸収帯をもつ気体は温暖化への寄与が大きい．

なお，表 2.2 に示した CH_4 と N_2O の寿命は，第 5 章で述べる代表的な消滅反応による大気中での寿命ではなく，次のような化学的なフィードバック効果も考慮したものとなっていることに注意する必要がある．大気中の CH_4 と N_2O の主たる**消滅源**（destruction source）は，それぞれ**水酸基ラジカル**（hydroxyl radical; OH）との反応と成層圏での**光解離**（photolysis）および**励起酸素原子**（excited oxygen atom; $O(^1D)$）との反応である．大気に CH_4 が加えられると OH は減少するので，それに伴って CH_4 の寿命は延びることになる．また，N_2O が大気で増加すると，成層圏において**窒素酸化物**（nitrogen oxide; NO_x）が増加して O_3 を減少させるので，太陽紫外線の強度が強まり，結果として N_2O の消滅が促進されて N_2O の寿命を短くする方向にはたらく．

地球温暖化指数は，異なった温室効果気体の温暖化への相対的な寄与を期間別に評価するためには便利な指標であり，実際に CO_2 以外の温室効果気体の放出量や濃度を CO_2 の相当値に換算するためにしばしば使われている．しかし，(1) 図 2.2 に見られるように，赤外波長領域に存在する多くの吸収帯は互いに重なっており，ある波長での赤外線の吸収量は，関係するそれぞれの気体による吸収を単純に加えたものにはなっていないので，各気体の吸収を独立したものとして扱うことができない．(2) 大気に加えられた後の CO_2 の減少は簡易炭素循環–気候モデルを用いて計算されるが，その結果はモデルや大気中の CO_2 濃度，気候などに依存する．(3) 温室効果気体の循環がまだ十分に理解されていないため，それぞれの気体の大気中での寿命が必ずしも正確にわかっていない．(4) 間接効果も含めた放射強制力にはまだ大きな不確定性がある．(5) 気

第 2 章　気候の維持・変動における温室効果気体の役割

候変動に関する国際連合枠組条約をはじめとして，多くの場合には評価期間を 100 年とした GWP 値が採用されているが，その科学的根拠が明確ではない，などといったことに注意が必要である．

　地球温暖化指数は，単位量あたりの温室効果気体の温暖化への相対的寄与を表現する指標であり，実際の気候影響を評価するためには，大気への放出量も加味する必要がある．図 2.9 に，2005 年における世界の総放出量（EDGAR v4.2 データベース；http://edgar.jrc.ec.europa.eu/overview.php?v=42．EDGAR については 5.1.3❸ 節で説明する）に表 2.2 で示した GWP 値を乗じて求めた，代表的な人為起源温室効果気体の積算温室効果を示す．この図を見ると，GWP 値は小さいが放出量の多い CO_2 が温暖化に最も大きく寄与しており，CH_4, N_2O がそれに続いていることがわかる．地球温暖化やその抑制対策が議論される際に CO_2 がとくに大きく取り上げられることが多いが，その大きな理由は放出量を加味すると温暖化への寄与が著しいことにある．SF_6 や CF_4 などは，GWP 値は大きいものの放出量が少ないために，寄与が小さい．20 年の評価期間と 100 年の評価期間の結果を比較すると，CH_4 は評価期間が短いと CO_2 に匹敵するが，大気中での寿命が約 12 年と比較的短いので，期間が長くなると寄与が大幅に小さくなる．中期的将来における温暖化の有効な緩和策のひとつとして，CH_4 などの短寿命かつ強力な温室効果気体の放出削減が提案されているが，こ

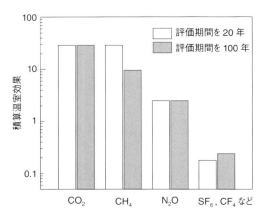

図 2.9　2005 年における世界の総排出量をもとに計算された代表的な温室効果気体の積算温室効果

のような特性を踏まえたものである．一方，SF_6 や CF_4 などの温暖化への寄与は，放出量が少ないために短い期間では小さいが，寿命が著しく長いことを反映して期間が長くなると多少大きくなる．

2.4.3 温暖化の進行

　温室効果気体が大気中で増加すると温室効果が強まり，地上付近の気温が上昇するとともに，気候そのものが大きく変化する．第4～6章で述べるように，CO_2 や CH_4，N_2O といった気体は，産業革命を契機に活発化した人間活動によって実際に大幅に増加しており，今後もそのような傾向は続くと考えられる．気候はきわめて複雑なシステムの集合体であり，それぞれのシステムは相互に作用しているので，温室効果気体の増加による気候変動を正確に予測することは容易ではない．しかし，現在では多くの研究者や研究機関の努力によって高度な大気海洋結合モデルや，さらに陸域や海洋の炭素循環，化学過程を含んだ地球システムモデルが開発され，気候の再現や将来予測に関する数値実験が活発に行われている．

　この250年の間に人為起源の温室効果気体が大量に大気に加えられてきたが，それによってすでに温暖化は始まっているのか，ということは国際的な関心事である．図2.10は，実際の気象観測から得られた全球平均の地上気温変化と，世界気候研究計画（World Climate Research Programme; WCRP）の第3期結合モデル相互比較計画（Coupled Model Intercomparison Project 3; CMIP3）および第5期結合モデル相互比較計画（Coupled Model Intercomparison Project 5; CMIP5）と名付けられた大規模な気候モデルによる気温再現実験の結果である（IPCC AR5, 2014）．この比較実験では，太陽活動や火山噴火といった自然的要因による強制力のみを考慮した場合（図2.10b），さらに温室効果気体やエアロゾルなどといった人為的要因による強制力も加味した場合（図2.10a），ならびに温室効果気体のみを強制力とした場合（図2.10c）について計算が行われ，それぞれについて全球平均の地上気温が求められている．気象観測の結果によると，気温は19世紀にはおおむね安定あるいは若干低下しており，20世紀前半に $0.4°C$ の急激な上昇があり，1940年ころを境に多少低下し，1970年ころよりふたたび急上昇したことになる．工業化初期である1880年ころと比べると，現在（2012年）の気温は $0.85°C$（$0.65～1.06°C$）ほど高く，また最近の10年

第 2 章 気候の維持・変動における温室効果気体の役割

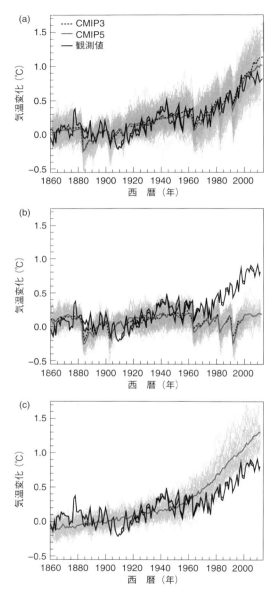

図 2.10 気象観測から得られた全球平均地上気温の変化と気候モデルによる再現実験の結果

気温変化は 1880～1919 年の平均値からの偏差として表されている．(a) 自然的要因および人為的要因による強制力を考慮した場合，(b) 自然的要因による強制力のみを考慮した場合，(c) 温室効果気体のみを考慮した場合．(IPCC AR5, 2014)

2.4 温室効果気体の増加による温暖化

間（2003～12 年）の平均気温は 1850～1900 年より 0.78°C（0.72～0.85°C）高くなっており，とくにこの 30 年間の気温上昇が著しい．モデルによる数値実験の結果を見てみると，自然的要因のみを考慮して計算した気温は，1883 年のクラカタウ（Kurakatau, インドネシア），1902 年のプレー（Montagne Pelée, 西インド諸島），1965 年のタール（Taal, フィリピン），1985 年のネバド・デル・ルイス（Nevado del Ruiz, コロンビア），1991 年のピナツボ（Mt. Pinatubo, フィリピン）の噴火の影響を受けて短期的な気温低下を示しているが，20 世紀半ばまでは観測結果とよく一致しており，その後は正の強制力が不十分であるため観測結果を大幅に過小評価している．また，温室効果気体のみを考慮して計算した気温は，20 世紀半ばまでは観測結果をおおむね再現しているが，その後は観測より速く上昇しており，観測と一致させるためには負の強制力が必要であることがわかる．一方，自然的要因と人為的要因の両者を考慮して計算した場合，観測結果を非常によく再現しており，IPCC 第 5 次評価報告書は，20 世紀半ば以降に観測された気温上昇は人間活動によるものであった可能性が非常に高い（95% 以上の確信度）と結論づけている．

なお，図 2.10a を詳しく見ると，モデルの結果は 2000 年以降についても気温上昇を示しているが，観測値はほとんど停滞しており，両者に差があることがわかる．このような気温上昇の停滞は**ハイエイタス**（Hiatus）とよばれている．原因についてはまだよく理解されていないが（Tollefson, 2014），太陽活動の 11 年周期に伴う日射量の減少や成層圏における火山・工業起源エアロゾルの増加，**深層海洋**（deep ocean）への熱輸送および海洋による熱吸収の活発化などが候補として挙げられている．とくに最近の研究は，ハイエイタスが**太平洋十年規模変動**（Pacific Dacadal Oscillation; PDO）とよばれる現象（太平洋において観測される，10～30 年の不規則周期で大気と海洋が連動して変動する現象）と関係していることを示唆している．そのひとつとして，2000 年ころから貿易風が強く，赤道東部太平洋で海面水温が低い状態が続いており，そのような状況においては海洋内部の温度上昇は速くなり，海洋上の大気の温度上昇は遅くなるという報告がある．いずれにしてもハイエイタスは自然の揺らぎのようであるので，揺らぎが元に戻ると気温は再上昇すると考えらる．

将来の気候予測は，温室効果気体などの気候変動要因について排出シナリオを作成し，それをもとにして気候モデルを用いて計算することによって行われ

第 2 章 気候の維持・変動における温室効果気体の役割

る．IPCC 第 5 次評価報告書においては，4 つの**代表的濃度経路**（Representative Concentration Pathways; RCP）というシナリオが新たに導入された．これらのシナリオは，放射強制力へ与える影響によって特徴づけられており，RCP8.5，RCP6.0，RCP4.5，RCP2.6 とよばれている．RCP の後の数値は，産業革命以前（1750 年）と比較して放射強制力が 2100 年にそれぞれ $8.5\,\mathrm{W/m^2}$，$6.0\,\mathrm{W/m^2}$，$4.5\,\mathrm{W/m^2}$，$2.6\,\mathrm{W/m^2}$ 上昇するということを表しており，その数値が大きいほど気候への影響が大きいことになる．シナリオの概要を見るために，温暖化への寄与が最も大きい CO_2 を例にとって，それぞれ CO_2 排出量を図 2.11 に，それをもとに簡易炭素循環–気候モデルを用いて計算された大気中の濃度を図 2.12 に示す（van Vuuren *et al*., 2011; Global Carbon Project 2012 (http://www.globalcarbonproject.org/index.htm))．図 2.11 によると，今後の CO_2 の排出は**化石燃料燃焼**（fossil fuel combustion）が主となり，**土地利用改変**（land use change）による排出は少ないと予想されている．図 2.12 は，積極的な排出削減対策をとらない RCP8.5 の場合，CO_2 濃度が今世紀末には 935ppm となり，また何らかの対策をとることを想定した他の 3 つのシナリオでは，CO_2 濃度の増加を減速，安定化あるいは減少させることができることを示しているが，そのためには CO_2 排出の大幅な削減が必要である（図 2.11）．とくに濃度増加を最も厳しく抑制する RCP2.6 では，2020 年ころから排出削減を強め，2070

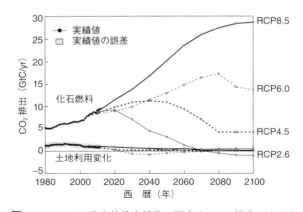

図 2.11　4 つの代表的濃度経路に関する CO_2 排出シナリオ
（Global Carbon Project 2012, http://www.globalcarbonproject.org/index.htm）

2.4 温室効果気体の増加による温暖化

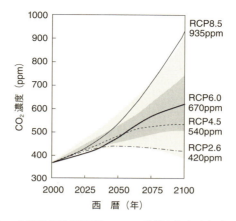

図 2.12　4つの代表的濃度経路について計算された大気中の CO_2 濃度
(van Vuuren *et al.*, 2011)

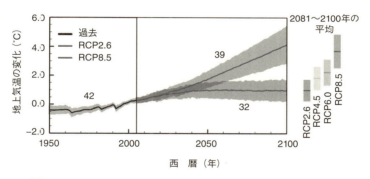

図 2.13　気候モデルによる全球平均地上気温の再現と今後の予測
図中の数字は使用されたモデルの数を，陰影は推定の幅を表す．また，縦軸は 1986～2005 年の平均値をゼロとしている．(IPCC AR5, 2014)

年以降はマイナスの放出（大気から CO_2 を除去することを意味する）に転ずることになっており，そのような削減を図ることによって大気中濃度は 2050 年ころに 440ppm に達した後，徐々に低下し今世紀末に 420ppm となる．

図 2.13 は，30 を超える気候モデルを用いて計算した過去の全球平均地上気温および4つの RCP シナリオに関する今後の気温である（IPCC AR5, 2014）．1986～2005 年と比較すると，2016～35 年には 0.3～0.7°C ほど気温が上昇し，

第 2 章　気候の維持・変動における温室効果気体の役割

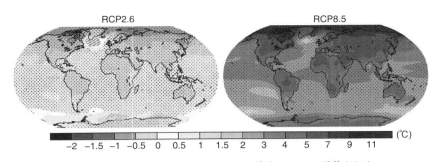

図 2.14　RCP2.6 と RCP8.5 について気候モデルで計算された
2081～2100 年の平均地上気温
1986～2005 年の平均気温からの偏差として表してある．(IPCC AR5, 2014)
(カラー図は口絵 1 を参照)

また 2081～2100 年の平均気温は，RCP2.6 シナリオでは 0.3～1.7°C，RCP4.5 シナリオでは 1.1～2.6°C，RCP6.0 シナリオでは 1.4～3.1°C，RCP8.5 シナリオでは 2.6～4.8°C ほど高くなることを示している．気候変動に関する国際連合枠組条約などでの議論において，産業革命以降の気温上昇を 2°C 以下に抑制することが重要であるとしばしばいわれる．しかし，1850～1900 年と 1986～2005 年の温度差が 0.6°C であることを考慮すると，予測の下限値をとったとしても，1850～1900 年と比べた 21 世紀末の気温上昇は，RCP2.6 以外のシナリオでは 1.5°C を超え，RCP6.0 と RCP8.5 では 2°C を超える可能性が高く，RCP4.5 でも 2°C を超える可能性がある．また，図 2.14 に例示したように，気候モデルによるシミュレーションは，地上気温の上昇は地球全体にわたって一様に起こるのではなく，極域，とくに北極域で大きく，海洋上より陸上で大きいことを予測している (IPCC AR5, 2014)．極域での昇温が大きいおもな理由は，温暖化に伴って高緯度の雪線が後退し，雪のない地面が拡大することによってアルベードが低下して日射を吸収しやすくなることや，海氷が薄くなるあるいは海氷面積が縮小することにより，水温 −1.8°C という"暖かい海"から大気へ熱が供給されることによる．気温上昇が海上と陸上とで異なる現象は，地中には熱が伝わりにくいために陸上の気温は上がりやすいが，海洋は混合などによって熱を深部まで輸送し，また海面水温が上昇しようとすると蒸発が活発になり気化熱を奪うので海上の昇温は抑制されるといったことを反映したものと考えられる．さらに，図 2.14 から北大西洋や南大洋において昇温が小さいことが見

38

2.4 温室効果気体の増加による温暖化

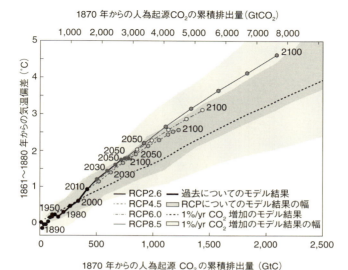

図 2.15 全球平均地上気温と人為起源 CO_2 の累積排出量の関係
(IPCC AR5, 2014)

られるが，これらの海域では深層水の形成が行われており，海洋によって熱が効率的に吸収されるためである．

　上で述べたように，気候変動に関する国際連合枠組条約などの国際交渉の場において気温上昇に関する 2°C 目標がしばしば取り上げられる．IPCC 第 5 次評価報告書では，図 2.15 のように，人為起源 CO_2 の累積排出量と全球平均地上気温の上昇量とはほぼ比例関係にあることが示されている（IPCC AR5, 2014）．このような関係は，21 世紀のある時点での全球平均気温の上昇は，それまでに人間が累積としてどれだけの CO_2 を大気に排出したかで決まってしまい，その排出の速度にはよらないということである．この関係に従うと，気温の上昇量を指定すると，排出できる人為起源 CO_2 量が決まるということになる．両者の関係には不確実性があるので，確率を設定した議論となるが，たとえば 50% を超える確率で気温上昇を 2°C 未満に抑えるためには，累積排出量を 1,210 GtC の範囲に制限する必要がある（1 GtC は炭素に換算して 10^9 t，G（ギガ）$=10^9$ を表す）．この上限値は，CO_2 以外の強制力を考慮すると 820 GtC まで下がり，

第 2 章　気候の維持・変動における温室効果気体の役割

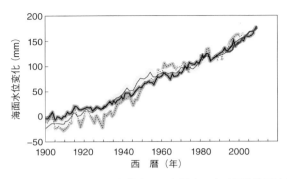

図 2.16　複数のデータセットから推定された過去の全球平均海面水位の変化
1900～05 年の平均値からの偏差として表している．(IPCC AR5, 2014)

さらに 2011 年までに 515 GtC（445～585 GtC）の CO_2 がすでに放出されているので，余裕は約 300 GtC ということになる．第 5 章で述べるように，最近の年間あたりの人為起源 CO_2 排出量は 10 GtC であるので，このままの排出が続くと 30 年後には 2°C に達してしまうことになる．

　温暖化による影響として海面水位の上昇も挙げられる．図 2.16 は，潮位計による観測や人工衛星に搭載された海面高度計による観測から求められた全球平均の海面水位の変化である（IPCC AR5, 2014）．この結果によると，海面水位は 1901～2010 年の期間に 1.7 mm/yr（yr は年を表す）の率で上昇し，この間の合計の上昇量は 19 cm となっている．また，1993～2010 年には 3.2 mm/yr という高い上昇率が観測されており，同様の上昇率は 1920～50 年にも見られる．このような海面水位の上昇は，おもに温暖化に伴う海水の熱膨張と**氷河**（glacier）の融解によるものであり，その他，グリーンランド氷床や南極氷床の融解，陸域の貯水量の変化なども関係していると考えられている．

　全球平均の海面水位は，図 2.17 に示すように，海洋の温暖化と氷河や氷床の融解により 21 世紀を通して上昇を続けると予測されており，海面水位の上昇率は 1971～2010 年に観測された値を超える可能性が非常に高い．また，1986～2005 年と比べると，2081～2100 年の平均海面水位の上昇は，RCP2.6 シナリオで 26～55 cm，RCP4.5 シナリオで 32～63 cm，RCP6.0 シナリオで 33～63 cm，RCP8.5 シナリオで 45～82 cm となる可能性が高い．温室効果気体の排出削減

2.4 温室効果気体の増加による温暖化

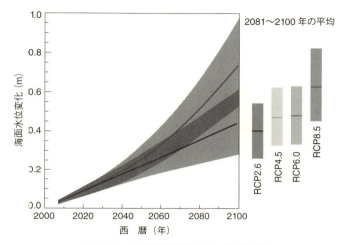

図 2.17　全球平均海面水位の変化予測
1986〜2005 年の平均値からの偏差として表してある．陰影は不確実性の幅を表す．
(IPCC AR5, 2014)

策を積極的にとらない RCP8.5 シナリオの場合，2100 年の海面水位の上昇は 52〜98 cm となり，2081〜2100 年の上昇率は 8〜16 mm/yr であると予測されている．なお，グリーンランドと南極大陸には巨大な氷床が存在し，膨大な量の水を蓄積しているが，グリーンランド氷床においては表面融解の進行が降雪量の増加を上回るようになり，海面水位を上昇させるようにはたらくが，南極氷床における表面融解は少ないままであり，降雪量の増加効果が優り，海面水位を低下させる方向にはたらくと考えられている．

以上では地表付近の気温の上昇と海面水位の上昇について述べたが，人間活動によって温室効果気体が増加した場合，これらの変化に加えて，降雨，降雪や土壌水分の変化，海洋循環の変化，**表層海洋**（surface ocean）の成層化，とくに北極域での夏季における海氷の減少，北半球の春季における積雪面積の減少，氷河の縮小，台風の発生や強度の変化などといったことも起こり，気候システム全体が影響を受ける．これらに関する最新の知見は，IPCC 第 5 次評価報告書に詳しくまとめられている（IPCC AR5, 2014）ので参考にされたい．

第3章 温室効果気体の測定

 大気中の温室効果気体の濃度は非常に低く，時間的にも空間的にも小さな変動しか示さないが，そのような変動の中に循環に関する重要な情報が含まれている．また，温室効果気体には質量が異なる**同位体**（isotope）が存在し，それらの比はそれぞれの**発生源**（emission source）や吸収源で多少異なっており，さらに大気へ放出あるいは大気から除去される過程や，発生および消滅の過程で質量に応じてわずかに変化する（**同位体分別**（isotope fractionation）効果という）ので，同位体は循環を解明するうえで重要な道具として使うことができる．したがって，温室効果気体の循環を解明するためには，濃度や**同位体比**（isotope ratio）の変化を精確に測定する必要がある．この章では，これらの測定を行う際に広く用いられている技術について簡単に紹介する．

3.1　温室効果気体の観測方法

 温室効果気体の循環を解明するための手法としては，大きく分けると**トップダウン法**（top-down approach）と**ボトムアップ法**（bottom-up approach）の2通りがある．いずれの方法にとっても観測データは不可欠である．トップダウン法は，大気中の温室効果気体の変動を詳細に把握し，その結果をモデルによって解析する方法であり，広域にわたる系統的な観測が必要であるうえに，個々の放出・吸収（消滅）過程を直接的に特定することはできないが，比較的短期間の観測で地球規模にわたる交換量の分布と変動を知ることができる．ボトム

アップ法にはいくつかの方法があるが，そのひとつに，温室効果気体を大気へ放出あるいは大気から除去する過程についてその移動量を直接に測定し，結果を時間的・空間的に拡張することによって地球規模の交換量を求める方法がある．この方法は，放出・吸収（消滅）過程がどのようなものであるか明確に理解することができるが，必要とする交換量を得るためには多地点にわたる長期の観測を必要とする．

温室効果気体を観測するためは，現場に測定装置を設置する方法と，現場で大気試料を容器に採集し，研究室に持ち帰って分析する方法が採用される．前者の方法は　連続的に測定することが可能であるので，細かな時間変動を知ることができ　地域的な汚染の影響を受けたデータを判別しやすいといった利点があるが，一般的に測定装置は高額であり，大容量の電力を必要とするため，多くの地点での同時観測や僻地での観測には向いていない．一方，後者の方法は，測定装置を研究室に設置するので，大気試料を充填する容器の製作費やその輸送費が確保できるならば，僻地や多地点での観測を比較的容易に行えるが，測定が不連続となるうえに（通常は1週間に1～2回程度の試料採集となる），容器に充填された試料が保存中に変質してしまうことがある．また，後者の方法は，航空機や船舶，大気球といった機動性に富んだ観測プラットフォーム上でも利用することができる．いずれの方法を採用するかは，観測すべき地点に期待される変動の大きさやそれぞれの方法の利点と欠点を考慮して決定される．なお，同位体比を測定する際には，分析装置が非常に高額であり，その設置には厳しく管理された環境が要求され，測定を行う前に複雑な大気試料の処理を行う必要があるために，通常は後者の方法が採用される．

3.2　温室効果気体の濃度測定

温室効果気体の濃度を測定する際に広く用いられる分析計は，**非分散型赤外分析計**（non-dispersive infrared analyzer; NDIR）とガスクロマトグラフである．いずれの分析計も相対測定法を原理としているために，濃度と分析計の出力を関係づけるために濃度が厳密にわかった**標準ガス**（standard gas）を必要とする．

第 3 章　温室効果気体の測定

3.2.1　非分散型赤外分析計

　非分散型赤外分析計は，気体による赤外線の吸収を利用するものであり，その原型はすでに 1938 年にドイツのカール・ルフト（Karl F. Luft）によって開発されていた（Luft, 1943）．大気中の CO_2 濃度の測定に用いられたのは 1950 年代半ばであるが，高精度，堅牢かつ取扱いが簡単であるため，今日では主流の分析装置となっている．典型的な非分散型赤外分析計の構造を図 3.1 に示す．分析計は，おもに赤外線光源，利用する波長を選択するための光学フィルター，平行に配置された比較セルと試料セル，チョッパーおよび検出器より構成されており，その他，比較光束と試料光束の強度を調整するバランサーなども取り付けられている．最近では半導体検出器も用いられるようになっているが，図に示したコンデンサーマイクロフォン検出器が長期にわたって採用されてきた．この種の検出器は金属薄膜によって 2 つの受光室に分けられており，両受光室には赤外不活性気体（Ar のような赤外線を吸収しない気体）とともに CO_2 が適当な分圧で封入されている．なお，このタイプの分析計は，光学フィルターを採用することによって比較的広い波長帯の赤外線を利用するので，非分散型

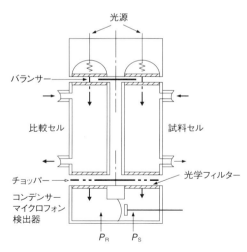

図 3.1　典型的な非分散型赤外分析計の構造
P_R と P_S はそれぞれの受光室内の圧力を表す．

3.2 温室効果気体の濃度測定

とよばれている.

非分散型赤外分析計の測定原理は次のとおりである. 試料セルと比較セルに同じ CO_2 濃度の大気が存在するとき, 検出器の出力がゼロを示すように光学系や電気系が調整されているものとする. 試料セルに試料大気を導入すると, 光源から発せられた赤外線は, セルを通過する際に中に含まれる CO_2 の濃度に応じて吸収され, 比較光束との間で強度の違いを生ずる. 強度に不均衡を生じた試料光束と比較光束はチョッパーによって断続光とされた後, 検出器の受光室に入射し, 中に含まれる CO_2 によってふたたび吸収を受ける. その結果, 両光束の強度の違いによって受光室間で圧力差 ($P_R \neq P_S$) が生じ, 金属薄膜をいずれかの方向に移動させるが, 両光束は断続光となっているので, 薄膜の動きはその断続周波数に応じた振動となる. 金属薄膜は一方の固定極とともにコンデンサーを構成しているので, 薄膜の振動は電気的な容量変化となり, 試料セルと比較セルの CO_2 濃度の差を電気的信号として取り出すことができる.

非分散型赤外分析計には, 比較セルに N_2 のような赤外不活性気体を封入したものと, ある一定濃度の CO_2 を含む混合気体を常に流し, 比較光束にバイアスをかけるものとがある. 前者の分析計は, 温室中の CO_2 濃度測定のように, 精度よりも大きな濃度変化を追跡することが重視される場合に使用される. 比較的狭い範囲で細かく変動する大気中の CO_2 濃度を精確に測定するためには, 後者の分析計が適しており, 標準偏差で 0.05〜0.01ppm というきわめて高い精度の測定が可能である (Tanaka *et al.*, 1983).

非分散型赤外分析計を用いて CO_2 濃度を観測する際には, 現場での連続測定であっても容器に採集された大気試料の測定であっても, 測定すべき試料と標準ガスを一定の手順に従って分析計に導くためのガス導入系が必要である. 一般的には, まず濃度の異なった複数の標準ガスを順々に分析計に流し, その後に大気試料を導入し, 分析計の出力ドリフトを補正するために再度標準ガスを流す, といった手順がとられる. また, 大気試料の CO_2 濃度は, 前後に流した標準ガスの分析計出力値を平均し, CO_2 濃度との関係 (検量線) を求め, それを用いて大気試料の分析計出力値から計算される. これらの一連の手順は, 今日ではパーソナルコンピュータを用いて制御することができ, 自動化された測定装置が広く利用されている.

3.2.2　キャビティーリングダウン分光分析計

非分散型赤外分析計に加え,最近ではキャビティーリングダウン分光法(cavity ring-down spectroscopy; CRDS)を採用した分析計も温室効果気体の濃度測定に用いられるようになっている.キャビティーリングダウン分光分析計は,図 3.2 に示すように,おもにパルスレーザー光源,両端に高反射率の鏡を取り付けた光学キャビティー,検出器から構成されており,光源から発せられたパルス光を光学キャビティーの間に閉じ込め,何度も往復させることによって実効的な光路長を数 km～10 km 程度まで長くしている.パルス光の強度は反射するたびに少しずつ減衰するが,反射する際に一部の光は鏡を透過するので,その減衰を測定することができる.

測定された時間 t におけるパルス光の強度 $I(t)$ は

$$I(t) = I_0 \exp\left[-\left(\frac{1}{\tau}\right)t\right] \tag{3.1}$$

と表すことができる.ここで,I_0 は $t=0$ における透過光の強度であり,τ はリングダウン時間(光学キャビティーに閉じ込められた光の減衰寿命)とよばれる.光学キャビティーの中に吸収物質が存在すると,パルス光は鏡の間を往復するごとに少しずつ吸収されるので,吸収物質が存在しない場合より強度の減衰が強まる.この場合のパルス光の強度は,吸収物質が存在しないときのリングダウン時間を τ_0,σ を吸収物質の吸収断面積,n を光学キャビティー間に存在する吸収物質の数密度,c を光の速度とすると

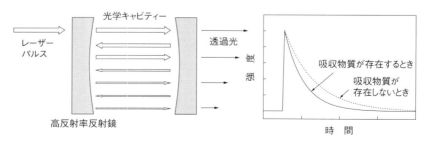

図 3.2　キャビティーリングダウン分光分析計の測定原理
右図は透過光強度の時間変化を示す.

3.2 温室効果気体の濃度測定

$$I(t) = I_0 \exp\left[-\left(\frac{1}{\tau_0} + \sigma nc\right)t\right] \tag{3.2}$$

と書くことができる．すなわち，鏡を透過する光強度の減衰は，光学キャビティーの中に含まれる吸収物質の量に関係しているので，キャビティーリングダウン分光法は温室効果気体の濃度測定に利用することができる．

キャビティーリングダウン分光法は，CO_2 や CH_4，N_2O，CO，H_2O などの複数の気体の濃度を同時かつほぼ連続的に安定して高精度で測定することができる．質量分析計（後出）より精度は劣るものの，いくつかの同位体比も連続的に測定できる，装置が小型であるという優れた特徴をもつ．一方，分析計が高価であり，また測定値の系統的誤差を避けるためには，測定すべき大気試料と組成が同じ標準ガスを分析計出力の検定に用いる必要があり，標準ガスの製造に高度な技術を要する．

3.2.3 ガスクロマトグラフ

ガスクロマトグラフは，気体を移動相（キャリア）として用いて試料気体を流し，担体とよばれる固定相に対する試料成分の相互作用（吸着・分配）の違いを利用して分離すること（ガスクロマトグラフィー）を基本原理とした装置である．図 3.3 に示すように，ガスクロマトグラフは，おもに大気試料や標準ガ

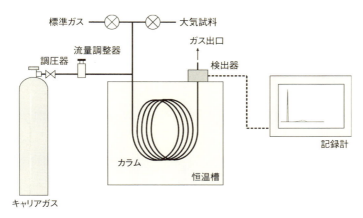

図 3.3　ガスクロマトグラフ分析装置の模式図

スを注入する系，窒素やヘリウムといったキャリアガスを供給する系，担体を充填あるいはコーティングしたカラム，検出器から構成されている．導入された大気試料あるいは標準ガスは，キャリアガスによってカラムに移動し，各成分が分離され，検出器で電気信号に変換される．検出器の信号強度を時間の流れに沿って記録することによってクロマトグラムが得られ，カラムに大気試料あるいは標準ガスを導入してから流出するまでに要する時間（保持時間）をもとにして測定成分を同定し，その成分に関するピーク状のクロマトグラムの高さまたは面積をガスクロマトグラフの出力として用いる．ガスクロマトグラフを用いて高精度の濃度測定を行う際には，対象とする成分のクロマトグラムがシャープであり，他のクロマトグラムから十分に分離される条件を見つけることが重要であり，カラムや担体，キャリアガスの種類の選択，カラム温度やキャリアガス流量の設定などに細心の注意を払わなければならない．また，対象成分に対して高感度を示す検出器を使用することが重要であり，CO_2 や CH_4 の分析では，可燃性の有機化合物を水素炎中で燃焼することによって発生するプラズマ電子を検出する**水素炎イオン化型検出器**（flame ionization detector; FID）が，N_2O や SF_6 などの分析では，^{63}Ni などの β 線源を用いて親電子性物質をきわめて高感度に検出する電子捕獲型検出器が広く用いられる．なお，水素炎イオン化型検出器は CO_2 に対しては感度がないため，ニッケルなどの触媒で CO_2 を CH_4 に還元して検出する必要がある．

最近のガスクロマトグラフによる定量分析では，高感度の検出器が開発され，検出器出力のデジタル化によってクロマトグラムの面積や高さを精確に求めることができるようになったので，CO_2 については 0.1〜0.2ppm，CH_4 については 1ppb，N_2O については 0.5ppb，SF_6 については 0.05ppt という高精度の測定が可能になっている．

3.2.4　標準ガス

温室効果気体の測定に用いる標準ガスには，(1) 長期にわたって濃度の統一性が取れていること，(2) 濃度が長期的に安定していること，(3) 非分散型赤外分析計やキャビティーリングダウン分光分析計による測定に使用する場合には空気との混合気体であること，(4) 濃度が厳密にわかっていること，といった要件が満たされる必要がある．条件 (1) を満たすためには，図3.4 に示すよ

3.2 温室効果気体の濃度測定

図 3.4 温室効果気体の観測に用いる標準ガスの構成

うに，標準ガスを第一次基準，第二次基準，観測用基準にグループ分けし，下位のガスを上位のガスに対して濃度検定するという方法がとられる．観測用基準の標準ガスは通常の測定で使用されるために消費量が多く，上位のガスになるに従って消費量が少なくなるので，このような分類をしておくことによって，大気試料の濃度を決定する際に必要となる基準スケールが長期にわたって維持できる．通常，標準ガスは高圧ガスシリンダーに充填，保存されるが，保存中に濃度変化を起こすことがあるので，使用するシリンダーの材質の選択や内面の処理，標準ガス製造後の均一混合化処理などに注意を払い，条件（2）を満たさなければならない．

　条件（3）は，赤外線の吸収を利用した非分散型赤外分析計やキャビティーリングダウン分光分析計に固有の問題である．CO_2 の分圧が p_{CO_2} である光路長 L の空気中を波数（波長の逆数）ν の赤外線が通過した場合，吸収係数を k_ν，吸収物質量を u（$\propto p_{CO_2}L$）とすると，CO_2 による赤外線の吸収 A_ν は，ランベルト−ベール（Lambert-Beer）の法則に従って $A_\nu = 1 - \exp(-k_\nu u)$ で与えられる．ここでは簡単のために，1 本の独立した吸収線による吸収を考えることにする（実際にはある波数での赤外線の吸収には周囲に存在する多数の吸収線が関与している）．分子の衝突が卓越している大気圧の条件下では，吸収線の強度（吸収係数を $-\infty$ から $+\infty$ まで波数積分した値）を S，中心波数を ν_0，**半幅値**（half-width; 吸収線のピークの 1/2 の高さにおける線幅のさらに半分）を γ とすると，吸収係数 k_ν はローレンツ（Lorentz）関数 $k_\nu = S/[(\nu-\nu_0)^2 + \gamma^2]$ で近似できる．ここで問題となるのは γ である．空気は 78% の N_2，21% の O_2，1% の Ar から構成されているので，半幅値は $\gamma = 0.78 \gamma_{CO_2\text{-}N_2} + 0.21 \gamma_{CO_2\text{-}O_2} + 0.01 \gamma_{CO_2\text{-}Ar}$ と表すことができる．$\gamma_{CO_2\text{-}N_2}$，$\gamma_{CO_2\text{-}O_2}$，$\gamma_{CO_2\text{-}Ar}$ は CO_2 分子に N_2，O_2，Ar の分子がそれぞれ衝突したときの吸収線の半幅値であり，衝突する際の分子間

第 3 章　温室効果気体の測定

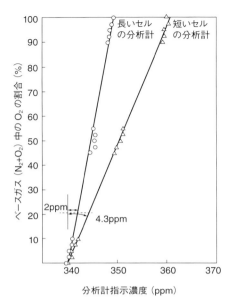

図 3.5　非分散型赤外 CO_2 分析計のキャリアガス効果
(Pearman, 1977)

力の違いを反映してそれぞれの値は異なる．もし空気中の N_2, O_2, Ar の比が変化すると γ の値も変わり，p_{CO_2} が同じであっても赤外線の吸収量は異なってしまう．このことを**キャリアガス効果**（carrier gas effect）とよぶ．図 3.5 に，CO_2 濃度を一定にして N_2 と O_2 の比を徐々に変えて 2 つの異なったタイプの非分散型赤外分析計に混合気体を導入した際に，分析計が表示した濃度を示す（Pearman, 1977）．この図から，キャリアガス効果はベースとするガスの組成およびその混合比のみならず，非分散型赤外分析計のタイプ（構造）にも関係していることがわかる．したがって，非分散型赤外分析計やキャビティーリングダウン分光分析計を用いて大気中の CO_2 濃度を測定する場合に必要となる標準ガスには，自然と同じ組成比の空気に CO_2 を混合したものを使わなければならない．

　上で述べた標準ガス体系の濃度スケールを統一するためには，第一次基準となる標準ガスの濃度を絶対法によって決定する必要がある．代表的な標準ガスの絶対検定法としては，**マノメトリック法**（manometric method）と**重量法**

3.2 温室効果気体の濃度測定

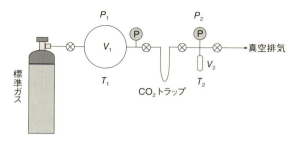

図3.6 CO_2 標準ガスの濃度を決めるために用いられるマノメトリック絶対検定装置の模式図

(gravimetric method) がある．マノメトリック法は，1959年にチャールズ・キーリングが CO_2 標準ガスのために初めて実用化したものである．この方法について図3.6を用いて説明する．濃度を決定すべき標準ガスを容積 V_1 の大容器に充填し，圧力 P_1 と温度 T_1 を測定した後，液体窒素で冷却した CO_2 トラップを通してゆっくりと排気する．排気が終わったら，容積 V_2 の小容器を液体窒素で冷却し，トラップの温度をおよそ $-100°C$ まで上げ，昇華した CO_2 を小容器に移動させる．小容器の温度を室温に戻し，CO_2 の圧力 P_2 と温度 T_2 を測定する．標準ガスに含まれる CO_2 の濃度 C は，理想気体からのズレを補正するために第二ビリアル係数 $B(T)$ を加味した状態方程式 $PV = nRT[1 + nB(T)/V]$ から

$$C = \frac{\left[\frac{V_2 B_1(T_1)}{V_1 B_2(T_2)}\right]\left\{1 - \left[1 + \frac{4P_2 B_2(T_2)}{RT_2}\right]^{1/2}\right\}}{1 - \left[1 + \frac{4P_1 B_1(T_1)}{RT_1}\right]^{1/2}} \tag{3.3}$$

と求められる．ここで R は気体定数，n はモル数である．この方法は原理としては簡単であるが，0.1ppmという高い精度で CO_2 濃度を決定するためには，大容器と小容器の容積，およびそれぞれの容器に充填された空気と CO_2 の圧力と温度を5桁の精度で測定する必要があり，きわめて高度な計測技術を要する．また，検定すべき標準ガスに N_2O が含まれている場合には，CO_2 と物理化学的な性質が似ているためこの方法では分離できないので，他の方法を用いて N_2O 濃度を測定し，その影響を補正する必要がある．なお，現在の**世界気象機関全球大気監視**（World Meteorological Organization/Global Atmospheric

第3章 温室効果気体の測定

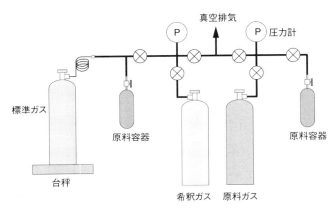

図 3.7 重量法による標準ガス製造の概念図

Watch; WMO/GAW) による CO_2 観測の基準には，NOAA/ESRL/GMD がマノメトリック法を用いて 0.07ppm の精度で決めた濃度スケールが用いられている（Zhao et al., 1997）．

重量法は，原料とするガス（たとえば CO_2）と希釈するガス（たとえば空気）の重量を測定することによって標準ガスの濃度を決定するものであり，東北大学が CO_2 標準ガスの製造のために初めて実用化した（Tanaka et al., 1983）．その後，東北大学は CH_4 や N_2O，SF_6，CO などの標準ガスの製造にも適用し，NOAA/ESRL/GMD も CH_4 と N_2O，CO の標準ガスの製造に採用している（Novelli et al., 1991; Dlugokencky et al., 2005; Hall et al., 2007）．重量法の手順を図 3.7 に従って説明する．まず，真空排気した原料容器の重量を天秤で測定した後，配管系に接続して適当量の原料ガスを導入し，再度天秤で測定することによって原料ガスの重量 W_c を求める．次に原料容器を真空排気した標準ガスシリンダーの直前に接続し，原料ガスをシリンダーに移動させた後，希釈ガスを加圧充填する．充填後にシリンダーの重量を測定し，空の状態のときの重量および原料ガスの重量を引くことによって希釈ガスの重量 W_b を決定する．このようにして製造される標準ガスの濃度 C は，原料ガスと希釈ガスの分子量をそれぞれ M_c と M_b とすると

$$C = \frac{W_c/M_c}{W_b/M_b + W_c/M_c} \tag{3.4}$$

となる．もし目標とする濃度が1回の希釈で達成できない場合には，製造された標準ガスを原料ガスとして用い，同様な手順で希釈を繰り返す．重量法による濃度の不確かさの要因としては，天秤による秤量の不確かさ，標準ガスシリンダー内壁への原料ガスの吸着，ガス充填や重量測定を行う際の原料容器と標準ガスシリンダーの外壁での塵や水分の脱着，希釈ガスに含まれる不純物，分子量の推定誤差などが挙げられる．なお，東北大学が重量法で製造した標準ガスの濃度の不確かさは，CO_2 について 0.1ppm，CH_4 について 3〜4ppb，N_2O について 0.4〜0.7ppb，CO について 0.3〜0.5ppb，SF_6 について 0.01〜0.02ppt と推定されている．

3.3 温室効果気体の同位体比測定

温室効果気体の循環の解明には，炭素同位体（CO_2 や CH_4），酸素同位体（CO_2 や N_2O, H_2O, O_2），窒素同位体（N_2O や N_2），水素同位体（CH_4 や H_2O）が利用される．自然界でのおよその存在比は $^{12}C : ^{13}C : ^{14}C = 1 : 1\times 10^{-2} : 1\times 10^{-12}$, $^{16}O : ^{17}O : ^{18}O = 1 : 4\times 10^{-4} : 2\times 10^{-3}$, $^{14}N : ^{15}N = 1 : 4\times 10^{-4}$, $^{1}H : ^{2}H = 1 : 1\times 10^{-4}$ である．循環の解明にはとくに $^{13}C/^{12}C$, $^{18}O/^{16}O$, $^{15}N/^{14}N$, $^{2}H/^{1}H$ の比がよく用いられ，これらの比は，

$$\delta^{13}C = \left[\frac{(^{13}C/^{12}C)_{\text{sample}}}{(^{13}C/^{12}C)_{\text{standard}}} - 1\right] \times 1{,}000 \tag{3.5}$$

$$\delta^{18}O = \left[\frac{(^{18}O/^{16}O)_{\text{sample}}}{(^{18}O/^{16}O)_{\text{standard}}} - 1\right] \times 1{,}000 \tag{3.6}$$

$$\delta^{15}N = \left[\frac{(^{15}N/^{14}N)_{\text{sample}}}{(^{15}N/^{14}N)_{\text{standard}}} - 1\right] \times 1{,}000 \tag{3.7}$$

$$\delta D = \left[\frac{(^{2}H/^{1}H)_{\text{sample}}}{(^{2}H/^{1}H)_{\text{standard}}} - 1\right] \times 1{,}000 \tag{3.8}$$

のように定義される．添字の sample は測定試料についての比，standard は標準試料についての比を表し，これらの式で与えられる値は**千分率**（per mil；‰）となる．なお，D は質量数 2 の水素同位体（^{2}H），すなわち重水素を表している．

ここで，循環の解明にとって同位体の利用が実際に有効であることを例示するために，$\delta^{13}C$ をもとにした大気–海洋間と大気–**陸上生物圏**（terrestrial bio-

第 3 章　温室効果気体の測定

sphere）間の CO_2 交換の分離を取り上げてみる．第 4 章で述べるように，CO_2 は大気と陸上生物圏および海洋との間で交換されている．2 つの交換を CO_2 濃度のみを使って分離することは容易ではないが，$\delta^{13}C$ をさらに加えて解析するとそれが可能となる．まず，CO_2 量が C_0，$^{13}C/C$ 比が $[^{13}C/(^{12}C+^{13}C)]$（^{14}C は微量であるので無視し，ここでは全炭素 C を $^{12}C+^{13}C$ とする）である大気と，もうひとつの**炭素貯蔵庫**（carbon reservoir; 陸上生物圏または海洋）との間で CO_2 が交換される場合を考える．貯蔵庫から $^{13}C/C$ 比が $[^{13}C/(^{12}C+^{13}C)]_I$ である CO_2 が大気に加えられ，大気の CO_2 量が C_0 から C へ，$^{13}C/C$ 比が $[^{13}C/(^{12}C+^{13}C)]_0$ から $[^{13}C/(^{12}C+^{13}C)]$ へ変化したとすると，大気における $^{13}CO_2$ の収支は

$$C\left(\frac{^{13}C}{^{12}C+^{13}C}\right) = C_0\left(\frac{^{13}C}{^{12}C+^{13}C}\right)_0 + (C-C_0)\left(\frac{^{13}C}{^{12}C+^{13}C}\right)_I \tag{3.9}$$

で与えられる．^{13}C は ^{12}C の 1% 程度であることを考えると $^{13}C/(^{12}C+^{13}C) \approx {}^{13}C/^{12}C$ と近似できるので，(3.5) 式を使い，また $\delta^{13}C$ を δ と表すと

$$C\delta = C_0\delta_0 + (C-C_0)\delta_I \tag{3.10}$$

と書くことができる．なお，4.3.3 ❸ 項で述べるように，大気中の 1ppm あたりの CO_2 の重量は 2.12 GtC であるので，これを使うことによって大気中の CO_2 量を重量（GtC）で表現することも濃度（ppm）で表現することもできる．

次に大気が陸上生物圏あるいは海洋と CO_2 を交換し，大気中の CO_2 濃度を 1ppm だけ変化させたとき，大気中の CO_2 の $\delta^{13}C$ がどのような影響を受けるか考える．図 3.8 に示すように，観測事実をもとにして，大気中の CO_2 濃度と $\delta^{13}C$ をそれぞれ 380ppm と $-8‰$，陸上生物圏の $\delta^{13}C$ を $-25‰$（炭素数 3 のカルボン酸を**光合成**（photosynthesis）の出発物質とする一般的な **C3 植物**（C3 plant）を仮定し，地球全体のおよその平均値を採用する．炭素数 4 のジカルボン酸を光合成の出発物質とするトウモロコシやサトウキビ，ススキのような **C4 植物**（C4 plant）の場合にはおよそ $-12‰$ である），表層海洋の $\delta^{13}C$ を $+1.5‰$ とする（表層海洋では生物による同位体分別によって深層海洋の 0‰ より高い 2‰ となるが，化石燃料燃焼や**森林破壊**（deforestation）によって放出された同位体的に軽い人為起源 CO_2 を吸収するために，現在の値はそれより多少低い）．また，これまでの研究結果を踏まえて，光合成によって大気から陸上生物圏へ CO_2

3.3 温室効果気体の同位体比測定

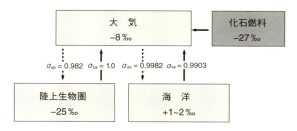

図 3.8 それぞれの炭素貯蔵庫における $\delta^{13}C$ 値と CO_2 交換の際の動的同位体分別係数

が取り込まれる際の**動的同位体分別係数**（kinetic isotope fractionation factor; α_{ab}）を 0.982，酸化や分解によって陸上生物圏から大気へ CO_2 が放出される際の分別係数（α_{ba}）を 1.0，大気から海洋（α_{as}）および海洋から大気への CO_2 移動（α_{sa}）に関する分別係数をそれぞれ 0.9982 と 0.9903 とする．陸上生物圏によって大気から CO_2 が吸収された場合（$C - C_0 = -1$ppm），(3.5) 式および大気の $\delta^{13}C$ が $-8‰$ であること，大気から陸上生物圏に移動する CO_2 の $^{13}C/^{12}C$ 比（r_{ab}）が大気の $^{13}C/^{12}C$ 比（r_{atm}）に α_{ab} を掛けたもの（$r_{ab} = \alpha_{ab} r_{atm}$）であることを考慮すると，$\delta_I$ は $-25.9‰$ となる．大気中の $\delta^{13}C$ の濃度あたりの変化 $(d\delta^{13}C/dC)_{atm}$ は，(3.10) 式を用いると

$$\left(\frac{d\delta^{13}C}{dC}\right)_{atm} = \frac{\delta - \delta_0}{C - C_0} = \frac{\delta_I - \delta_0}{C} \tag{3.11}$$

となるので，δ_I に $-25.9‰$，δ に $-8‰$，C に 379ppm を代入すると $(d\delta^{13}C/dC)_{atm}$ として $-0.047‰$/ppm が得られる．同様にして，陸上生物圏から大気に CO_2 が放出された場合（$C - C_0 = +1$ppm）については $-0.045‰$/ppm が得られる．大気から海洋および海洋から大気に CO_2 が移動した場合についても同じ手法を用いて $(d\delta^{13}C/dC)_{atm}$ を求めることができ，それぞれ $-0.005‰$/ppm と $-0.001‰$/ppm となる．すなわち，大気-陸上生物圏間で CO_2 が交換されると，大気中の CO_2 の $\delta^{13}C$ は大きく変化するが，大気-海洋間の CO_2 交換によってはほとんど影響を受けないので，大気中の CO_2 濃度に加えて $\delta^{13}C$ を測定すると，両者の交換を分離することができる．

上で導き出された結果をみると，大気から陸上生物圏へ CO_2 が移動した場合とその逆の過程では $(d\delta^{13}C/dC)_{atm}$ が多少異なっている．大気-海洋間の CO_2

第 3 章　温室効果気体の測定

交換についても同様な違いが見られる．このような現象は**同位体非平衡効果**（isotopic disequilibrium effect）によるものである．産業革命以来，人間は化石燃料消費や森林破壊を行い，同位体的に軽い CO_2 を大量に大気へ加え続けてきたため，産業革命以前と比べると大気中の CO_2 の $\delta^{13}C$ は低くなっている．しかし，大気と海洋の CO_2 交換には長い時間を要するために，両者の間は同位体的に平衡になっているわけではなく，海洋の CO_2 同位体の薄まりが遅れている．また，陸上生物圏は光合成を行う際には現在の大気の CO_2 を利用するが，**呼吸**（respiration）や**分解**（decomposition）によって放出する CO_2 のもととなる有機物は，数十年から数百年前に光合成によって大気から取り込んだ CO_2 を原料としてつくられたものである．産業革命以前の大気中の CO_2 濃度を 280ppm，その $\delta^{13}C$ を $-6.5‰$，表層海洋の $\delta^{13}C$ を $2‰$，同位体分別係数は現在と同じとして上と同様な計算を行うと，大気-陸上生物圏については $-0.065‰/ppm$，大気-海洋については $-0.005‰/ppm$ となり，CO_2 交換の方向による違いはなくなる．

　なお，(3.10) 式は

$$\delta = \delta_\mathrm{I} + \frac{C_0(\delta_0 - \delta_\mathrm{I})}{C} \tag{3.12}$$

と書き換えることができる．大気が他の 1 つの炭素貯蔵庫と CO_2 を交換している場合，大気中の CO_2 濃度（C）と $\delta^{13}C$（δ）の時間変化を測定して，横軸に $1/C$，縦軸に対応する δ をとると，両者の関係は直線で与えられ，縦軸の切片の値が貯蔵庫から供給される CO_2 の $\delta^{13}C$ を表す．キーリングが最初にこの方法を採用したので**キーリングプロット**（Keeling plot）とよばれており（Keeling, 1957），CO_2 以外の気体にも広く適用されている．

　また，炭素には安定炭素である ^{12}C や ^{13}C のほかに放射性炭素 ^{14}C もわずかに存在する．^{14}C は，大気上層で一次宇宙線によって生成された二次宇宙線に含まれる中性子が窒素原子 ^{14}N と衝突し，陽子をはじき出して入れ替わることにより（$n + {}^{14}N \rightarrow {}^{14}C + p$）生成される．このようにして生成された ^{14}C は不安定であるので，電子を 1 個だけ放出して中性子を陽子に変換し，安定な ^{14}N に戻る．したがって，^{14}C は生成後に時間の経過とともに減少し，その半減期は約 5,730 年であるので，太古につくられた化石燃料には含まれない．このような特性を活かし，^{14}C は化石燃料起源の CO_2 や CH_4 の寄与を分離するために用い

られる.また,1960年前後に大気圏内で水爆実験が行われたため,放出された中性子によって大量の ^{14}C が生成されたが,海洋や陸上生物圏の吸収によって大気から除去されており,とくに海洋による CO_2 吸収を評価するためのトレーサーとして使うことができる. ^{14}C 濃度(^{14}C/C $=^{14}$C/(^{12}C $+^{13}$C $+^{14}$C))は,単位時間あたりに放射性崩壊を起こす回数(放射能)に比例するので

$$\delta^{14}\text{C} = \left[\frac{(^{14}\text{C}/\text{C})_{\text{sample}}}{(^{14}\text{C}/\text{C})_{\text{standard}}} - 1\right] \times 1{,}000 = \left(\frac{A}{A_{\text{s}}} - 1\right) \times 1{,}000 \tag{3.13}$$

と定義される.ここで,A は測定試料についての放射能,A_{s} は標準試料についての放射能を表す.また,A に同位体分別効果の補正を施したもの(後出)を A^* とすると

$$\Delta^{14}\text{C} = \left(\frac{A^*}{A_{\text{s}}} - 1\right) \times 1{,}000 \tag{3.14}$$

と書くこともできる.

3.3.1　安定同位体比分析と標準試料

　安定同位体比は**質量分析計**(mass spectrometer)を用いて測定される.その基本原理を以下で簡単に説明する.質量分析計は,図 3.9 に示すように,おもにイオン源と電磁石,検出器から構成されており,イオン源や検出器は高真空の環境に置かれている.精製あるいは調製して純粋化した気体試料をイオン源に導入すると,そこで陽イオンとなった質量数 m の分子は,電位差 V の間隙を通過することにより加速される.その速度 v は,e を電荷とすると,$(2eV/m)^{1/2}$

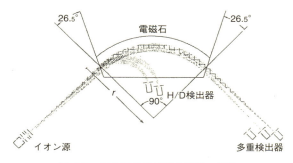

図 3.9　安定同位体質量分析計の構造

で与えられる．加速された分子は，進行方向に対して垂直な磁場（磁束密度 B）に入射するとローレンツ力（evB）によって回転するが，その回転半径 r は遠心力（mv^2/r）との釣り合いから $(2mv/e)^{1/2}/B$ となり，質量数の違いによってイオン束が分離されることになる．実際の分析の際には，質量分析計のガス導入系を利用して測定試料と標準試料を交互にイオン源に導き，それぞれについて測定されたイオン電流から同位体比を求める．

　上で述べたように，同位体比を決めるためには基準となる標準試料が必要である．温室効果気体の同位体比を測定する際には，先人の研究を踏襲して，以下のような標準試料が使われている．まず，CO_2 の $\delta^{13}C$ や $\delta^{18}O$ および CH_4 の $\delta^{13}C$ の測定の際には**ピーディベレムナイト**（Pee Dee Belmnite; PDB）が使われる．PDB とは，米国サウスカロライナ州の Pee Dee 層から採取された矢石化石（古代に生息したイカの化石；$CaCO_3$）であり，その $^{13}C/^{12}C$ 比と $^{18}O/^{16}O$ 比はハーモン・クレイグ（Hermon Craig）によってそれぞれ 0.011 237 2 と 0.002 079 と決定された（Craig, 1957）．その後，**国際原子力機関**（International Atomic Energy Agency; IAEA）によってこれらの値は再検討され，$^{13}C/^{12}C$ は同じであるが，$^{18}O/^{16}O$ は 0.002 067 160 68 と修正され（Allison and Francey., 1995），これらをもとにしたスケールを国際原子力機関本部の所在地であるオーストリアのウイーン（英語名は Vienna）の頭文字をとって VPDB と名付け，もともとの PDB と区別を付けている．PDB はすでに消費されてしまっており，今日では入手できないので，実際の測定では国際原子力機関が VPDB に対して値付けして配布している NBS-19（$\delta^{13}C_{VPDB} = 1.95‰$，$\delta^{18}O_{VPDB} = -2.2‰$）や NBS-18（$\delta^{13}C_{VPDB} = -5.014‰$，$\delta^{18}O_{VPDB} = -23.2‰$）といった炭酸塩が標準試料として用いられている（NBS については下で説明する）．

　N_2O や O_2 の $\delta^{18}O$，CH_4 の δD，H_2O の $\delta^{18}O$ や δD を測定する際の標準試料としては，**標準平均海水**（Standard Mean Ocean Water; SMOW）が用いられる．海水の同位体比はごく表層を除くと均一であることが知られているが，クレイグは，海水の平均的な同位体比と**アメリカ標準局**（National Bureau of Standards; NBS）が配布していた標準試料 NBS-1（米国のポトマック川の水）とを比較して，$D/H_{SMOW} = 1.050 D/H_{NBS-1}$ および $^{18}O/^{16}O_{SMOW} = 1.008 {}^{18}O/^{16}O_{NBS-1}$ という関係を求めた（Craig, 1961）．このようにして定義された海水の平均値（$D/H_{SMOW} = 0.000 158$，$^{18}O/^{16}O_{SMOW} = 0.001 993 4$）が標準平均海水である．

その後，国際原子力機関が再測定を行って D/H＝0.000 155 76 および ^{18}O/^{16}O＝0.002 005 2 と決定し，それをもとにしたスケールはもともとの SMOW と区別して VSMOW とよばれており，現在広く使われている．実際の測定では，国際原子力機関が配布している南極の雪を解かした SLAP（Standard Light Antarctic Precipitation; δD$_{VSMOW}$＝-428.0‰, δ^{18}O$_{VSMOW}$＝-55.50‰）やグリーンランドの雪を解かした GISP（Greenland Ice Sheet Precipitation; δD$_{VSMOW}$＝-189.5‰, δ^{18}O$_{VSMOW}$＝-24.8‰）が標準試料として用いられている．なお，δ^{18}O$_{VSMOW}$ と δ^{18}O$_{VPDB}$ との間には δ^{18}O$_{VSMOW}$＝$1.030\,90\delta^{18}$O$_{VPDB}+30.90$ という関係があるので，必要に応じて値を相互に変換することができる．

N_2O や N_2 の δ^{15}N を測定する際の標準試料としては，大気の N_2 が使用される．窒素の最大の貯蔵庫は大気であり，N_2 分子として 4.0×10^{21}gN（gN は窒素重量）が存在している．N_2 は酸素が欠乏した嫌気的環境下（たとえば土壌，海洋，海洋堆積物）での微生物による硝酸イオン（NO_3^-）の脱窒反応（還元反応）$NO_3^-\to NO_2^-\to NO\to N_2O\to N_2$ によって生成され，陸上や海洋中での微生物および植物による窒素固定によって大気から取り除かれる．N_2 の発生・消滅量は 2×10^{14}gN/yr と推定されるので，大気中の N_2 の交換時間は 1,000 万年のオーダーとなり，その濃度や同位体比は一定と見なすことができる．

3.3.2 放射性炭素同位体比分析と標準試料

^{14}C の測定は，測定試料の炭素から生成された CO_2，あるいはそれから合成された CH_4 やアセチレン（C_2H_2）を封入し，^{14}C が崩壊して放出する β 線を計測する**比例計-数管**（proportional counter）や，測定試料の炭素から合成されたメタノール（CH_3OH）やベンゼン（C_6H_6）に蛍光体を混合し，β 線によって蛍光体が励起された際の発光を計測する**液体シンチレーションカウンター**（liquid scintillation counter）などが古くから用いられてきた．しかし，これらは測定に必要とする試料量が多く，計測に長時間を要するという欠点があるため，最近では図 3.10 に示す**加速器質量分析計**（accelerator mass spectrometer）が広く用いられている．この分析計は，CO_2 を水素（H_2）で還元してグラファイト化した試料炭素をイオン化して加速し，磁場で質量の異なるイオンビームに分離して検出するものである．

^{14}C を測定する際の標準試料には，化石燃料消費による影響（スース効果）や

第 3 章 温室効果気体の測定

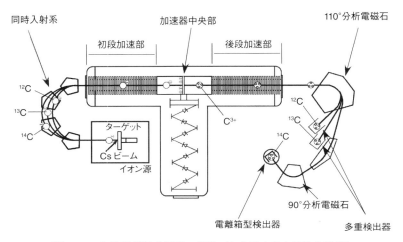

図 3.10　加速器質量分析計の構造（名古屋大学中村俊夫提供）

水爆実験の影響がなかった 19 世紀に生育した樹木が使われる．大気中の CO_2 が樹木に取り込まれるときには同位体分別を起こす．もし測定試料が樹木とは異なった同位体分別を起こしていると，樹木を標準として用いるためには両者の同位体分別の違いを補正する必要がある．ある炭素貯蔵庫 a から別の炭素貯蔵庫 i に CO_2 が移動すると，$^{14}C/C$ と $^{13}C/C$（それぞれ A と ^{13}r と表記する）については $A_i = {}^{14}\alpha_{ai} A_a$ と $^{13}r_i = {}^{13}\alpha_{ai} {}^{13}r_a$ が成り立つ．ここで，$^{14}\alpha_{ai}$ と $^{13}\alpha_{ai}$ は ^{14}C と ^{13}C に関する動的同位体分別係数である．一般に $^{14}\alpha_{ai} = ({}^{13}\alpha_{ai})^2$ が成立し，C に対する ^{12}C の割合はおよそ 99% であるので

$$\frac{A_i}{A_a} = \left(\frac{r_i}{r_a}\right)^2 \approx \left[\frac{(^{13}C/^{12}C)_i}{(^{13}C/^{12}C)_a}\right]^2 \tag{3.15}$$

となる．すなわち，^{14}C の変化は ^{13}C の変化の 2 乗に相当する．さらに (3.5) 式を用いると (3.15) 式は

$$\frac{A_i}{A_a} = \left[\frac{1 + \delta^{13}C_i/1,000}{1 + \delta^{13}C_a/1,000}\right]^2 \tag{3.16}$$

と書けるので，この関係を用いて測定試料の ^{14}C 濃度（放射能）A から同位体分別効果を補正した $A^*(=fA)$ を求める．測定試料の $\delta^{13}C$ を $\delta^{13}C_a$ とすると，この値を標準木材の $\delta^{13}C$（$\delta^{13}C_i = -25‰$）に規格化した際に A に生ずる変化

量は，(3.16) 式の A_i が A^*，A_a が A であるので，

$$A^* = \left[\frac{1+(-25)/1{,}000}{1+\delta^{13}\mathrm{C_a}/1{,}000}\right]^2 A \tag{3.17}$$

で与えられる．したがって，f は

$$f = \left[\frac{1+(-25)/1{,}000}{1+\delta^{13}\mathrm{C_a}/1{,}000}\right]^2 \tag{3.18}$$

となるが，$\delta^{13}\mathrm{C_a}/1{,}000$ が十分小さいとしてテイラー（Taylor）展開すると

$$f = 1 - \frac{2(25+\delta^{13}\mathrm{C_a})}{1{,}000} \tag{3.19}$$

のように近似できる．近似的な f を使うと，(3.13) と (3.14) 式から

$$\Delta^{14}\mathrm{C} = \delta^{14}\mathrm{C} - 2(25+\delta^{13}\mathrm{C_a})\left(\frac{\delta^{14}\mathrm{C}}{1{,}000}+1\right) \tag{3.20}$$

が求められ，同位体分別を補正した $^{14}\mathrm{C}$ 濃度が得られることになる．厳密な f を使った場合も同様にして補正を行う．

実際の測定では，いくつかの機関が作製した $^{14}\mathrm{C}$ 濃度既知の標準試料が用いられている．たとえば，**アメリカ標準技術研究所**（National Institute of Standards and Technology; NIST）が植物体から抽出し，調製した**シュウ酸標準試料**（oxalic acid standard）SRM-4990C（NBS-new あるいは HOx II ともよばれている）は世界的に広く利用されており，その $^{14}\mathrm{C}$ 濃度は木材標準の 0.7459 倍（1950 年時点）であり，$\delta^{13}\mathrm{C}$ は $-17.8‰$ であることが知られている．したがって，SRM-4990C についての A_s は

$$A_\mathrm{s} = 0.7459 A_\mathrm{OX} f \exp(-\lambda \Delta t) \tag{3.21}$$

となる．ここで，A_OX は SRM-4990C について測定された放射能，f は SRM-4990C の同位体分別効果の補正（(3.18) 式あるいは (3.19) 式の $\delta^{13}\mathrm{C_a}$ に $-17.8‰$ を代入），λ は $^{14}\mathrm{C}$ の壊変定数（$\ln 2/5{,}730/\mathrm{yr}$），$\Delta t$ は 1950 年から測定時までの経過年数を表す．

第4章 二酸化炭素の変動と循環

CO_2 は人間が活発に活動する前から大気に存在しており，自然の力で地球上を絶えず循環している．この循環が定常的であれば，大気中の CO_2 濃度は一定であるが，循環に関わるプロセスは気象や気候と密接に関係しているので，その変化に呼応して CO_2 濃度は変動する．その典型的な例は日内変動や季節変動であるが，さらに長い時間スケールの変動としてエルニーニョ現象や火山噴火，氷期–間氷期サイクルに伴う変動を挙げることができる．しかし，これらは自然的要因によってひき起こされるものであり，気象や気候が元の状態に戻ると濃度も回復する．一方，18世紀後半に起こった産業革命を契機に人間活動が活発化し，化石燃料を消費したり，森林破壊などの土地利用改変を行ったりすることにより大量の CO_2 を大気に放出したために，大気中の濃度が大幅に増加した．本章では，地球表層における CO_2 循環の概要とそのプロセス，系統的観測から明らかになった大気中の CO_2 濃度の時間的・空間的変動の実態，および人為起源 CO_2 の収支について現在の知見をまとめる．

4.1 地球表層における炭素循環

炭素循環（carbon cycle）とは大気，陸域，水域の間を炭素が移動することをいう．大気には CO_2 以外にも CH_4 や CO などのかたちで炭素が存在するが，それらの存在量や年間の発生・消滅量は CO_2 の 0.5% 程度あるいはそれ以下にすぎないので，一般的には CO_2 に関わる循環を炭素循環とよんでいる．しか

4.1 地球表層における炭素循環

し,比較的浅い海洋堆積物の中や大陸棚斜面,永久凍土の中には**メタンハイドレート**（methane hydrate; CH_4 分子を中心にして周囲を H_2O 分子が取り囲んだ氷状の固体結晶）として大量の CH_4 が存在しており,現在は低温・高圧状態の下で安定しているが,温暖化に伴って不安定となって多量の CH_4 を大気に放出する可能性があり,それが現実となったときには CH_4 の炭素も炭素循環に考慮しなければならない.ちなみに,メタンハイドレートとして埋蔵されている地球全体の CH_4 量は $2,000,000 \sim 8,000,000 \, TgCH_4$（$1 \, TgCH_4$ は CH_4 の重量で 10^{12} g,T（テラ）$= 10^{12}$）,炭素の量で表すと $1,500 \sim 6,000 \, GtC$,と見積もられている（Archer, 2007）.なお,地球表層における CH_4 の循環については,CO_2 とは独立に第5章で扱うことにする.

地球温暖化といった数十年から数百年の時間スケールの現象にとって重要な炭素の貯蔵庫は,大気と海洋,陸上生物圏であり,CO_2 は大気-海洋間および大気-陸上生物圏間で絶えず交換されている.図4.1に,産業革命以前（1750年ころ）と2011年について推定された各貯蔵庫における炭素量と貯蔵庫間の炭素移動量（フラックス）をまとめて示す.この図はおもに IPCC 第5次評価報告書（IPCC AR5, 2014）をもとにして作成したものであるが,多くの数字にはまだ大きな不確かさがあり,今後の研究によって変わる可能性があるので注意する

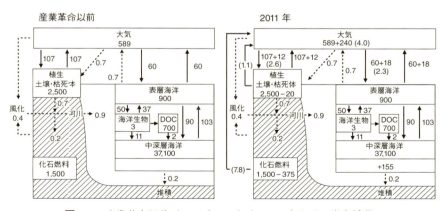

図 4.1 産業革命以前（1750年ころ）と 2011 年おける炭素循環
存在量は GtC,フラックスは GtC/yr で表している.右図における + または − の数字は人間活動に伴う存在量およびフラックスの増減を,括弧の中の数字は 2000 年代における人為起源 CO_2 の平均的放出・吸収量を表す.（IPCC AR5（2014）をもとに作成）

第 4 章 二酸化炭素の変動と循環

必要がある．また，CO_2 は循環している間に気体や有機物，無機炭素といったようにかたちを変えるが，炭素（C）は常に含まれているので，存在量やフラックスは慣例的に炭素に換算した量で表現される．この図の中でも，存在量とフラックスはそれぞれ GtC と GtC/yr で表している．なお，文献によっては Gt ではなく Pg（1 Pg は 10^{15}g，P（ペタ）＝ 10^{15}）が使われていることがあるが，いずれの単位であっても数値が同じであれば同じ重量を意味する．

4.1.1　産業革命以前の炭素循環

　人間活動の影響が小さかった産業革命以前には，炭素は大気に 589 GtC（濃度で表すと約 278 ppm），陸上植物に 350～450 GtC，土壌やリター（地面に落ちた葉や枝，樹皮，倒木など）に 1,500～2,400 GtC（合計するとおおむね 2,500 GtC），表層海洋と**中深層海洋**（intermediate-deep ocean）に**溶存無機炭素**（dissolved inorganic carbon; DIC）としてそれぞれ 900 GtC と 37,100 GtC，海洋生物に 3 GtC，海洋の**溶存態有機物**（dissolved organic carbon; DOC）として 700 GtC が存在していたと考えられる．陸上生物圏は，植物の光合成によって CO_2 を大気から取り込み，自身の呼吸（**独立栄養呼吸**（autotrophic respiration））や土壌有機物の酸化分解（**従属栄養呼吸**（heterotrophic respiration）），森林火災によって大気に戻しており

$$6\,CO_2 + 6\,H_2O \underset{\text{呼吸，分解，森林火災}}{\overset{\text{光合成}}{\rightleftharpoons}} C_6H_{12}O_6 + 6\,O_2 \tag{4.1}$$

それぞれのフラックスは 107 GtC/yr となっている．また，大気と海洋間でも炭素が交換されており，60 GtC/yr の炭素が大気から海洋および海洋から大気へ移動している．海洋中では，分子状 CO_2 や炭酸水素イオン（HCO_3^-），炭酸イオン（CO_3^{2-}）といった溶存無機炭素のかたちで 90 GtC/yr，海洋生物を介して有機物や炭酸カルシウム（$CaCO_3$）のかたちで 13 GtC/yr が表層海洋から中深層海洋へ輸送され（直接に沈降する量は 11 GtC/yr，溶存態有機物を介する量は 2 GtC/yr），中深層海洋からは 103 GtC/yr の溶存無機炭素が表層海洋に戻る．表層海洋では海洋生物が活動しており，年間あたり 50 GtC の溶存無機炭素を消費するが，同時に 37 GtC を戻し，結果として 13 GtC の炭素を生み出している．

4.1 地球表層における炭素循環

これらに加え，陸上生物圏から $0.7\,\mathrm{GtC/yr}$，陸での $CaCO_3$ の風化やケイ灰石（$CaSiO_3$）などのケイ酸塩の風化

$$CaCO_3 + CO_2 + H_2O \longrightarrow Ca^{2+} + 2\,HCO_3^- \tag{4.2}$$

$$CaSiO_3 + 3\,H_2O + 2\,CO_2 \longrightarrow Ca^{2+} + 2\,HCO_3^- + H_4SiO_4 \tag{4.3}$$

によって $0.4\,\mathrm{GtC/yr}$ の炭素が河川に流入し，そのうちの $0.2\,\mathrm{GtC/yr}$ が河川や湖沼に堆積し，残りの $0.9\,\mathrm{GtC/yr}$ が海洋に流れ込む．河川から供給された炭素のうち，$0.7\,\mathrm{GtC/yr}$ は海洋生物の石灰化によって CO_2 となり海面を通して大気に放出され，$0.2\,\mathrm{GtC/yr}$ が $CaCO_3$ として海底堆積物となる．海面を通して大気に放出された $0.7\,\mathrm{GtC/yr}$ の炭素は陸上生物圏に吸収され，海や河川，湖沼に堆積した $0.4\,\mathrm{GtC/yr}$ はいずれ地殻に取り込まれ，風化に使われる．

4.1.2 最近の炭素循環

以上のような炭素循環は人間活動の影響が少ない時代の描像であるが，その様子はこの 200 年間に大きく変化した．産業革命以前と 2011 年の炭素循環を比較してみると，人間がエネルギーを獲得するために化石燃料（石油，石炭，天然ガス）を消費したので，その存在量は $375\,\mathrm{GtC}$ 減少し，さらに森林破壊などの土地利用改変を行ったことにより陸上生物圏の炭素を $180 \pm 80\,\mathrm{GtC}$ 減少させた．したがって，人間活動によって $555\,\mathrm{GtC}$ の炭素が大気に放出されたことになり，そのうちの $240 \pm 10\,\mathrm{GtC}$ は大気に残留し，存在量を $829\,\mathrm{GtC}$（濃度で約 $391\,\mathrm{ppm}$）へと増加させ，残りのうちの $155 \pm 30\,\mathrm{GtC}$ は海洋に吸収された．大気に残留した炭素と海洋に吸収された炭素の合計は $395\,\mathrm{GtC}$ であり，大気に放出された人為起源の炭素 $555\,\mathrm{GtC}$ との間には $160\,\mathrm{GtC}$ の差が見られるが，この炭素は活動が活発化した陸上生物圏によって吸収されたと考えられている．すなわち，陸上生物圏は $180\,\mathrm{GtC}$ の炭素を放出し，$160\,\mathrm{GtC}$ を吸収し，正味として $20\,\mathrm{GtC}$ を放出したことになる．

大気–陸上生物圏間のフラックスは，生物活動の活発化に伴い産業革命以前より $12\,\mathrm{GtC/yr}$ ほど増え，光合成による大気からの炭素の取込みと呼吸や分解による大気への放出は $119\,\mathrm{GtC/yr}$ となっている．海面を通した大気–海洋間のフラックスも大気中の CO_2 の増加を反映して $18\,\mathrm{GtC/yr}$ ほど増えており，$78\,\mathrm{GtC/yr}$ となっている．

第 4 章　二酸化炭素の変動と循環

　実際の炭素循環は，このような循環に化石燃料燃焼と**セメント製造**（cement production），土地利用改変を起源とする炭素がさらに加わったものであるので，フラックスの値は多少異なる．人為起源炭素の収支の一例として，IPCC 第 5 次評価報告書がまとめた 2000〜09 年における平均的な数値（IPCC AR5, 2014）を図 4.1 に併せて示す．IPCC 第 5 次評価報告書の見積もりによると，2000 年代においては，化石燃料燃焼とセメント製造によって $7.8 \pm 0.6\,\mathrm{GtC/yr}$，土地利用改変によって $1.1 \pm 0.8\,\mathrm{GtC/yr}$ の炭素が大気に放出され，そのうちの $4.0 \pm 0.2\,\mathrm{GtC/yr}$ が大気に残留し，残りの $2.3 \pm 0.7\,\mathrm{GtC/yr}$ と $2.6 \pm 1.2\,\mathrm{GtC/yr}$ がそれぞれ海洋と陸上生物圏に吸収されていることになる．陸上生物圏は土地利用改変によって炭素を大気に放出していることが知られているが，それを上回る量の炭素が別の地域の陸上生物圏で吸収されており，正味としては $1.5 \pm 0.9\,\mathrm{GtC/yr}$ の吸収源としてはたらいていることを意味している．このような収支はどのようにして推定されたか，またそれぞれの数値の信頼性がどの程度であるかといったことについては，4.3 節で述べる．

4.2　大気中の CO_2 濃度の変動

　近代的な計測器である非分散型赤外分析計を用いた大気中の CO_2 濃度の系統的観測は，米国の**スクリップス海洋研究所**（Scripps Institution of Oceanography）のチャールズ・キーリングによって初めて行われた．彼は 1957 年の国際地球観測年を契機として 1957 年 5 月に南極点（90°S），1958 年 3 月にハワイのマウナロア（Mauna Loa; 20°N）山の中腹（高度 3,400 m）で観測を開始し（Keeling *et al.*, 1976a; b），その後，さらに多くの地点へと観測を拡大した．とくに南極点とマウナロアの観測は今日まで継続されており，世界で最も長い観測記録を提供している．また，温暖化への関心の高まりとともに他の研究機関によっても観測が広く行われるようになり，今日では世界の 150 地点以上で系統的観測が実施されている．

　図 4.2 にマウナロアと南極点で観測された CO_2 濃度（月平均値）の変動を示す（http://scrippsco2.ucsd.edu/home/index.php）．この図から，CO_2 濃度が**季節変動**（seasonal cycle）と**年々変動**（interannual variation）を伴って経年的に増加していることは明らかである．

4.2 大気中の CO_2 濃度の変動

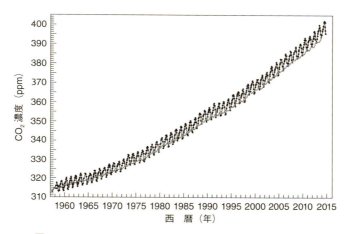

図 4.2 マウナロアおよび南極点における CO_2 濃度の変動
●と黒色線はマウナロアの結果，●と灰色線は南極点の結果を表す．
(http://scrippsco2.ucsd.edu/home/index.php)

4.2.1 濃度の季節変動

CO_2 濃度の季節変動は，おもに光合成と呼吸や分解による大気–陸上生物圏間の CO_2 交換が季節に応じて変わることによって生じている．第 3 章で述べたように，現在の条件の下で大気–陸上生物圏間および大気–海洋間で CO_2 が交換されると，大気中の CO_2 の $\delta^{13}C$ はそれぞれ $-0.05‰/ppm$ と $-0.003‰/ppm$ の割合で変化する．図 4.3 は，日本上空の対流圏において航空機を用いて CO_2 濃度と $\delta^{13}C$ を測定し，それぞれの時系列データから経年変化と年々変動を取り除いて季節変動成分のみにして，CO_2 濃度に対する $\delta^{13}C$ の関係を求めたものである (Nakazawa et al., 1993a)．いずれの高度についても両者の関係は直線で近似することができ，実際に最小二乗法を用いて一次式をデータに適用してみると，表 4.1 に示したように，ほぼ -1 という相関係数が得られ，勾配 ($d\delta^{13}C/dCO_2$) はおよそ $-0.05‰/ppm$ となる．このことは，CO_2 濃度の季節変動が大気–陸上生物圏間の CO_2 交換によって生じていることを意味している．$-0.05‰/ppm$ という変化率は，日本上空のみならず広域にわたる北半球の太平洋上でも得られており (Nakazawa et al., 1997)，この地域で観測される大きな季節変動は陸上生物圏の活動に起因するものといえる．しかし，中国内陸部や低緯度で観測

第4章 二酸化炭素の変動と循環

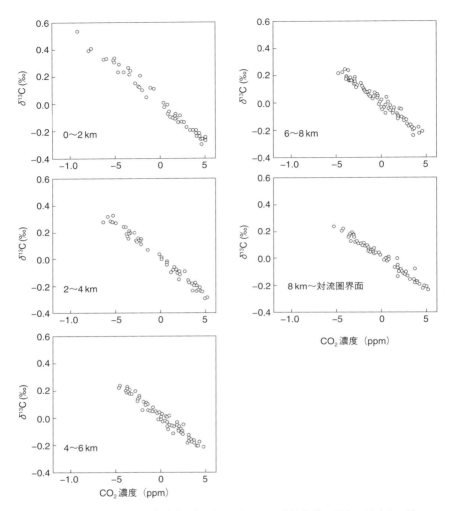

図 4.3 日本上空の対流圏各高度で観測された CO_2 季節変動に関する濃度と $\delta^{13}C$ の関係
(Nakazawa *et al.*, 1993a)

されたデータはさらに小さな変化率を示している．植生分布を検討してみると，この地域にはトウモロコシやススキ，サトウキビなどの $\delta^{13}C$ の値が高い C4 植物が多く分布しており（Still *et al.*, 2003; Suits *et al.*, 2005），その影響を受けて

4.2 大気中の CO_2 濃度の変動

表 4.1 日本上空で観測された CO_2 季節変動の濃度に対する $\delta^{13}C$ の変化と相関係数

高　度	$d\delta^{13}C/dCO_2$ (‰/ppm)	相関係数
0〜2 km	−0.055	−0.992
2〜4 km	−0.054	−0.992
4〜6 km	−0.050	−0.982
6〜8 km	−0.049	−0.980
8 km〜対流圏界面	−0.047	−0.986

(Nakazawa *et al.*, 1993a)

いるためと考えられる．なお，北半球中高緯度では化石燃料は夏より冬に多く燃焼されるが，大気中の CO_2 濃度の季節変動に与える影響は陸上生物圏と比べるとはるかに小さい（Heimann *et al.*, 1989）．また，北半球と比べると，南半球では陸域の植生の存在量が少なく，また海洋の面積が大きいので，大気–海洋間の CO_2 交換の影響が相対的に強く現れる（Heimann *et al.*, 1989）．実際，東北大学と国立極地研究所が南極の昭和基地（69°S）で観測した CO_2 濃度と $\delta^{13}C$ を検討してみると，両者の相関は上述のように単純ではなく，また CO_2 濃度と $\delta^{13}C$ の関係を直線で近似して求めた変化率も −0.022‰/ppm であり，大気–陸上生物圏間および大気–海洋間の CO_2 交換が季節変動に関与していることを示唆している（村山ほか，1997）．CO_2 濃度の季節変動は，陸上生物圏や海洋に加え，さらに季節あるいは年によって異なる大気輸送の影響も受ける．

　CO_2 濃度の季節変動の時間的・緯度的特徴を見るために，アラスカのバーロー（Barrow; 71°N），マウナロア，米国領サモア（American Samoa; 14°S）および南極点で観測された平均的な季節変動を図 4.4 に示す．CO_2 濃度は，光合成がほとんど行われない寒候期には呼吸や分解によって放出された CO_2 が大気に蓄積されるため，初春に最大値を示し，光合成による取込みが呼吸や分解による放出を凌駕する夏季に最小値を示す．季節変動は，陸上植物の存在量の違いを反映して南半球より北半球で大きい．とくにバーローで季節変動が大きくなっているが，北半球の中高緯度には季節に応じて活動が大きく変化する陸上植物が多く分布していることに加え，海洋に比べて陸の占める割合が大きいため，陸で生じた季節変動が減衰しにくいことも原因となっている．また，この図には示していないが，北半球中高緯度では経度方向にも季節変動が異なっており，

第 4 章 二酸化炭素の変動と循環

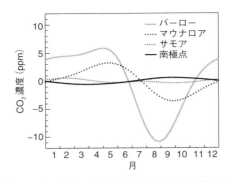

図 4.4 バロー (71°N), マウナロア (20°N), 米国領サモア (14°S), 南極点 (90°S) における CO_2 濃度の平均的な季節変動

内陸部で大きく,沿岸部や洋上では小さいことが知られている.季節変動は南下するに従って位相の遅れを伴って小さくなり,陸上植物の量は多いが季節そのものがほとんど変化しない低緯度で最小となり,南半球中高緯度でふたたび小さいながらも明瞭な季節変動が観測される.南半球での季節変動には陸上植物と海洋が関与しているが,いずれからも遠く離れている南極点で季節変動が明瞭に観測される理由は,季節によって起源の異なる,したがって CO_2 濃度の異なる空気が輸送されるためと考えられる.

4.2.2 濃度の年々変動

大気中の CO_2 濃度は単調に増加しているのではなく,数年程度の不規則な変動を伴っている.このような不規則変動は年々変動とよばれており,赤道太平洋で数年に一度の頻度で発生する**エルニーニョ**(El Niño;スペイン語で男の子(神の子)を意味する)現象とよい相関があることが知られている.エルニーニョ現象とは,赤道太平洋の広い海域で海面水温が平年より高くなり,その状態が半年から 1 年ほど続く現象である.図 4.5 に模式的に示すように,平常時には赤道太平洋では貿易風とよばれる東風が吹いているため,海面付近の暖かい海水がインドネシア側に吹き寄せられて表層付近に蓄積しており,風上側のペルー沖では深層の冷たい海水が湧昇している.海面水温の高いインドネシア側では大気が上昇し(**ウォーカー循環**(Walker circulation)とよばれる赤

4.2 大気中の CO_2 濃度の変動

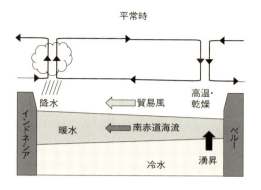

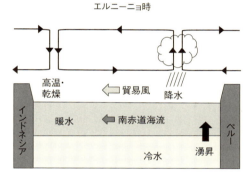

図 4.5 通常時およびエルニーニョ現象発生時における赤道太平洋における大気と海洋の変動

道対流圏における大規模な東西鉛直循環の上昇域にあたる），海面から蒸発した水蒸気によって積乱雲が発達するので，降水も多い．エルニーニョ現象は何らかの原因で東風が弱まると発生し，その際にはペルー沖の冷たい深層水の湧昇が弱まり，インドネシア側に蓄積されていた暖かい海水が東側に広がる．エルニーニョ現象が発生しているときには，ウォーカー循環の上昇域は平常時より東へ移動しており，インドネシア側は大気が下降する高気圧部となり，高温・乾燥化する．なお，エルニーニョ現象のときとは逆に東風が平常時より強くなり，上で述べた平常時の現象がさらに顕著となることがあるが，この状態はラニーニャ（La Niña；スペイン語で女の子を意味する）現象とよばれる．エルニーニョ現象やラニーニャ現象が発生すると世界の気候が変化することが知ら

第 4 章　二酸化炭素の変動と循環

れており，とくにエルニーニョ現象が発生すると地球全体として高温・乾燥化が起こりやすくなる．

図 4.6 に，季節変動を除去したマウナロアの CO_2 濃度の変動，それを微分することによって得られる濃度増加率，およびエルニーニョ現象の指標となる**南方振動指数**（Southern Oscillation Index; SOI）とペルー沖の太平洋に設定された Niño3（150〜90°W と 5°N〜5°S で囲まれる海域）での海面水温偏差を示す．この図からわかるように，1992 年ころに例外も見られるが，通常はエルニーニョ現象が発生すると大気中の CO_2 濃度は急増する．その原因についてはこれまで多くの研究がなされており，現在では大気−陸上生物圏間の CO_2 交換の不均衡に主因があると理解されている．たとえば，4.3.5 **B** 項で述べる**大気輸**

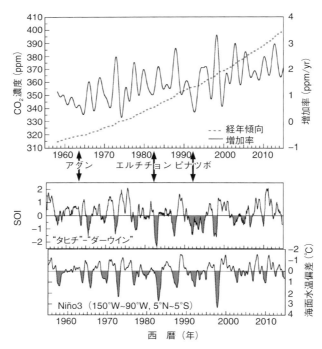

図 4.6　マウナロアにおける季節変動を除去した CO_2 濃度（上図の破線）と増加率（上図の実線）および南方振動指数（SOI）と Niño3 の海面水温偏差
大規模な火山噴火（アグン，エルチチョン，ピナツボ）の発生時も示してある．

4.2 大気中の CO_2 濃度の変動

送モデル (atmospheric transport model) による大気中の CO_2 濃度の解析の結果を見てみると (後出の図 4.41 を参照のこと), 大気–陸上生物圏間の CO_2 フラックスの年々変動は大気–海洋間のフラックスに比べてずっと大きく, とくに熱帯域における大気–陸上生物圏間のフラックスがエルニーニョ現象の発生とよく相関して変動していることがわかる. このような相関は, 上で述べたように, エルニーニョ現象が発生するとインドネシア付近は高温・乾燥化するので, 陸上植物の呼吸や土壌有機物の分解が促進されるとともに干ばつや森林火災が起こり, 陸上生物圏から大量の CO_2 が大気へ放出されるためと考えられる. エルニーニョ現象に関係した陸上生物圏からの CO_2 放出は, 熱帯域ほど明瞭ではないが, 北半球や南半球でも見られる. 一方, 大気–海洋間の CO_2 フラックスとエルニーニョ現象との関係は, フラックスの変動自体が小さいために明瞭ではない. しかし, 東部赤道太平洋域における海洋からの CO_2 放出は, CO_2 を豊富に含む深層水の湧昇の強弱を反映して, エルニーニョ現象の発生時に減少し, ラニーニャ現象の発生時に増加するので (たとえば Ishii *et al.*, 2014), この影響を受けて大気中の CO_2 濃度が変動している可能性がある. また, 北太平洋での大気–海洋間の CO_2 交換が太平洋十年規模変動と関係しているという指摘もある (たとえば Valsala *et al.*, 2012).

図 4.6 からわかるように, 1990 年から 1995 年にかけてエルニーニョ現象が発生しているが, 人為起源 CO_2 の放出量に大きな変化がないにもかかわらず, 1991～94 年の CO_2 濃度の増加率は低い値となっており, 他のエルニーニョ現象の発生時とは状況が異なっている. この濃度増加の停滞は 1991 年 6 月にフィリピンのピナツボ火山が大規模な噴火を起こした後に生じており, **ピナツボアノマリー** (ピナツボ異常: Pinatubo anomaly) とよばれている. 図 4.41 を見ると, ピナツボ火山の噴火後に大気–陸上生物圏間の CO_2 交換が大きな影響を受けており, とくに熱帯域における CO_2 吸収が強まっており, 同様な吸収の強まりは北半球でも見られる. したがって, 濃度増加の停滞は陸上生物圏の CO_2 吸収が強まったことによるものということになる. 陸上生物圏の CO_2 吸収の強まりは, ピナツボ火山の噴火に伴い大量の SO_2 が成層圏に加えられ, それが酸化反応によって硫酸エアロゾルとなり, 地上に到達する日射量を変化させたことや, それによって気温低下や降水変化といった気候変動が生じたことと関係していると考えられている. すなわち, 光合成による CO_2 の取込みに比べて呼吸

第 4 章　二酸化炭素の変動と循環

や分解による CO_2 の放出が温度変化に対して敏感に反応するので，火山噴火に伴う気温低下によって CO_2 の放出が弱まり，相対的に取込み量が多くなった，あるいは降水や日射量の変化により光合成が活発化した，といったことが候補として挙げられている．

上で述べた自然的要因による気候や環境の変化に伴って炭素循環が変わることに加え，エルニーニョ現象やラニーニャ現象，**北大西洋振動**（North Atlantic Oscillation; NAO．ポルトガル沖のアゾレス高気圧とその北に位置するアイスランド低気圧が同時に強弱を繰り返す現象）などに呼応して大気の輸送が変化するので，このことも大気中の CO_2 濃度の年々変動に多少影響を与えていると考えられている（たとえば Murayama *et al.*, 2004）．

4.2.3　濃度の経年増加

図 4.6 を見てわかるように，CO_2 濃度は観測が開始されたころにはおよそ 0.7ppm/yr の割合で増加していたが，その傾向は時間の経過とともに強まり，最近では 2.1ppm/yr に達している．このような濃度の**経年増加**（secular increase）がいつごろから始まったかを知ることは，地球表層における炭素循環を理解するうえで非常に重要であるため，とくに 1980 年代に多くの方法を用いて過去の濃度の復元が試みられた．その結果については第 6 章で詳しく述べるが，18 世紀前半における大気中の CO_2 濃度は約 280ppm であり，産業革命を契機にして濃度が増加し始め，その傾向がとくに第二次世界大戦以降に強まったことを示している．2013 年の全球平均 CO_2 濃度が約 395ppm であることを考えると，この 250 年間に 110ppm 以上も増えたことになる．

図 4.2 の結果を注意深く見ると，季節変動を除去した CO_2 濃度は常に南極点よりマウナロアのほうが高いことがわかる．南半球より北半球の CO_2 濃度が高いということは，図 4.7 に示す世界各地での濃度観測の結果から得られた緯度分布からもわかり（Keeling *et al.*, 2011），北半球で CO_2 が大気に放出されている，あるいは南半球で大気中の CO_2 が吸収されている，ということを意味している．一方，CO_2 の $\delta^{13}C$ の緯度分布を見てみると，値は南半球より北半球で低くなっている．このことから，北半球において放出される CO_2 の $\delta^{13}C$ は低い，あるいは南半球に想定される吸収源は大気中の $\delta^{13}C$ を高める効果をもつものということになる．大気中の $\delta^{13}C$ は，陸上植物や海洋生物が光合成を

4.2 大気中の CO_2 濃度の変動

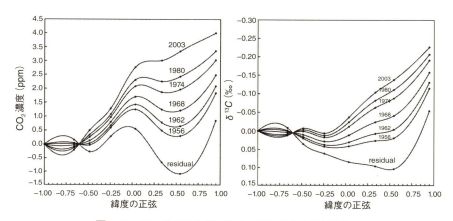

図 4.7 CO_2 濃度および $\delta^{13}C$ の緯度分布の経年変化
緯度分布は南極点からの偏差として与えられており,図中の数字は西暦(年)である.また"residual"は化石燃料燃焼の影響がないとしたときに期待される分布を表す.(Keeling *et al.*, 2011)

活発に行って炭素を体内に蓄積すると高くなるが,南半球の陸と海洋で近年そのようなことが起こっているという報告はない.したがって,観測された CO_2 濃度と $\delta^{13}C$ の緯度分布を特徴づける原因は,北半球における同位体的に軽い CO_2 の放出と考えることができる.また,CO_2 濃度および $\delta^{13}C$ の南北勾配は時間の経過とともに強まっているので,北半球から放出される CO_2 は経年的に増加していることになる.これらのことを考慮すると,人間による化石燃料の燃焼が有力な候補となる.なお,CO_2 濃度の緯度分布は赤道付近に極大値を示しているが,$\delta^{13}C$ にはそのような極値は見られないので,CO_2 を豊富に含む深層海水の湧昇による海洋からの CO_2 放出によって生じていると考えらる.

マウナロアと南極点との濃度差と化石燃料起源の CO_2 との関係をさらに検討してみる.図 4.8 に示すマウナロアと南極点の月平均 CO_2 濃度の差(http://scrippsco2.ucsd.edu/home/index.php)から,観測が開始されたころはマウナロアの CO_2 濃度が南極点より 0.5ppm ほど高かったが,時間の経過とともに濃度差が拡大し,2014 年ころには 4ppm に達していることがわかる.次節で示すデータ(図 4.9 と図 4.11)からわかるように,世界全体の化石燃料起源 CO_2 の年放出量は,CO_2 濃度の系統的観測が開始された 1950 年代末以降,年の

75

第4章 二酸化炭素の変動と循環

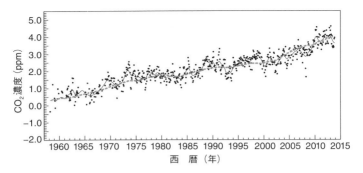

図 4.8 南極点とマウナロアの月平均 CO_2 濃度の差（●と細い実線）と化石燃料起源 CO_2 の放出傾向（破線）
(http://scrippsco2.ucsd.edu/home/index.php)

経過とともに増大している．また，CO_2 の年放出量は単調に増えているわけではなく，1970 年代のオイルショックや 1980 年代の米国レーガン政権下の経済不況，1991 年の旧ソビエト連邦の崩壊，1990 年代末のアジアの経済不況，2000 年ころ以降の中国を中心とするアジア諸国の経済発展などの影響も受けている．このような化石燃料起源 CO_2 の放出傾向は，マウナロアと南極点の CO_2 濃度差とともに図 4.8 に示してある．両者の時間変動を比較すると傾向がよく一致していることがわかり，おもに化石燃料起源の CO_2 が南北間の CO_2 濃度差を生み出しており，ひいては大気中の CO_2 濃度の増加と深い関係があることを示唆している．ちなみに，ここ数十年にわたって世界の化石燃料のほとんど（95%）は北半球で消費されており，また強い上昇流を伴う**熱帯収束帯**（Intertropical Convergence Zone; ITCZ）が赤道付近に存在するために，南北両半球の大気交換は速やかに起こるわけではなく，およそ 1 年という時間を要する．なお，大気中の CO_2 濃度の増加の具体的かつ定量的な議論は次節以降で詳しく行う．

4.3 人為起源の二酸化炭素の収支

人間活動に伴う大気中の CO_2 濃度の増加を具体的に理解するためには，人為起源 CO_2 の収支を定量的に知る必要がある．人為起源の CO_2 は，おもに化石燃料の燃焼や森林伐採といった土地利用の改変によって発生し，大気に放出さ

4.3 人為起源の二酸化炭素の収支

れた CO_2 は大気と海洋，陸上生物圏に配分される．大気に残留する CO_2 の量は大気中の CO_2 濃度の系統的観測から正確に求めることができるが，海洋や陸上生物圏による吸収は，大気–海洋間の CO_2 分圧差の測定，大気中の CO_2 濃度とその $\delta^{13}C$ の解析，大気中の CO_2 濃度と O_2 濃度の解析，全球大気輸送モデルを用いた大気中の CO_2 濃度変動の解析，**全球生態系モデル**（global terrestrial biospheric model）や**全球海洋生物地球化学モデル**（global ocean biogeochemical model）による解析など，数多くの方法を用いて推定されている．

ここでは，人為起源 CO_2 の放出について述べた後，その吸収を推定する代表的な方法と得られた結果を紹介する．

4.3.1 人為起源 CO_2 の放出

人間がエネルギーや食糧を生産したり消費したりする際に，石油や石炭，天然ガスといった化石燃料を燃焼させ，陸を覆う植生に手を加えるため，CO_2 が発生する．また，土木・建築資材として用いるためにセメントを製造する際にも CO_2 は発生する．それぞれの過程によって大気に放出される CO_2 について以下で説明する．

Ⓐ 化石燃料燃焼とセメント製造

化石燃料の元素組成は $C_xH_yO_zS_vN_w$ と表すことができるが，炭素や水素と比べると他の元素は少ないので，基本的には炭素と水素から構成されていると考えて差し支えない．したがって，化石燃料を大気中で燃焼させると O_2 と反応して CO_2 と H_2O を発生する．その反応は

$$C_xH_y + \left(x+\frac{y}{4}\right)O_2 \longrightarrow x\,CO_2 + \frac{y}{2}H_2O \tag{4.4}$$

と表すことができる．ここで，x と y は化石燃料の種類によって決まる値である．また，化石燃料の燃焼と比べると量的にはずっと少ないが，CO_2 はセメントを製造することによっても発生する．セメントの主原料は石灰石であり，粘土などの他の原料とともに高温で焼成する際に

$$CaCO_3 \longrightarrow CaO + CO_2 \tag{4.5}$$

という反応から CO_2 を生ずる．さらに石油や天然ガスを掘削する際に漏れる天然ガスを焼却処分（**フレアリング**；flaring）することによっても CO_2 はわず

第 4 章 二酸化炭素の変動と循環

かに発生する。化石燃料燃焼とフレアリングによる CO_2 の放出量は、**国際エネルギー機関**（International Energy Agency; IEA）や**国際連合統計局**（United Nations Statistics Office; UNSO）などが作成するエネルギー消費統計をもとにそれぞれの燃料の消費量を推定し、さらに各燃料の含有炭素量、燃焼の際の酸化率を考慮して評価される。なお、大雑把にいうと、10^9 J のエネルギーを生産することにより、石炭については 25 kg、石油については 20 kg、天然ガスについては 15 kg の炭素が発生する。また、セメント製造による放出量は、**アメリカ地質調査所**（United States Geological Survey; USGS）が収集し、『鉱物年鑑（Minerals Yearbook）』として公表しているセメント製造データをもとに推定される（たとえば van Oss, 2012）。このような方法を用いた化石燃料燃焼とセメント製造からの CO_2 の放出量の推定は、複数の機関によって行われているが、米国の**二酸化炭素情報分析センター**（Carbon Dioxide Information Analysis Center; CDIAC）のデータが最も広く用いられている。

二酸化炭素情報分析センターによって推定された 1959～2012 年の化石燃料燃焼とセメント製造による CO_2 放出量を図 4.9 に示す（http://cdiac.ornl.gov/）。推定された放出量の不確かさは、統計データの信頼性の違いのために国によって異なっており、米国や日本のような先進国については数パーセントであるが、

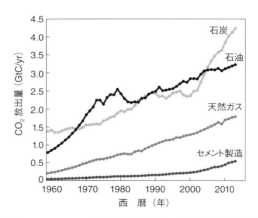

図 4.9　1959～2012 年における世界の化石燃料燃焼およびセメント製造からの CO_2 放出量
（http://cdiac.ornl.gov/）

途上国では50%に及ぶ国もある．しかし，近年の世界における化石燃料とセメントに関わるCO_2放出の約80%は20カ国によってなされているので，これらの国々のデータの質が重要であり，世界の総放出量の不確かさは±5%と見積もられている（Andres et al., 2012; Le Quéré et al., 2013）．図4.9からわかるように，CC_2の総放出量は1959年には2.5 GtC/yrであったが，2012年には9.7 GtC/yrへと大幅に増加している．また，放出量の増加傾向は1973年以前と2000年以降にとくに著しく，これらの年の間は，第四次中東戦争とイラン革命をきっかけとした1970年代の2度にわたるオイルショック，1980年代の米国の経済不況，1991年の旧ソビエト連邦の崩壊，1990年代後半のアジアの金融危機などの影響を受けて，増加の伸びが停滞している．また，2008年のリーマンショックの影響で一時的な放出量の落込みも見られる．1973年以前と2000年以降に見られる放出量の急増は，それぞれ米国やヨーロッパなどの先進国と中国やインドといった開発途上国における経済発展によるものである．燃料別の放出量を期間全体で見ると，石炭と石油がほぼ同量であり，それに天然ガスとセメント製造が続く．また，経済と関係した放出量の伸びと停滞は，とくに石炭と石油について著しく見られる．2012年時点の内訳は，石炭が4.1 GtC/yr，石油が3.2 GtC/yr，天然ガスが1.8 GtC/yr，セメント製造が0.5 GtC/yr，フレアリングが0.06 GtC/yr（数値が小さいため図には示していない）となっている．

次に同じ期間における国・地域別のCO_2放出の動向を見てみる．図4.10は，米国，28カ国で構成されているEU連合，ロシア，その他の**アネックスB国**（Annex B country）（京都議定書の附属書Bに記載された国々であり，2008〜12年の第1約束期間における温室効果気体の削減の数値目標が個々に規定されている．日本も記載されており，基準年である1990年より6%削減する義務を負った），および中国やインド，韓国，その他の**非アネックスB国**（non-Annex B country）に関するCO_2放出量の時間変化である（Global Carbon Project 2014; http://www.globalcarbonproject.org/index.htm）．なお，図に示されているバンカーは，国境をまたがって航行する船舶や航空機が消費する燃料のことであり，個別の国に割り当てることが難しいので独立に扱われている．アネックスB国の放出量は1980年ころまでは年とともに増加しているが，その後はほぼ横ばいの状態であり，最近はわずかに減少している．一方，非アネックスB国の放出量は年とともに着実に増加している．とくに2000年ころ以降の中国やイ

第 4 章　二酸化炭素の変動と循環

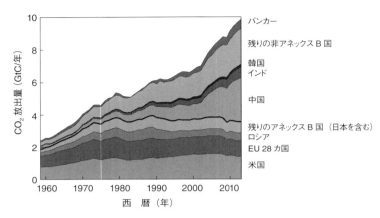

図 4.10　アネックス B 国および非アネックス B 国による
化石燃料起源 CO_2 放出の推移
（Global Carbon Project 2014, http://www.globalcarbonproject.org/index.htm）

ンドにおける急速な経済成長に伴ってその傾向は著しく強まっており，世界全体の放出量を押し上げている．

　二酸化炭素情報分析センターの研究者は，さらに過去のエネルギー消費データをもとにして，1950 年から 1751 年までさかのぼって化石燃料燃焼による CO_2 放出量を推定している（Andres et al., 1999）．得られた結果は，異なったエネルギー消費データを用いて他の研究者が推定した値と比較することによって，共通する期間については 5% 以内で一致することが確認されており，これらのデータも二酸化炭素情報分析センターから公表されている（http://cdiac.ornl.gov/）．

　1820～2012 年の期間の各年の CO_2 放出量を図 4.11 に示す（1820 年以前の総放出量は 0.01 GtC/yr 以下であり，またフレアリングによる放出量も少ないので，省略してある）．総放出量を見ると，19 世紀中ごろから増加が目立つようになり，その傾向は 1914～18 年の第一次世界大戦や 1939 年前後の世界恐慌，1939～45 年の第二次世界大戦の影響を受けて多少鈍っているが，1950 年以降に急激に増加している．ちなみに，1751 年から 2012 年までに大気へ放出された CO_2 の総量は 384 GtC であるが，そのうちの 84% は 1950 年以降に，70% は 1970 年以降に，57% は 1980 年以降に，26% は 2000 年以降に放出されている．また，1950 年以前は総放出量のほとんどは石炭の燃焼によるものであったが，

4.3 人為起源の二酸化炭素の収支

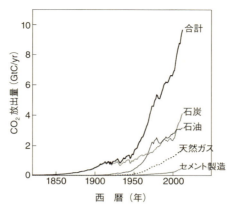

図 4.11 1820～2012 年における化石燃料起源 CO_2 の放出量
(Andres *et al.*, 1999; http://cdiac.ornl.gov/)

その後は石油と天然ガスの寄与も大きくなっている．石炭の寄与が 2000 年以降に大きく伸びているが，原因はおもに中国における消費の拡大にある．さらに，図には示してないが，フレアリングによる放出量は 1980 年ころより減少していることが知られており，このような減少は，油田やガス田から漏洩したガスを液化石油ガスの生産や地中への再注入などに利用するようになったためである．

❸ 土地利用改変

森林伐採などの土地利用改変によって CO_2 が放出されていることは，すでに 1970 年代末に指摘されていた．たとえば，ジョージ・ウッドウェル（George M. Woodwell）らは，人間が天然林（一次林）を破壊すると新たな森林（二次林）が再生し，その CO_2 吸収能力は以前より向上するが，この効果を考慮しても伐採による放出量が多く，正味として 4～8 GtC/yr の放出があると主張した（Woodwell *et al.*, 1978）．彼らが推定した値は，当時の化石燃料燃焼による約 5 GtC/yr という放出量に匹敵するあるいは上回るものであり，また彼らの推定値が正しいとすると，化石燃料燃焼と森林伐採によって放出された CO_2 の行方が量的に説明できないことになり，**ミッシングシンク**（消えた吸収源；missing sink）問題とよばれて国際的に大きな関心事となった．彼らの研究結果が発表されて以来，土地利用改変によって大気に放出される CO_2 量をより正しく推定することの重要性が認識され，多くの研究が行われてきた．

第 4 章　二酸化炭素の変動と循環

　土地利用改変による CO_2 放出量の推定は，おもにブックキーピング法（book-keeping method；簿記法）法を用いて行われてきた．また最近では，土地利用改変データとプロセスベースの全球陸域生態系モデル（木材や穀物の収穫，焼き畑，土地開発に伴う植物圏の荒廃，森林破壊による生物量の減少，木屑や土壌有機物の分解，森林の再成長，木材製品の廃棄，下で述べる CO_2 施肥効果や気候効果などといったプロセスを組み込んだモデル）を用いて植生や土壌における炭素蓄積量およびそれらと大気との間の炭素交換量を計算する方法や，人工衛星による観測データから森林面積や植物量の変化を推定し，CO_2 放出量を求める方法も行われるようになっている（Houghton *et al.*, 2012; IPCC AR5, 2014）．しかし，これら 2 つの方法から求められた結果には，モデル間の違いが大きい，大きな不確定がある，すべての放出・吸収過程が加味されてはない，といった問題があるので注意が必要である．

　ブックキーピング法は，図 4.12 に概念を示したように，土地利用改変に伴う各貯蔵庫の炭素量の時間変化を計算し，最終的に正味の年放出量を求めるものである．ブックキーピング法による推定手順の概要は以下のとおりである（たとえば Houghton, 1999）．この方法では，土地利用に関するデータと植生および土壌の単位面積あたりの炭素量に関するデータが基本的に必要となる．土地利用については，**国際連合食糧農業機関**（Food and Agriculture Organization of the United Nations; FAO）による農林業統計データや歴史的な記録，各国における統計年鑑などを用いて，また炭素密度については現地調査や生態学的文献をもとに推定される．まず，世界をいくつかの領域に分割し，各領域について土地利用の時間変化を求める．この際，森林や草地，さらには森林をタイプ別に区別し，耕作地や牧草地，焼き畑といった農業地の拡大と縮小，森林の伐採などが考慮される．次に改変された土地について，収穫や燃焼による草木の減少や伐採後に残る屑木の腐朽，土壌炭素の燃焼や分解による炭素量の時間変化が炭素密度データを用いて計算され，さらに森林伐採・焼き畑が行われた後や，農耕地・牧草地が放棄された後に起こる草木の再成長と土壌への炭素の再蓄積，人間の手による植林などによる CO_2 の吸収も推定される．また，伐採された木材が分解することによって生ずる CO_2 も評価され，一般的には燃料として使用される場合は 1 年，パルプ材や紙製品として使用される場合は 10 年，建築用材として使用される場合は 100 年．焼き畑を行う際に生ずる黒色炭素につ

4.3 人為起源の二酸化炭素の収支

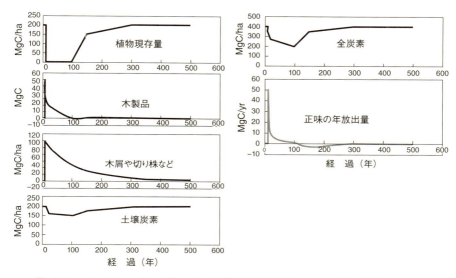

図 4.12 ブックキーピング法による土地利用改変起源 CO_2 の放出量推定の概念

いては 1,000 年の平均寿命が仮定される．最終的には放出と吸収の両方の寄与を加えて正味の炭素量の変化を求め，それを微分することによって年あたりの放出量を推定する．

なお，ブックキーピング法では，CO_2 の放出のみならず，かつて破壊された森林が再成長すること（**森林再成長効果**（forest regrowth effect））や人間の手によって森林の管理が行われること（**森林管理効果**（forest management effect））などによる CO_2 の吸収も考慮しているので，「土地利用変化による正味の CO_2 放出」と表現される．しかし，実際の陸上植生は，さらに (1) 大気中の CO_2 濃度が増加することに伴い光合成活動が強められている（**CO_2 施肥効果**（CO_2 fertilization effect）），(2) 気候が温暖化し，植物の生育期間が長くなっている，あるいは気温や降水，日射量が変化し，植物の生育を活性化している（**気候効果**（climate effect）），(3) 植物の生育を律速する栄養素のひとつである窒素が人間活動によって供給されている（**窒素施肥効果**（nitrogen fertilization effect）），といったことにより活性化しており，これらの生理作用によっても大気から CO_2 を吸収していると考えられている．本書では，とくに断らないかぎり，正味の陸

第4章　二酸化炭素の変動と循環

上生物圏の吸収といった場合には，生理作用による CO_2 吸収から土地利用改変による正味の CO_2 放出を差し引いた量をさす．また，森林火災によっても CO_2 は大量に大気へ放出されるが，1997年以降であれば，その量の推定には衛星観測をもとにした**全球火災放出データベース**（Global Fire Emissions Database; GFED（http://www.globalfiredata.org/））が利用できる．

　ブックキーピング法による CO_2 放出量の推定例として，この方法を用いて長年にわたって研究を行ってきたリチャード・ホートン（Richard A. Houghton）が中心となってまとめた結果を図4.13に示す（Houghton et al., 2012）．この図からわかるように，1850年ころに 0.5〜0.6 GtC/yr であった世界全体の放出量は時間の経過とともに徐々に増え，1950年ころに急激な増加を示し，2000年ころまでおよそ 1.5 GtC/yr を維持した後，1 GtC/yr 以下まで急速に減少している．1850年と2010年の化石燃料燃焼とセメント製造からの CO_2 放出量がそれぞれ 0.05 GtC/yr と 9.2 GtC/yr であることを考えると，この160年の間に人為起源の CO_2 放出の主役が土地利用改変から化石燃料燃焼およびセメント製造に変わったことになる．また，図4.13 とはデータが多少異なるが，ホートンがまとめた領域別の CO_2 放出量の時間変化を図4.14に示す（Houghton, 2009）．この結果によると，20世紀中ごろまではヨーロッパや米国などにおける森林の耕地化などによって熱帯以外の領域からの放出が多く，それ以降は熱帯降雨林の破壊などによる低緯度域からの放出が急速に増加しており，寄与は熱帯アメリ

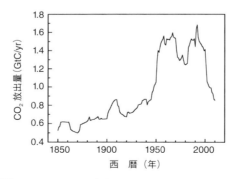

図 4.13　土地利用改変による正味の CO_2 放出量
(Houghton et al., 2012)

4.3 人為起源の二酸化炭素の収支

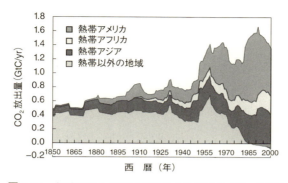

図 4.14 領域別の土地利用改変による正味の CO_2 放出量
(Houghton, 2009)

カ，熱帯アジア，熱帯アフリカの順となっている．熱帯以外の地域の放出量が20世紀中ごろ以降に減少した理由は，旧ソビエト連邦や中国などからの放出が減ったことに加え，森林管理によって米国やヨーロッパ諸国で吸収が強まったためである．また，世界全体の放出量に占める熱帯地域の割合は，1850～2000年の期間では55%であるが，1990年代では100%となっている．

なお，ブックキーピング法によって求められる CO_2 放出量は，使用する土地利用データや炭素密度データ，CO_2 の放出と吸収に関して行われる多くの仮定に強く依存するため，推定値の不確かさは化石燃料燃焼やセメント製造よりはるかに大きい．また，結果も研究によって大きく異なり，その違いが評価された不確かさを上回っている場合もあるので注意する必要がある．さらに，ブックキーピング法を用いて CO_2 放出量を求めるためには土地利用に関する信頼性の高いデータが不可欠であるため，得られる結果は1850年ころまでに限られる．それ以前の放出量は，**地球環境に関する歴史的データベース**（Historical Database of Global Environment; HYDE）などをもとにしてプロセスベースの生態系モデルから推定されている（たとえば Van Minnen *et al.*, 2009）．

4.3.2 大気–海洋間の CO_2 分圧差の解析

4.1節で述べたように，海洋は巨大な炭素の貯蔵庫であり，大気の50～60倍もの炭素を含んでいる．1750年から2011年までに化石燃料消費によって375 GtC，

第4章 二酸化炭素の変動と循環

土地利用改変によって180 GtC,計555 GtCのCO_2が大気に加えられたが,仮にこれらのCO_2が大気と海洋の炭素貯蔵量の比に従って速やかに両者に配分されるとしたら,大気には9～11 GtCしか残らないことになり,それによるCO_2濃度の上昇は4～5ppmとなる.しかし,この間に実際に観測された濃度増加は113ppm(240 GtC)であるので,海洋は炭素の貯蔵比から単純に推測できるほど効率的に人為起源CO_2を吸収しているわけではないことがわかる.ここでは,まず海洋が人為起源CO_2を吸収する際にはたらく緩衝作用について述べ,次に大気と海洋の**CO_2分圧**(CO_2 partial pressure)のデータをもとにしたCO_2吸収量の推定を紹介する.

Ⓐ 海洋によるCO_2の吸収

大気と海洋との間での気体交換を定量的に扱うために多くのモデルが提案されているが,そのなかでも図4.15に示した薄膜モデルがよく使われる.このモデルでは,海面をはさむ海側と大気側はそれぞれよく混合されており,気体の濃度は均一であると仮定している.また,海水表面には薄い膜があり,気体は**分子拡散**(molecular diffusion)によってのみこの膜を通過することができるとしている.大気と海洋との間に濃度差があると,その差を解消するように気体は移動し,その単位時間あたりの量(フラックス)は分子拡散係数と濃度勾配の積で与えられる.濃度勾配は薄膜の下面と上面における濃度差を膜の厚さで除することによって得られるので,フラックスFは

$$F = D\frac{C_{\text{sea}} - C_{\text{air}}}{\delta} \tag{4.6}$$

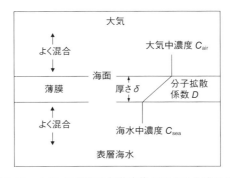

図4.15 大気–海洋間の気体交換に関する薄膜モデル

4.3 人為起源の二酸化炭素の収支

と書くことができる．ここで，C_{sea} は表層海水における濃度，C_{air} は大気における濃度，δ は薄膜の厚さ，D は分子拡散係数である．また，D/δ は速度の次元をもっており，**気体輸送速度**（gas transfer velocity）あるいは**ピストン速度**（piston velocity）とよばれている．分子拡散係数は温度が高いと大きくなるのでフラックスは大きくなる．たとえば CO_2 の場合，海水中の分子拡散係数は $0°C$ では $1.0 \times 10^{-9}\,m^2/s$ であるが，$24°C$ になると $1.9 \times 10^{-9}\,m^2/s$ となる．また，風が強く吹くと海面は波立ち，薄膜が引き伸ばされるので δ は小さくなり，濃度差が同じであれば濃度勾配は増加し，フラックスは大きくなる．

大気および表層海水における CO_2 濃度は場所や時間によって異なるために，フラックスに海域や季節によって変化する．しかし，産業革命以降の人間活動によって CO_2 が大気に加え続けられているため，地球全体を平均してみると，CO_2 濃度は海洋よりも大気のほうが高くなっており，したがって (4.6) 式から期待されるように，海洋は人為起源の CO_2 を吸収していることになる．

海洋による CO_2 吸収を律速する要因としては，海洋の**表層混合層**（surface mixed layer）の厚さ，表層から深層への炭素輸送の速度，海洋における**炭酸物質**（carbonate species）の**解離平衡**（dissociation equilibrium）を挙げることができる．図 4.16 に示した海水温の鉛直分布からわかるように，海洋の表層付近には水温変化の小さい層がある．表層混合層とよばれるこの層は，冬季には海面が冷却され，強い季節風によって上下がかき混ぜられるために深くなり，風が弱まる夏季には日射によって海面が暖められ，下層との温度差が大きくなる

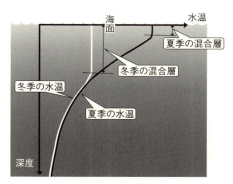

図 4.16　冬季および夏季の海水温の鉛直分布

第 4 章　二酸化炭素の変動と循環

ために浅くなるが，平均的な厚さは 100 m 程度である．表層混合層と大気との間での CO_2 交換は速く，両者の間で不均衡が生じても数年以内には平衡状態になるが，海洋の平均深度 3,800 m と比べると薄く，人為起源 CO_2 の貯蔵庫としての容量は大きくない．また，水温は表層混合層の下から 1,000 m 付近まで急激に低下しており，安定な成層構造となっている．**永久水温躍層**（permanent thermocline）とよばれるこの層が存在するため，表層混合層と深層海洋との間の CO_2 交換は非常に遅く，平衡に要する時間は 1,000 年以上に及ぶので，人為起源 CO_2 を効率よく深層に輸送することができない．

このような物理的性質に加え，海洋による CO_2 吸収には炭酸物質の解離平衡という化学的性質も深く関係する．海水に CO_2 が溶け込むと，気液平衡を経た後，水和した CO_2，炭酸（H_2CO_3），HCO_3^-，CO_3^{2-} という 4 種類の炭酸物質として存在することになり，それぞれの炭酸物質は

$$CO_2 + H_2O \rightleftharpoons H_2CO_3 \tag{4.7}$$

$$H_2CO_3 \rightleftharpoons H^+ + HCO_3^- \tag{4.8}$$

$$HCO_3^- \rightleftharpoons H^+ + CO_3^{2-} \tag{4.9}$$

で表される化学平衡の状態に達する．なお，普通の海水中では H_2CO_3 の濃度は CO_2 の 0.1〜0.2% 程度であるため，CO_2 に含めて

$$CO_2 + H_2O \rightleftharpoons H^+ + HCO_3^- \tag{4.10}$$

$$HCO_3^- \rightleftharpoons H^+ + CO_3^{2-} \tag{4.11}$$

と表現することが多い．

もし CO_2 がさらに海水へ加えられたり，海水から除去されたりすると平衡状態は崩れ，CO_2，HCO_3^-，CO_3^{2-} の濃度は速やかに調整され新たな平衡状態になる．この調整は (4.10) と (4.11) 式の平衡定数

$$K_1 = \frac{[H^+][HCO_3^-]}{[CO_2]} \tag{4.12}$$

$$K_2 = \frac{[H^+][CO_3^{2-}]}{[HCO_3^-]} \tag{4.13}$$

によって決められる．ここで，$[CO_2]$，$[HCO_3^-]$，$[CO_3^{2-}]$ はそれぞれの化学種

の濃度を，[H^+] は水素イオン濃度を表し，他の化学種と比べて大量に海水に存在している H_2O については，上記の反応による濃度変化は無視できるとしている．平衡定数 K_1 と K_2 は常圧下では温度と塩分の関数として与えられる．また，大気と海水が CO_2 に関して平衡状態にあるとすると，大気の CO_2 分圧 pCO_2 と海水の CO_2 濃度 [CO_2] との間には

$$S = \frac{[CO_2]}{pCO_2} \tag{4.14}$$

という関係が成り立つ．すなわち，CO_2 濃度が [CO_2] である海水は，[CO_2]/S という CO_2 分圧の大気と平衡することを意味しており，[CO_2]/S で与えられる pCO_2 を海水の CO_2 分圧とよんでいる．なお，S は海水に対する CO_2 の**溶解度**（solubility）であり，水温と塩分が与えられると計算できる．

（4.10）と（4.11）式に従うと，海水に溶存する無機炭素の総濃度は

$$\sum C = [CO_2] + [HCO_3^-] + [CO_3^{2-}] \tag{4.15}$$

で表される．海水中の炭酸物質は CO_2 の出入りや温度条件が変わると素早く新たな平衡状態に達するので，それぞれの物質を個別に測定することは不可能である．しかし，（4.12）と（4.13），（4.15）式から，各炭酸物質の濃度は次のように表現することができる．

$$[CO_2] = \frac{\sum C}{1 + \frac{K_1}{[H^+]} + \frac{K_1 K_2}{[H^+]^2}} \tag{4.16}$$

$$[HCO_3^-] = \frac{\sum C}{\frac{[H^+]}{K_1} + 1 + \frac{K_2}{[H^+]}} \tag{4.17}$$

$$[CO_3^{2-}] = \frac{\sum C}{\frac{[H^+]^2}{K_1 K_2} + \frac{[H^+]}{K_2} + 1} \tag{4.18}$$

すなわち，$\sum C$ を与えると，これらの式から海水中のそれぞれの炭酸物質の濃度を**水素イオン指数**（potential of hydrogen; pH$= -\log[H^+]$）の関数として求めることができる．また，海水中の炭酸系については，水温，塩分，圧力を与えると平衡定数が決まるので，$\sum C$, pCO_2, **アルカリ度**（alkalinity; ALK），pH のうちのどれか 2 つがわかると，残りの 2 つを求めることができる．したがっ

第 4 章　二酸化炭素の変動と循環

て，アルカリ度を既知とすると，海水中の炭酸物質の濃度を pCO_2 の関数としても表すことができる．アルカリ度は陽イオンの電荷数と陰イオンの電荷数の差として定義される値であり，海水中では陽イオンより陰イオンのほうが少なく，不足分は H_2CO_3 やホウ酸（$B(OH)_3$）が解離して補っており

$$ALK = [HCO_3^-] + 2[CO_3^{2-}] + [B(OH)_4^-] + [OH^-] - [H^+] \tag{4.19}$$

と書くことができる．ホウ酸イオン濃度 $[B(OH)_4^-]$ は水温，塩分，圧力が与えられると計算でき，水酸化物イオン濃度 $[OH^-]$ は $[H^+]$ で決まる．なお，アルカリ度のほとんどは HCO_3^- と CO_3^{2-} によって占められるので，ホウ酸の寄与を無視して

$$ALK = [HCO_3^-] + 2[CO_3^{2-}] \tag{4.20}$$

と定義した**炭酸アルカリ度**（carbonate alkalinity）を用いる場合も多い．

海水の温度を 20°C，塩分を 34，アルカリ度を 2,350 µmol/kg と仮定して計算した（Pierrot *et al.*, 2006）．pCO_2 あるいは pH に対する海水中の炭酸物質（$\sum C$，HCO_3^-，CO_3^{2-}，CO_2）の濃度および緩衝因子（後出）の変化を図 4.17 に示す．現在の海洋全体を平均した pH はおよそ 8.1 であるが，このような条件においては，$\sum C$ の 90% は HCO_3^- が占め，残りのほとんどは CO_3^{2-} であり，CO_2 は 0.6% 程度である．また，この図からわかるように，海水に CO_2 が溶け込むと（4.10）式に従って HCO_3^- が増加するが，CO_2 の増加はさらに顕著である．このような性質は，後述する海による CO_2 吸収の律速にとって重要な役割を果たす．（4.10）式の反応から生じた H^+ は，（4.11）式の反応を左に進行させて CO_3^{2-} を減少させ，HCO_3^- を生成する．

なお，4.1.2 項で述べたように，海洋は人為起源の CO_2 を大量に吸収しており，それによって生じた H^+ により海水は酸性化し，産業革命から今日までのpH の低下は 0.1 と推定されている．現在の海はカルシウムイオン（Ca^{2+}）と CO_3^{2-} を豊富に含んでおり，表層海洋は $CaCO_3$ にとって過飽和の状態であるために，何かのきっかけがあると $CaCO_3$ は容易に生成されるが（$Ca^{2+} + CO_3^{2-} \to CaCO_3$），海水が酸性化して CO_3^{2-} が減少すると生成は難しくなる．また，将来さらに CO_3^{2-} の濃度が低下し，$CaCO_3$ の**飽和度**（degree of saturation）

$$\Omega = \frac{[Ca^{2+}][CO_3^{2-}]}{K_{sp}} \tag{4.21}$$

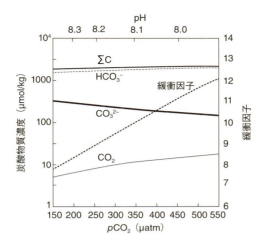

図 4.17 海水中の CO_2 分圧および pH に対する炭酸物質濃度と緩衝因子の変化

海水の温度を 20°C, 塩分を 34, アルカリ度を 2,350 μmol/kg と仮定して計算した結果である.

が 1 を下回ると未飽和となり, $CaCO_3$ が溶解することも考えられる. ここで, K_{sp} は溶解度積とよばれ, 温度, 塩分, 圧力 (水深) および結晶形 ($CaCO_3$ にはアラゴナイト (aragonite; あられ石) とカルサイト (calcite; 方解石) という 2 つの結晶形がある) の関数となっている. したがって, 人間活動によって海洋の酸性化が続くと, $CaCO_3$ の殻や骨格をもつ海洋生物の生存が難しくなり, 海洋生態系に大きな影響を与えると懸念されている.

以上で述べてきたことをもとにして, 大気中で CO_2 が増加したとき, 海洋がどのように応答するかについて考えてみる. 大気と海洋が CO_2 に関して平衡状態にあるとすると, それぞれの CO_2 分圧である $pCO_{2,air}$ と $pCO_{2,sea}$ は等しいので pCO_2 とおく. また, そのときの海洋の溶存無機炭素濃度を $\sum C$ とする. 大気に CO_2 が加えられると海洋に輸送され, 海水の CO_2 分圧が $pCO_2 + \delta pCO_2$, 溶存無機炭素濃度が $\sum C + \delta \sum C$ となってふたたび平衡に達する. このとき, pCO_2 の増加率と $\sum C$ の増加率の間には

$$\frac{\delta pCO_2}{pCO_2} = \zeta \frac{\delta \sum C}{\sum C} \tag{4.22}$$

第 4 章　二酸化炭素の変動と循環

という関係が成り立つ（Takahashi et al., 1993）．ζは**緩衝因子**（buffer factor）とよばれ，水温，塩分，アルカリ度に依存する．緩衝因子は，このような効果を最初に指摘したロジャー・レヴェル（Roger Revelle）の名前をとって**レヴェル因子**（Revelle factor）とよばれることもある．現在の平均的な表層海洋における値はおよそ 10 であるが，図 4.18 からわかるように，南大洋や北太平洋，北大西洋などの極域海洋では 12〜15 と大きな値を，中緯度から赤道にかけて 9〜10 と小さな値をとる（Sabine et al., 2004）．表層海洋の緩衝因子が 10 であるということは，海水の CO_2 分圧が 10% 増加しても，溶存無機炭素濃度は 1% しか増加しないことを意味する．すなわち，図 4.17 で説明したように，水素イオン指数（pH）あるいは CO_2 分圧の変化に対する海水中の CO_2 の変化が著しいため，大気中の CO_2 濃度が増加すると海洋の CO_2 分圧はすぐに上昇し，炭素量を大きく増やすことなく平衡に達してしまう．このような海洋の化学的性質

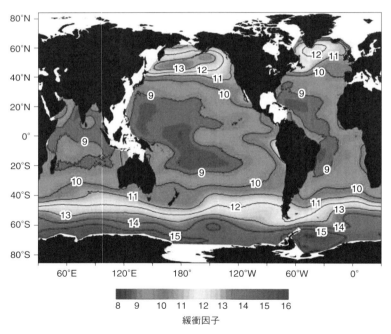

図 4.18　表層海水の緩衝因子の分布
（Sabine et al., 2004）（カラー図は口絵 2 を参照）

4.3 人為起源の二酸化炭素の収支

のために，海洋による人為起源 CO_2 の吸収は制限されることになる．また，図 4.17 に示したように，緩衝因子は CO_2 分圧の上昇とともに急速に大きくなる．実際，緩衝因子の値は産業革命から今日までにすでに 1 近く上昇したとみられ，今後も続くと考えられる人為起源 CO_2 の放出によって海洋の CO_2 吸収能力は低下することになる．

ここではアルカリ度は一定として議論を進めてきたが，$CaCO_3$ の溶解が関わると状況は異なってくる．すなわち，人為起源 CO_2 を吸収して酸性化した表層海水はいずれ深海に運ばれ，含まれる H^+ は海底に堆積している $CaCO_3$ と反応してそれを溶かし，アルカリ度を増加させる．第 6 章で述べるように，アルカリ度が高くなると海水の CO_2 分圧は下がるので，その海水が表層に戻ってくると大気から CO_2 を吸収することになる．しかし，海水の鉛直混合は非常にゆっくりしており，この効果が現れるまでには何千年もの時間を待たなければならない（Archer et al., 1998）．したがって，アルカリ度に関係した海洋の CO_2 吸収および放出は，第 6 章で扱う氷期–間氷期といったきわめて長い時間スケールの変動を解釈する際に重要となる．

❸ CO_2 吸収量の推定

薄膜モデルをもとにして，大気と海洋との間で交換される CO_2 のフラックスを考えてみる．薄膜の直下と直上の CO_2 分圧をそれぞれ $pCO_{2,\text{sea}}$ と $pCO_{2,\text{air}}$ とすると，海面（薄膜の上面）は CO_2 に関して平衡しているので，フラックスは (4.6) と (4.14) 式から

$$F = kS(pCO_{2,\text{sea}} - pCO_{2,\text{air}}) = E\,\Delta pCO_2 \tag{4.23}$$

と書くことができる．ここで，S は海水に対する CO_2 の溶解度，k は気体輸送速度，$E\ (=kS)$ は**気体輸送係数**（gas transfer coefficient），$\Delta pCO_2 (= pCO_{2,\text{sea}} - pCO_{2,\text{air}})$ は大気–海洋間の CO_2 分圧差である．気体輸送速度は，風洞実験や海洋における放射性炭素 ^{14}C の観測結果の解析などから風速に強く依存することがわかっている．この風速依存性は，前節で述べたように，風が強くなると波が大きくなり，薄膜が引き伸ばされることにより厚さ（δ）が薄くなるためと考えると定性的には理解できる．また，水温が上昇すると分子拡散係数は大きくなり，溶解度は小さくなるので，気体輸送速度と溶解度の温度依存性は相殺する方向にはたらくことになり，気体輸送係数はほぼ風速の関数となる．

第 4 章　二酸化炭素の変動と循環

気体輸送係数はこれまでにさまざまな方法を用いて推定されており，ピーター・リス（Peter S. Liss）とリリアン・マーリバット（Lillian Merlivat）による

$$E = 0.00048 U_{10} \qquad 0 \leqq U_{10} \leqq 3.6 \qquad (4.24)$$

$$= 0.0083(U_{10} - 3.39) \qquad 3.6 \leqq U_{10} \leqq 13 \qquad (4.25)$$

$$= 0.017(U_{10} - 8.36) \qquad U_{10} \geqq 13 \qquad (4.26)$$

ピーター・タンズ（Pieter P. Tans）らによる

$$E = 0.016(U_{10} - 3) \qquad (4.27)$$

リチャード・ワニンコフ（Richard H. Wanninkhof）による

$$E = 0.034 S \left(\frac{S_c}{660}\right)^{-0.5} U_{10}^2 \qquad (4.28)$$

高橋太郎（Taro Takahashi）らによる

$$E = 0.023 S \left(\frac{S_c}{660}\right)^{-0.5} U_{10}^2 \qquad (4.29)$$

などを代表的な結果として挙げることができる（Liss and Merlivat, 1986; Tans et al., 1990; Wanninkhof, 1992; Takahashi et al., 2009）．ここで，E は mol/m^2/yr/μatm，海抜 10 m における風速 U_{10} は m/s で表され，S_c はシュミット数（= 海水の動粘性率/海水での CO_2 の拡散係数），660 は 20°C の海水のシュミット数である．4 つの結果によって与えられる気体輸送係数を図 4.19 に示す．(4.28) と (4.29) 式を用いて気体輸送係数を計算する際に必要となる

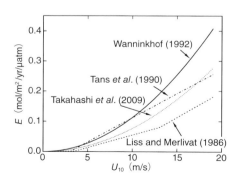

図 4.19　代表的な気体輸送係数

4.3 人為起源の二酸化炭素の収支

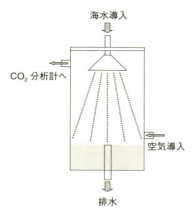

図 4.20 海水の CO_2 分圧を測定する際に用いられる気液平衡器の概念図

溶解度とシュミット数は，塩分が 35，水温が 20°C の海水を仮定し，それぞれレイ・ワイス（Ray F. Weiss）とワニンコフによって与えられた値を使用した（Weiss, 1974; Wanninkhof, 1992）．期待されたように，いずれの気体輸送係数も風速とともに大きくなっている．しかし，それぞれの気体輸送係数には違いも見られ，とくにリスとマーリバットの係数は最も小さく，逆にワニンコフの係数は最も大きく，係数間の違いは風速が強いときに顕著である．このような気体輸送係数の不確かさの問題はあるが，信頼できる係数を求めることができたならば，大気と海洋の CO_2 分圧を測定することによって，大気–海洋間の CO_2 フラックスを時間別，空間別に評価することが可能である．

海水の CO_2 分圧の測定は，一般的には図 4.20 に概念的に示した気液平衡器を用いて行われる．くみ上げた海水を平衡器に流して，海水の CO_2 と平衡となった空気を取り出し，除湿した後，非分散型赤外分析計によってその CO_2 濃度を測定する．また，海水を海からくみ上げて平衡器まで導く間に水温が変化すると CO_2 分圧も変化するので，その影響を補正するために平衡器の中の海水温も同時に測定される．なお，海水温と平衡器の中の水温の差が 2°C 以内であれば，0.0423/°C という近似的な係数を用いることにより，測定した CO_2 分圧値から実際の海水の CO_2 分圧を求めることができる（Takahashi et al., 2009）．海水の CO_2 分圧 pCO_2（μatm）は，測定された CO_2 濃度 X_{CO_2}（ppm）と海

第 4 章 二酸化炭素の変動と循環

面における気圧 P（atm）および飽和水蒸気圧 e（atm）をもとに

$$pCO_2 = X_{CO_2}(P - e) \tag{4.30}$$

から計算できる．大気の CO_2 分圧も，乾燥空気に対する CO_2 濃度の測定値から同様な方法で求めることができる．

　大気–海洋間の CO_2 分圧差を測定して海洋による CO_2 吸収を評価する研究は数多く行われているが，ここでは高橋太郎らが行った研究の結果を紹介する（Takahashi et al., 2009）．彼らは，多くの研究機関が 1970〜2007 年に世界各地の海で行った観測から 300 万個の海水の CO_2 分圧データを収集し，まず大きな海況変動の影響を避けるためにエルニーニョ現象が発生していたときのデータを除外し，1.5 µatm/yr の平均的増加率を仮定して，残りのデータを基準年とした 2000 年に相当する値に調整した．次にそのようにして得られた基準年の調整値を内挿して，各ボックス（緯度 4° × 経度 5°）の月ごとの CO_2 分圧を計算した．一方，大気の CO_2 分圧については，NOAA/ESRL/GMD が作成し，グローバルビュー（GLOBALVIEW）と名付けている CO_2 濃度のデータベースを利用して計算した．このようにして推定した大気–海洋間の CO_2 分圧差（ΔpCO_2）データと，(4.29) 式で与えられる気体輸送係数を用い，(4.23) 式に従って月別，海域別の CO_2 フラックスを求めた．気体輸送係数を決める際に必要となる U_{10} は，NCEP–DOE AMIP–II（米国海洋大気庁環境予測センター/米国エネルギー省/大気モデル相互比較プロジェクト-II：NOAA/National Centers for Environmental Prediction-U.S. Department of Energy/Atmospheric Model Intercomparison Project-II）と名付けられた再解析データから採られた．なお，再解析データとは，過去数十年間の気象観測データを数値予報モデルに入力し，観測値との差を最小化するように調節したモデルによる解析値であり，得られたそれぞれの気象データは格子点化，時系列化されている．

　以上のようにして求められた月別の大気–海洋間 CO_2 フラックス分布の例として，1 月と 8 月の結果を図 4.21 に示す．この図から CO_2 フラックの分布が 2 つの月で明らかに異なっていることが見られる．その原因として，海水温や生物活動，海水混合が季節によって異なるために海水の CO_2 分圧が時間的に変化すること，大気中の CO_2 濃度や風速が季節変化することなどを挙げることができる．結果をさらに詳しく見てみると，冬に太平洋北部が強い**放出源**（source）

4.3 人為起源の二酸化炭素の収支

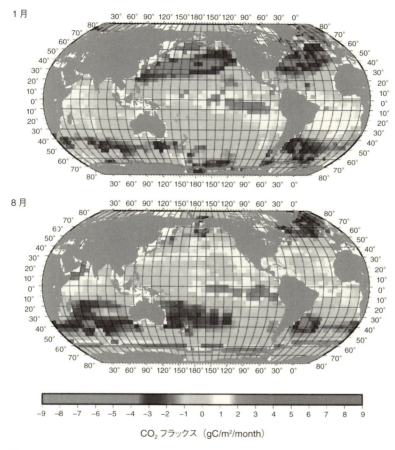

図 4.21 CO$_2$ 分圧差測定をもとにして推定された 1 月と 8 月の大気-海洋間の CO$_2$ フラックス分布
(Takahashi et al., 2009)(カラー図は口絵 3 を参照)

となっており,強い季節風と CO$_2$ 分圧の高い海水の湧昇が関係していると考えられる.また,中緯度の太平洋,大西洋およびインド洋は,水温が低い冬に強い吸収源,生物活動が活発で水温が高い夏に弱い放出源あるいはほぼ中立(放出源でもなく吸収源でもない)となっている.さらに,モンスーンによる強い風と海水の湧昇によって,夏に北西インド洋が強い放出源となっている.一方,

第 4 章　二酸化炭素の変動と循環

太平洋と大西洋の赤道域における CO_2 フラックスは，季節そのものの変化が小さいため，1 月と 8 月との間で大きな違いはない．CO_2 フラックスの分布にさらに見られる大きな特徴は，南半球の冬（8 月）に南極の海氷の北限域が放出源となっていることである．これは海氷下に蓄積された CO_2 がその末端から大気へ放出されるためであり，さらに南（南極大陸側）は開放海面が減少するのでフラックスは小さくなっている．

　1 月から 12 月までの各月の CO_2 フラックスを足し合わせると年平均した CO_2 フラックスとなる．そのようにして得られた結果を図 4.22 に示す．深層水の湧昇が強い赤道域は強い放出源となっており，放出はとくに太平洋で大きく，その量は $0.48\,\mathrm{GtC/yr}$ と推定され，大西洋とインド洋も含めると $0.69\,\mathrm{GtC/yr}$ となる．両半球の 20～50° の海域は，生物活動の影響を強く受けた亜極水（Subpolar Water）と，水温を低下させながら極方向に輸送される亜熱帯水（Subtropical Water）の影響を受けるため吸収源となっており，北半球と南半球における吸収量はそれぞれ $0.70\,\mathrm{GtC/yr}$ と $1.05\,\mathrm{GtC/yr}$ である．また，50° 以北の大西洋

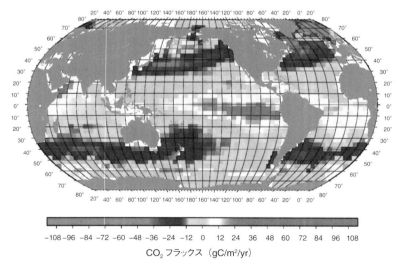

図 4.22　CO_2 分圧差測定をもとにして推定された年平均の大気-海洋間の CO_2 フラックス分布
（Takahashi *et al.*, 2009）（カラー図は口絵 4 を参照）

4.3 人為起源の二酸化炭素の収支

は，春の植物プランクトン（phytoplankton）の大増殖と冬に起こる強い海水の冷却によって強い吸収源としてはたらいている．このような海域による放出や吸収の違いを反映して，海洋面積の47%を占める太平洋と23%を占める大西洋は，それぞれ全海洋吸収量の32%と41%を吸収していることになり，両大洋のCO_2吸収効率が異なることがわかる．なお，エルニーニョ現象が発生するとペルー沖の湧昇が弱まり，結果として太平洋の赤道域におけるCO_2放出は低下するので（Feely et al., 2006），一時的に太平洋のCO_2吸収は強まると考えられる．高橋太郎らは，以前にも同様な手法を用いて海洋のCO_2吸収量を推定し（Takahashi et al., 2002），50°S以南の南大洋のCO_2吸収量を$0.38\,\mathrm{GtC/yr}$と評価したが，とくに冬季の海洋CO_2分圧データが以前より充実したことにより，本研究では吸収量を$0.05\,\mathrm{GtC/yr}$と大幅に下方修正している．しかし，南大洋における大気–海洋間のCO_2交換量やその季節変化についてはさまざまな手法を用いて多くの研究がなされているものの，それらの結果の間には大きなくい違いがあるのが現状であり（Lenton et al., 2013），今後さらに研究を進展させる必要がある．

上で求めた大気–海洋間のCO_2フラックスを全海域にわたって積分すると，海洋によるCO_2吸収量が得られる．しかし，同時に測定された表層海水温を検討したところ，求めた海水のCO_2分圧値にわずかなバイアスがあることが判明したため，その補正がなされ，さらにCO_2分圧差や気体輸送係数，風速などの不確定性および海水のCO_2分圧測定データの不十分さやその内挿法に起因する不確かさを評価して，$1.6\pm0.9\,\mathrm{GtC/yr}$という$CO_2$吸収量が求められた．大気–海洋間の$CO_2$分圧差から求められる結果は現時点（基準年である2000年）において海面を横切るフラックスであり，4.1.1項で述べたように，人間活動の影響がなければ海洋から大気に向かってCO_2が放出されていると考えられるので，海洋による人為起源CO_2の吸収を推定する際にはこの自然フラックスを補正する必要がある．高橋らは，自然フラックスを$0.4\pm0.2\,\mathrm{GtC/yr}$と推定し，2000年における海洋による$CO_2$吸収量を$2.0\pm1.0\,\mathrm{GtC/yr}$と評価している．この値は他の手法による結果とおおむね一致しているが，海面を横切る自然フラックスは明確に理解されているわけではなく，IPCC第5次評価報告書では図4.1に示したように$0.7\,\mathrm{GtC/yr}$が採用されている．したがって，大気–海洋間のCO_2分圧差から海洋によるCO_2吸収量の時空間変動を高い確度で推定するために

第4章 二酸化炭素の変動と循環

は，自然フラックスの全球平均値と地理的分布を求めることが重要である．

以上で述べたことからもわかるように，海洋が人為起源 CO_2 を吸収していることに間違いはない．そこでクリストファー・サバイン（Christopher L. Sabine）らが得た結果（Sabine et al., 2004）を例にとり，これまでに海洋が吸収した人為起源 CO_2 がどこに蓄積されているか見てみることにする．彼らは，1990 年代に世界各地の海で測定された膨大な溶存無機炭素濃度の鉛直分布を解析し，海洋における人為起源 CO_2 の分布を求めた．解析の基本的な手法は，まず観測された溶存無機炭素濃度の鉛直分布についてプランクトンの有機物分解効果と $CaCO_3$ 溶解効果を補正し，次に CO_2 濃度が 280ppm である産業革命前の大気と平衡する溶存無機炭素濃度を計算し，前者から後者を差し引くことによって人為起源 CO_2 量を求めるというものである．深度方向に積分することによって得られた人為起源 CO_2 の積算値の水平分布を図 4.23 に，また大西洋と太平洋，インド洋における南北-深度分布を図 4.24 に示す．これらの結果から，人為起源 CO_2 は深層水の形成域である北大西洋や南極中層水（Antarctic Intermediate Water）および亜南極モード水（冬季に発達した混合層で形成され，春季に発達する季節密度躍層によって大気から隔離される水塊；Subantarctic Mode Water）の形成域である 30～50°S の海域に多く蓄積されていることがわかる．また，太

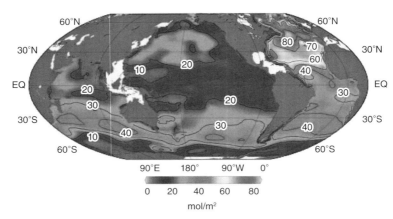

図 4.23　海洋が吸収した人為起源 CO_2 の鉛直積算値の分布
（Sabine et al., 2004）（カラー図は口絵 5 を参照）

4.3 人為起源の二酸化炭素の収支

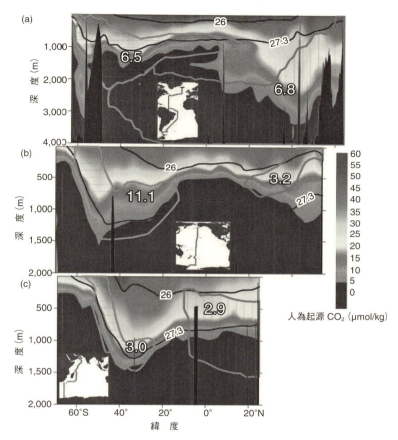

図 4.24 海洋が吸収した人為起源 CO_2 の緯度−深度分布
(a) は大西洋,(b) は太平洋,(c) はインド洋の結果であり,それぞれの断面は図中の地図に示した線に沿っている.(Sabine *et al.*, 2004)(カラー図は口絵 6 を参照)

平洋の赤道域や南極大陸の縁辺部では蓄積量が少ないこともわかる.さらに,人為起源 CO_2 は北大西洋では 3,000 m あるいはそれ以深まで侵入しているが,他の海域での侵入は低緯度で多少浅いが,おおむね 1,000 m 程度までであり,永久水温躍層の存在が深く関係している.比較的深くまで CO_2 が侵入している海域は海洋循環と関係しており,南半球では上で述べた南極中層水と亜南極モード水が,北半球では北大西洋深層水(North Atlantic Deep Water),北太平

第4章 二酸化炭素の変動と循環

洋中層水（North Pacific Intermediate Water），紅海/ペルシャ湾中層水（Red Sea/Persian Gulf Intermediate Water）が重要な役割を果たしている．

4.3.3　大気中の O_2 濃度と CO_2 濃度の同時解析

　大気中の O_2 濃度の測定は，すでに1770年代末には O_2 の発見者であるジョゼフ・プリーストリーやカール・ヴィルヘルム・シェーレによって化学的手法を用いて試みられており，当時の濃度は体積比でおよそ24～30%であると信じられていたようである．その後，測定手法の高度化が図られるとともに値は下がり，フランシス・ベネディクト（Francis G. Benedict）は1910年ころの濃度（乾燥空気に対する体積比）として20.947%を報告している（Benedict, 1912）．さらに，レスター・マクタ（Lester Machta）とアーネスト・ヒューズ（Ernest E. Hughes）は，**パラマグネティック酸素分析計**（paramagnetic oxygen analyzer; 後述）という近代的な計測装置を駆使して1960年代末に高精度測定を行い，20.946%という濃度を得ている（Machta and Hughes, 1970）．また，彼らはベネディクトを含む5つの研究の結果と比べることによって，1910年から1967～70年の期間には大気中の O_2 濃度の変化はない，あるいはあったとしてもきわめて小さいと結論づけている．

　このような過去の研究の結果から，大気にはおよそ20.95%（0.2095，または209,500ppm）の O_2 が含まれているといえる．その濃度は，0.005～0.007%（50～70ppm）という不確かさを有する上述の計測技術では不変ということになってしまうが，1ppmといったきわめて高い精度で測定してみると，わずかではあるが時間的に変動していることがわかる．変動をひき起こすおもな原因は，陸上生物圏および海洋との O_2 交換と人間による化石燃料燃焼にある．ここではまず大気中の O_2 濃度の変動について説明し，次に O_2 濃度の経年変化を利用した人為起源 CO_2 の収支推定について述べる．

Ⓐ 大気中の O_2 濃度の変動

　大気中の O_2 濃度を炭素循環の解明に利用するためには，大量に存在する O_2 について起こるわずかな変動を検出する必要がある．このように微小な変動を測定する際に濃度を大気に対するモル比で表そうとすると，O_2 の量が変わったときに生ずる分母（$N_2+O_2+Ar+CO_2+\cdots$）の変化が問題となる．たとえば，O_2 濃度が209,500ppm，N_2 濃度が780,800ppm，Ar濃度が9,300ppm，CO_2 濃

4.3 人為起源の二酸化炭素の収支

度が 400ppm である大気に 1ppm の O_2 を加えると,分母の変化を無視した場合には濃度は 209,501.0ppm となるが,分母の変化を考慮すると 209,500.8ppm となり,両者に見られる 0.2ppm の差は,1ppm あるいはそれ以上の精度が要求される O_2 濃度の測定にとって無視することができない.**希釈効果**(dilution effect)とよばれるこの効果のために,モル比は O_2 濃度を適切に表現する指標とはならない.そこで,ラルフ・キーリング(Ralph F. Keeling)とスティーブン・シェルツ(Stephen R. Shertz)は,大気中の O_2 濃度を不変と見なすことができる N_2 に対する O_2 の比(O_2/N_2 比)で表し,同位体比と似た式

$$\delta\left(\frac{O_2}{N_2}\right) = \left[\frac{\left(\frac{O_2}{N_2}\right)_{sample}}{\left(\frac{O_2}{N_2}\right)_{standard}} - 1\right] \times 10^6 \tag{4.31}$$

を用いて定義した(Keeling and Shertz, 1992).ここで,"sample" と "standard" はそれぞれ測定する試料空気と基準とする空気を示しており,10^6 を掛けることによって**パーメグ**(per meg)で表記される.したがって,大気中の O_2 濃度(X_{O_2})を 0.2095 とすると,CO_2 の増加(減少)に伴い同量の O_2 が減少(増加)した場合(希釈効果はないことになる),1ppm (1×10^{-6}) の O_2 濃度変化は 4.8per meg ($=(1\times10^{-6}/0.2095)\times10^6$) に相当する.

大気中の O_2 濃度の経年変化や年々変動,季節変動を明らかにするためには,210,000ppm に近い値を 1ppm あるいはそれ以上の精度で測定する必要がある.このような超高精度の測定は長い間不可能と考えられていたが,1980 年末にラルフ・キーリング(大気中の CO_2 濃度の系統的観測を世界で初めて行ったチャールズ・キーリングの子息)が世界に先駆けて実用化に成功した(Keeling, 1988).彼は,O_2 濃度に応じて変化する空気の屈折率を干渉計で測定するという方法を開発し,実際に大気の観測に適用してその有効性を示した.干渉計に引き続き,質量数 32 ($^{16}O_2$) と質量数 29 ($^{14}N^{15}N$) あるいは質量数 28 ($^{14}N_2$) のイオンビームを質量分析計で測定する方法(Bender *et al.*, 1994; 2005; Ishidoya *et al.*, 2003),O_2 が磁気によって強い吸引力を受ける特性(パラマグネティック)を測定原理とした方法(Manning *et al.*, 1999),O_2 による紫外線の吸収を測定する方法(Stephens *et al.*, 2003),O_2 との化学反応によって生ずる起電力を測定する燃料セルを利用した方法(Stephens *et al.*, 2007a; Goto *et al.*, 2013),**熱伝**

第 4 章　二酸化炭素の変動と循環

導度検出器（thermal conductivity detector; TCD）を装備したガスクロマトグラフを用いて O_2 と N_2 のクロマトグラムを測定する方法（Tohjima, 2000）が開発されている．これらの測定方法の特徴を表 4.2 にまとめる．測定精度は 1〜7 per meg の範囲にあり，必要とされる 1ppm（4.8 per meg）という精度をほぼ満たしている．また，干渉計および質量分析計を用いる方法は現場で容器に採取した大気試料の分析に適しており，燃料セル，パラマグネティック，紫外線吸収を利用した方法は現場での連続測定に用いられ，ガスクロマトグラフ法はいずれの測定にも利用可能である．

上で述べた測定法はいずれも相対法であるので，大気中の O_2 濃度の変動を観測するためには，CO_2 濃度などの測定と同様に，基準となるスケールが必要である．しかし，現在のところ，O_2 濃度（O_2/N_2 比）を数 ppm あるいはそれ以上の精度で決めた基準空気を製造することは困難である．そのため，それぞれの機関は独自に実際の大気を乾燥させ，それを第一次基準として利用している．したがって，各機関で基準とされているスケールの O_2/N_2 比の絶対値は異なっており，同じ大気試料であっても $\delta(O_2/N_2)$ の測定値は機関によって異なることになる．このような研究機関間のスケールの違いは，$\delta(O_2/N_2)$ の絶対値を比較する際には大きな障害となるが，時間変動のような相対的な変化を議論する場合には問題とならない．基準空気は第一次基準と第二次基準，観測用基準から構成されており，第二次基準と観測用基準は実際の大気を乾燥させ，その O_2/N_2 比を調整することによって製造される．また，これらの基準空気をもとにして決められるスケールの安定性は，定期的に基準空気間の相互比較を実

表 4.2　大気中の O_2 濃度の測定方法

方　法	精度（per meg）	測　定	開発機関
干渉計	4	容器試料	スクリップス海洋研究所
質量分析計	3〜5	容器試料	ロードアイランド大学
			東北大学
パラマグネティック	1	連　続	スクリップス海洋研究所
紫外線吸収	3	連　続	スクリップス海洋研究所
燃料セル	1.5〜2	連　続	アメリカ大気研究センター
			東北大学
ガスクロマトグラフ	7	容器試料/連続	国立環境研究所

4.3 人為起源の二酸化炭素の収支

施し,O_2/N_2 比の関係が維持されているかどうか確認することによって判断される.

大気中の O_2 濃度の時間変動の特徴を見るために,質量分析法を用いて日本上空で観測された $\delta(O_2/N_2)$ を,CO_2 濃度とともに図 4.25 に示す(Ishidoya et al., 2012a).$\delta(O_2/N_2)$ は明瞭な季節変動を示しており,その位相は CO_2 濃度とはほぼ逆になっている.$\delta(O_2/N_2)$ の季節変動はおもに陸上生物圏と海洋生物の活動によって生み出されており,光合成が活発になる夏季には O_2 が生成されるために大気中の濃度が高くなり,呼吸と分解が支配的になる冬季には O_2 が消費されるために大気中の濃度は低くなる.また,表層海水温に伴って O_2 の溶解度と鉛直混合が季節的に変化することも関係している.すなわち,冬季には表層海水温が低下するので,O_2 の溶解度が大きくなり,また鉛直混合が活発になって下層から O_2 濃度の低い海水を表層に輸送するため,海洋は大気から O_2 を吸収する.一方,夏季になると表層海水温は上昇し,溶解度が小さくなるとともに,表層海洋が成層化するので,O_2 は海洋から大気へ放出される.ちなみに,海洋に溶存している O_2 量は,溶解度や栄養塩の違

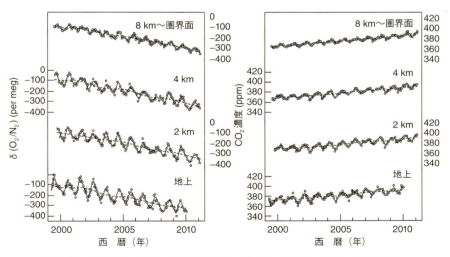

図 4.25 日本上空の各高度で観測された大気中の $\delta(O_2/N_2)$ と CO_2 濃度
(Ishidoya et al., 2012a)

第 4 章　二酸化炭素の変動と循環

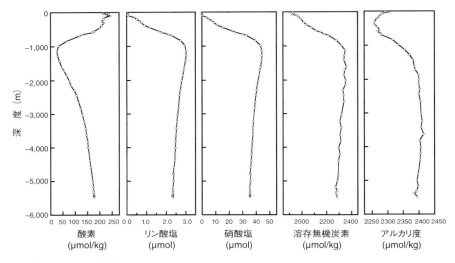

図 4.26　北太平洋の GEOSECS（Geochemical Ocean Sections Study）プログラムの地点番号 226（30°34'N，170°38'E）における酸素，リン酸塩，硝酸塩，溶存無機炭素，アルカリ度の鉛直分布
（http://iridl.ldeo.columbia.edu/SOLIRCES/GEOSECS/）

いを反映して海域によって大きく異なっているが，図 4.26 に例示したように（http://iridl.ldeo.columbia.edu/SOURCES/GEOSECS/），一般的には大気と接する表層で多く，下層に向かって減少する．このような鉛直分布は，基本的には O_2 を大量に含む大気から表層海洋に O_2 の供給が行われること，**有光層**（photic zone; 光が届く数十〜150 m ほどの表層）で植物プランクトンが一次生産を行う際に O_2 を発生すること，生産された有機物がその下の層で分解されて O_2 を消費することによって生じている．したがって，こうした有機物の生産および分解により，栄養塩と溶存無機炭素は溶存 O_2 とはほぼ逆の分布を示す．ただし，アルカリ度の分布からわかるように，深層における溶存無機炭素には $CaCO_3$ の溶解の寄与も含まれているので注意が必要である．なお，1,000 m 付近を境に O_2 は深度とともに徐々に増加しているが，この原因は極域で表層から深層に沈み込んだ O_2 を多く含む水が深層循環によって輸送されるためと考えられる．

　季節変動に加えて，$\delta(O_2/N_2)$ は年々変動を伴って経年的に減少していることが図 4.25 より明らかである．年々変動は，陸上および海洋における生物活動

や海洋の循環，貯熱量などが毎年同じではなく自然的要因によって不規則に変化するため，大気–陸上生物圏間と大気–海洋間の O_2 交換に不均衡を生じ，その影響が大気に現れた結果である．また，$\delta(O_2/N_2)$ の経年減少は CO_2 濃度の経年増加と対比的であり，両者の変化は基本的には化石燃料燃焼によって生み出されているが，次節で述べるように，CO_2 濃度には海洋と陸上生物圏による CO_2 吸収が，$\delta(O_2/N_2)$ には主として陸上生物圏による CO_2 吸収（O_2 放出）がさらに寄与している．

$\delta(O_2/N_2)$ の季節変動，年々変動，経年減少は日本上空のみならず世界各地で観測されており，$\delta(O_2/N_2)$ に共通して見られる時間変動の特徴であるが，とくに季節変動と年々変動の大きさは，大気–陸上生物圏間と大気–海洋間の O_2 交換および大気輸送が場所と時間によって異なるために，大きな時空間依存を示すことが知られている（たとえば Bender *et al.*, 2005; Manning and Keeling, 2006; Tohjima *et al.*, 2008; Ishidoya *et al.*, 2012b; Keeling and Manning, 2014）．

Ⓑ CO_2 収支の推定

図 4.27 に示すように，大気中の $\delta(O_2/N_2)$ の経年変化を支配するおもな原因は，化石燃料燃焼と陸上生物圏による酸素消費・生成にあり，(4.1) と (4.4) 式からわかるように，これらの過程には CO_2 も深く関与している．すなわち，化石燃料を燃焼すると大気中の O_2 が消費され，CO_2 が生産される．また，森林破壊が行われたり，陸上生物圏の呼吸や分解が活発になったりすると，有機物の分解に大気中の O_2 が使われ，結果として CO_2 を生じ，逆に森林などが光合

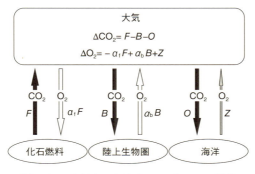

図 4.27　大気中における CO_2 と O_2 の収支

第4章 二酸化炭素の変動と循環

成を介して大気中の CO_2 を固定する際には O_2 が生産される．一方，人間活動によって大気に放出された CO_2 の一部は海洋によって吸収されるが，(4.10)，(4.11)，(4.14) 式を見てわかるとおり，この過程には O_2 はまったく関与しない．したがって，これらのことを考慮して CO_2 と O_2 の収支式をつくり，必要な観測値や統計値を代入すると，海洋と陸上生物圏による人為起源 CO_2 の正味吸収量を推定することができる (Keeling and Shertz, 1992)．

この解析法で用いられる CO_2 と O_2 の収支式は

$$\Delta CO_2 = F - B - O \tag{4.32}$$

$$\Delta O_2 = -\alpha_f F + \alpha_b B + Z \tag{4.33}$$

と書くことができる．ここで，ΔCO_2 は大気中の CO_2 増加量，F は化石燃料燃焼による CO_2 放出量，B は陸上生物圏による正味の CO_2 吸収量，O は海洋による正味の CO_2 吸収量であり，ΔO_2 は大気中の O_2 増加量，Z は後述の原因によって海洋から大気へ放出される O_2 量を表しており，単位は GtC/yr である．また，α_f は化石燃料を燃焼させたときの $-O_2 : CO_2$ 交換比であり，α_b は陸上生物圏が光合成と呼吸や分解を行う際の $-O_2 : CO_2$ 交換比である．(4.32) と (4.33) 式が意味することを図で解説すると図 4.28 のようになる．観測を開始

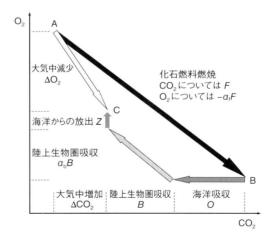

図 4.28　大気中の CO_2 と O_2 の経年変化をもとにした人為起源 CO_2 収支の推定法の概念

4.3 人為起源の二酸化炭素の収支

したときを A としてある期間を考えると，この間に化石燃料燃焼によって CO_2 が F だけ大気に放出され，O_2 は $\alpha_f F$ だけ減少し，B に達することが期待される．一方，この間に大気中で観測された CO_2 量の増加は ΔCO_2 であり，O_2 量の減少は ΔO_2 であるので，観測事実としては C が到達点になる．B と C の違いは，海洋と陸上生物圏による吸収および海洋からの O_2 放出（Z）によるものであるので，両者の違いを一致させるようにそれぞれの値を適切に決めると，CO_2 の全球収支が得られる．

α_f は（4.4）式から $1 + y/4x$ と表すことができる．化石燃料の種類によって y と x は異なるので，α_f も化石燃料の種類に依存することになる．実際にラルフ・キーリングは，おもに米国の燃料統計をもとにして，天然ガスについて 1.95±0.04，石油について 1.44±0.03，石炭について 1.17±0.03，天然ガスのフレアリングについて 1.98±0.07 という値を推定している（Keeling, 1988）．化石燃料別の CO_2 放出量データは二酸化炭素情報分析センター（http://cdiac.ornl.gov/）から入手できるので，最近の放出量を用いて重みづけして全球平均の α_f を計算してみると約 1.4 という値が得られる．化石燃料全体としての α_f は，当然のことながらそれぞれの化石燃料の消費割合の違いを反映して時代によっても国によっても異なるので，全球平均の CO_2 収支を求める際には，当該期間について α_f を計算して使用する必要がある．また，4.3.1 **A** 項で述べたように，CO_2 はセメントを製造することによっても大気に放出されるが，この過程では O_2 は発生も消滅もしない（（4.5）式を参照のこと）．したがって，化石燃料起源の CO_2 にセメント製造の寄与を含めるか含めないかで α_f は変わるが，下で述べる収支解析では，二酸化炭素情報分析センターから入手したデータをもとにしてセメント製造起源の CO_2 を含むように計算している．一方，α_b については（4.1）式から 1.0 であることが期待される．しかし，実際の植物体の有機物は $C_6H_{12}O_6$ で表すことができるグルコースやセルロースだけで構成されているわけではなく，組成比の異なった他の有機物も含んでいるため，期待どおりの値にはならない．ラルフ・キーリングは，植物体を構成している有機物の平均的な組成比を求めて 1.05±0.05 という α_b を推定した（Keeling, 1988）．その後，ジェフリー・セベリングハウス（Jeffrey P. Severinghaus）が土壌呼吸について実験的に α_b を求め，1.15 という値を得た（Severinghaus, 1995）．そこで，現在では両者の中間的な値である 1.10±0.05 が全球平均の CO_2 収支を求める際

第 4 章　二酸化炭素の変動と循環

に用いられている．ちなみに，α_b に 0.1 の不確かさがあると全球 CO_2 収支に 0.1 GtC/yr の不確かさが及ぶので，今日でもより正しい値を求めるための研究が行われている．Z については，大気–海洋間の正味の O_2 交換は無視できるほど小さいと当初は考えられていたため，ゼロとされていた（たとえば Keeling and Shertz, 1992）．しかし，その後，大気–海洋間の O_2 交換が年々変動していることに加え，温暖化に伴って表層海水温が上昇しているため，O_2 の溶解度が低下するとともに，海洋の成層化によって鉛直混合が弱められて下層からの低 O_2 量の海水の輸送が妨げられており，海洋から O_2 が大気へ継続的に放出されているという指摘がなされるようになった．現在のところ O_2 交換の年々変動を正確に評価することは不可能であるので，それぞれの年の CO_2 収支を求めることは困難であり，この影響を無視できる長さの期間の平均的収支しか推定できない．ある期間における海水温上昇による Z は，O_2 のみならず同時に起こる N_2 の放出も考慮し

$$Z = \left[Z_{O_2} - Z_{N_2} \frac{X_{O_2}}{X_{N_2}} \right] \times M_C \times 10^{-15} \tag{4.34}$$

から計算される（Manning and Keeling, 2006）．ここで，Z_{O_2} と Z_{N_2} は正味の O_2 と N_2 の放出量（単位は mol/yr），X_{O_2} は大気中の O_2 濃度（0.2095），X_{N_2} は大気中の N_2 濃度（0.7808），M_C は炭素のモル質量（12.01 g/mol）である．大気–海洋間の正味 O_2 フラックスを観測から求めることは現在のところ困難であるので，一般的には，海洋に溶存している O_2 濃度と温位の関係あるいは海洋大循環モデルを用いて O_2 フラックス/熱フラックス比を求め，観測から得られた海洋の貯熱率を掛けることによって推定されている．なお，陸上生物と同様に，海洋の植物プランクトンが光合成と呼吸や分解を行う際にも O_2 と CO_2 の交換が起こり，その $-O_2 : CO_2$ 交換比は 1.45 と推定されている（Anderson and Sarmiento, 1994）．しかし，大気中の O_2 濃度を解析することによって CO_2 収支を推定する際には，この交換比は考慮しなくてもよい．すなわち，O_2 については植物プランクトン活動の影響は大気に直接及ぶが，4.3.2 Ⓐ 項で述べたように，海洋には炭酸物質の解離平衡に基づく緩衝作用があるため，植物プランクトンによって溶存 CO_2 が変化しても，その影響が大気–海洋間の CO_2 フラックスに直接現れることはない．

以上のことを踏まえ，図 4.25 の結果をもとに 2000 年代（2000～09 年）の平

均的な CO_2 収支を求めてみる．(4.32) と (4.33) 式の各項の単位は GtC/yr であるが，観測から得られる CO_2 濃度の増加率（ΔX_{CO_2}）と $\delta(O_2/N_2)$ の減少率（$\Delta\delta(O_2/N_2)$）はそれぞれ ppm/yr と per meg/yr であるので，まず単位の統一を図る．地球に存在する乾燥空気の質量は 5.113×10^{21} g であり，その平均モル質量は 28.97 g/mol であるので (Prather et al., 2012)，空気の総モル数は 1.765×10^{20} mol となる．炭素のモル質量が 12.01 g/mol であることを考えると，大気中に存在する CO_2 の質量は 1ppm あたり 2.12 GtC となる（$R_c = 2.12$ GtC/ppm）．したがって，ΔX_{CO_2} に R_c を掛けることによって ppm/yr から GtC/yr へ変換されて ΔCO_2 となる．一方，ΔO_2 については $\Delta\delta(O_2/N_2)$ に X_{O_2}（0.2095）と R_c を掛けることによって得られる．これらのことを考慮すると，(4.33) 式から陸上生物圏の吸収は

$$B = \frac{\Delta\delta\left(\dfrac{O_2}{N_2}\right)R_c X_{O_2} + \alpha_f F - Z}{\alpha_b} \tag{4.35}$$

となり，(4.32) 式を変形した

$$O = F - \Delta X_{CO_2} R_c - B \tag{4.36}$$

に B を代入することによって海洋の CO_2 吸収量が求まる．

この解析で必要とするパラメーターと実際に使用した数値，それらの不確かさおよび陸上生物圏と海洋の CO_2 吸収への影響を表 4.3 にまとめる．なお，Z は，海水温測定の結果を集計して作成されたデータベース (Levitus et al., 2009) を用いて表層海洋の貯熱量の平均増加率を 0.47×10^{22} J/yr と推定し，ラルフ・キー

表 4.3 日本上空で観測された CO_2 濃度と $\delta(O_2/N_2)$ を解析して全球 CO_2 収支を推定する際に使用されるパラメーターと関連する数値

パラメーター	数値	不確かさ	陸上生物圏吸収の誤差	海洋吸収の誤差
ΔX_{CO_2} (ppm/yr)	1.96	±0.03	±0.00	±0.06
$\Delta\delta(O_2/N_2)$ (per meg/yr)	−21.2	±0.4	±0.16	±0.16
F (GtC/yr)	7.8	±0.4	±0.50	±0.10
Z (GtC/yr)	0.2	±0.5	±0.46	±0.46
α_b	1.1	±0.05	±0.05	±0.05
α_f	1.38	±0.04	±0.28	±0.28

第 4 章 二酸化炭素の変動と循環

リングとヘルナン・ガルシア（Hernan E. Garcia）が求めた O_2/熱フラックス比 4.9 nmol/J と N_2/熱フラックス比 2.2 nmol/J（Keeling and Garcia, 2002）とともに (4.34) 式に代入して計算した．表 4.3 に示した数値を (4.35) と (4.36) 式に代入することにより，B として 1.0 GtC/yr，O として 2.6 GtC/yr が得られる．また，それぞれの不確かさは，関連するパラメーターから生ずる不確かさの 2 乗和の平方根から ±0.8 GtC/yr と ±0.6 GtC/yr と推定される．すなわち，2000 年代を平均してみると，化石燃料を燃焼することによって 7.8±0.4 GtC/yr の CO_2 が放出され，そのうちの 1.0±0.8 GtC/yr が陸上生物圏によって，2.6±0.6 GtC/yr が海洋によって吸収され，残りの 4.2±0.1 GtC/yr が大気に残留したことになる．また，ここで得られた 1.0 GtC/yr という陸上生物圏の吸収は正味の吸収量であり，森林破壊などの土地利用改変による 2000 年代の平均放出量は 1.1±0.8 GtC/yr と推定されている（Le Quéré et al., 2013）ので，2.1 GtC/yr の CO_2 が陸上生物圏で吸収されていたことになる．

　O_2 と CO_2 の同時解析は他の研究機関でも行われており，ここで代表的な研究結果と比較してみることにする．比較対象とした結果は，マイケル・ベンダー（Michael L. Bender）らがオーストラリアのタスマニア（Tasmania; 41°S）でのデータを，アンドリュウ・マニング（Andrew C. Manning）とラルフ・キーリングがカナダ北極のアラート（Alert; 83°N）と米国のカリフォルニア（33°N），タスマニアでのデータを，遠嶋康徳らが沖縄の波照間島と北海道の落石岬でのデータを解析して得たものである（Bender et al., 2005; Tohjima et al., 2008; Keeling and Manning, 2014）．図 4.29 からわかるように，1990 年代から 2000 年代の海洋と陸上生物圏の正味吸収量はそれぞれ 1.8〜2.7 GtC/yr と 1.0〜1.2 GtC/yr の範囲にあり，陸上生物圏より海洋の吸収が大きい．ただし，土地利用改変による CO_2 放出が 1990 年代には 1.5 GtC/yr，2000 年代には 1.1 GtC/yr と推定されていることを考えると，陸上生物圏が全体として吸収する総量はおおむね 2.7〜2.1 GtC/yr となり，その量は海洋の吸収に匹敵しており，現在の陸上生物圏の人為起源 CO_2 の吸収能力は大きいといえる．また，図 4.29 は，海洋の吸収は時間とともに強まっていることを示しており，とくに 2000 年以降の化石燃料起源 CO_2 の急増に呼応したものと考えられる．一方，陸上生物圏の正味吸収は時間によらずほぼ一定しており，土地利用改変による CO_2 放出量が最近減少していることを考えると，陸上生物圏の CO_2 吸収は 1990 年代より 2000 年

4.3 人為起源の二酸化炭素の収支

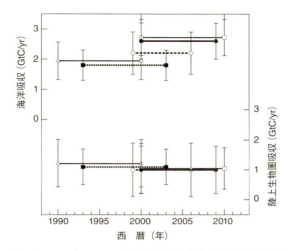

図 4.29 大気中の O_2 と CO_2 の同時解析から推定された海洋と陸上生物圏の CO_2 吸収量
●は日本上空 (Ishidoya et al., 2012a), △と□はアラート, カリフォルニア, タスマニア (Keeling and Manning, 2014), ■はタスマニア (Bender et al., 2005), ○は波照間島, 落石岬 (Tohjima et al., 2008) で観測されたデータを解析した結果を示す. また, 横線は収支を推定した期間, 縦棒は推定値の不確かさを表す.

代に低下していることになる. しかし, O_2 とは異なった手法を用いて得られた結果のなかには, 陸上生物圏の正味吸収が 1990 年代より 2000 年代に強まっていることを指摘しているものもあり (たとえば Le Quéré et al. (2013; 2014) や IPCC 第 5 評価報告書によると, 1990 年代は $1.0 \sim 1.1\,\mathrm{GtC/yr}$, 2000 年代は $1.4 \sim 1.5\,\mathrm{GtC/yr}$), 今後さらに研究を進めて炭素循環における陸上生物圏の役割を明らかにする必要がある.

大気中の O_2 濃度と CO_2 濃度の同時解析は, 人為起源 CO_2 の全球平均収支を推定する新しい手法として注目されており, また海面を通した自然 CO_2 フラックスの補正が不要であるという特徴も有している. しかし, より信頼性の高い結果を得るためには, 地球全体を代表する経年変化を観測することや, O_2 濃度はとくに海洋の影響によって大きな年々変動を示すので, その補正を可能にすること, あるいは長期にわたって観測を行って平均的な経年変化を求めること, 大気–陸上生物圏間で CO_2 が交換される際の $-O_2:CO_2$ 比を正確に求め

ること，温暖化に伴う表層海水温上昇による O_2 放出量を正確に評価すること，などをさらに行う必要がある．

なお，測定された $\delta(O_2/N_2)$ を直接用いるのではなく，陸上生物圏に関する $-O_2 : CO_2$ 交換比（α_b）が 1.1 であるということを考慮して，光合成と呼吸や分解によって変化しない

$$\delta\mathrm{APO} = \delta(O_2/N_2) + 1.1\frac{X_{CO_2}}{X_{O_2}} - \delta\mathrm{APO}_0 \tag{4.37}$$

で定義される**大気ポテンシャル酸素**（atmospheric potential oxygen; APO）を計算し，CO_2 収支を求めている研究もあるが（たとえば Manning and Keeling, 2006），結果は基本的には $\delta(O_2/N_2)$ を用いた場合と同じである．(4.37) 式に現れる $\delta\mathrm{APO}_0$ は収支の計算を行う際に APO を扱いやすい値にするための任意の定数であり，研究機関によって異なった値が採用されている．

4.3.4 　CO_2 の安定炭素同位体比 $\delta^{13}C$ の解析

3.3 節で述べたように，CO_2 には質量の異なった安定炭素同位体で構成される $^{12}CO_2$ と $^{13}CO_2$ が存在し，その存在比は大気と海洋，陸上生物圏で異なり，また大気と海洋あるいは陸上生物圏との間で CO_2 が交換される際にそれぞれの過程に固有の同位体分別を生ずる．そのため，CO_2 が大気-海洋間で交換されたときと大気-陸上生物圏間で交換されたときとでは大気中の CO_2 の $\delta^{13}C$ は異なった変化を示す．このような特性を利用して大気中の CO_2 濃度と $\delta^{13}C$ の経年変化を解析すると，海洋と陸上生物圏による CO_2 吸収量を分離して評価することができる．ここでは，少し古い論文ではあるが，オーストラリアのタスマニアで観測された CO_2 濃度と $\delta^{13}C$ の経年変化をもとにロジャー・フランシー（Roger J. Francey）らが推定した海洋と陸上生物圏による CO_2 吸収を例にして（Francey *et al.*, 1995），解析の原理と手順を説明する．

Ⓐ CO_2 と $^{13}CO_2$ の全球収支

地球表層を CO_2 が循環する際には全炭素 C と炭素同位体 ^{13}C は保存されるので，大気中の CO_2 および $^{13}CO_2$ の量は，図 4.30 に示すように，化石燃料燃焼と海洋および陸上生物圏との交換によって決められる．すなわち，地球全体の大気中 CO_2 の収支は

$$\frac{\mathrm{d}M_a}{\mathrm{d}t} = F_f - F_s - F_b \tag{4.38}$$

4.3 人為起源の二酸化炭素の収支

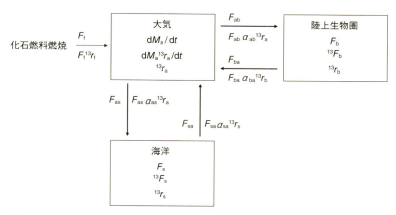

図 4.30 地球表層における全 CO_2 ($^{12}CO_2+^{13}CO_2$) と $^{13}CO_2$ に関する収支

と書くことができる．ここで，添字の a, f, s, b はそれぞれ大気，化石燃料，海洋，陸上生物圏を表しており，M_a は大気中の CO_2 量 (GtC)，F_f は化石燃料燃焼による CO_2 放出量 (GtC/yr)，F_s と F_b はそれぞれ海洋と陸上生物圏による正味の吸収量 (GtC/yr) である．また，$^{13}CO_2$ に関する全球収支式は

$$\frac{dM_a{}^{13}r_a}{dt} = {}^{13}F_f - {}^{13}F_s - {}^{13}F_b$$
$$= F_f{}^{13}r_f - (F_{as}\alpha_{as}{}^{13}r_a - F_{sa}\alpha_{sa}{}^{13}r_s) - (F_{ab}\alpha_{ab}{}^{13}r_a - F_{ba}\alpha_{ba}{}^{13}r_b) \quad (4.39)$$

と与えられる．ここで，$^{13}F_f$ は化石燃料燃焼による $^{13}CO_2$ 放出量 (GtC/yr)，$^{13}F_s$ と $^{13}F_b$ はそれぞれ海洋と陸上生物圏による $^{13}CO_2$ の正味の吸収量 (GtC/yr)，$^{13}r_i$ は炭素貯蔵庫 i（大気，海洋，陸上生物圏）における全炭素に対する ^{13}C の割合 ($^{13}C/C$) であり，F_{ij} は貯蔵庫 i から貯蔵庫 j に向かう CO_2 フラックス (GtC/yr)，α_{ij} はその際の動的同位体分別係数である．$F_s = F_{as} - F_{sa}$ および $F_b = F_{ab} - F_{ba}$ であるので (4.39) 式は

$$\frac{dM_a{}^{13}r_a}{dt} = F_f{}^{13}r_f - F_s\alpha_{as}{}^{13}r_a - F_b\alpha_{ab}{}^{13}r_a$$
$$- F_{sa}(\alpha_{as}{}^{13}r_a - \alpha_{sa}{}^{13}r_s) - F_{ba}(\alpha_{ab}{}^{13}r_a - \alpha_{ba}{}^{13}r_b) \quad (4.40)$$

と書き直すことができる．この式の右辺の第 4 項と第 5 項は，大気と海洋およ

第 4 章 二酸化炭素の変動と循環

び大気と陸上生物圏が現状においては ^{13}C に関して非平衡状態にあることから生じている．この非平衡は，おもに人間が化石燃料燃焼や森林破壊を行うことにより ^{13}C の少ない CO_2 を大気に加え続け，大気中の $\delta^{13}C$ を経年的に減少させたことと深く関係している．すなわち，大気から陸上生物圏あるいは海洋に取り込まれた CO_2 はしばらくそこに滞留した後に大気へ戻るので，大気から出ていく CO_2 フラックスと大気へ戻ってくる CO_2 フラックスの $\delta^{13}C$ はわずかに異なっており，この違いが同位体非平衡を生み出している．もし動的同位体分別係数が環境変化（たとえば海面水温）の影響を受けて時間的に変化しているようであれば，それもひとつの原因となる．

大気中の CO_2 の増加率（dM_a/dt）は大気観測から，化石燃料燃焼による CO_2 放出量（F_f）は消費統計から求めることができるので，(4.38) 式に代入することによって海洋と陸上生物圏の寄与を合わせた正味の CO_2 吸収量（$F_s + F_b$）が計算できる．また，このようにして求められた吸収量は，同位体非平衡項が推定できるならば，大気中の CO_2 濃度と $\delta^{13}C$ の観測値（M_a と $^{13}r_a$ が計算できる）や化石燃料消費統計値（F_f），同位体分別に関する従来の知識（$^{13}r_f$, α_{as}, α_{ab}）を与えることによって，(4.40) 式から海洋と陸上生物圏に配分できることになる．

一方，フランシーらは，炭素同位体比の定義である (3.5) 式と動的同位体分別を表す $\varepsilon_{ij}(=(\alpha_{ij}-1)\times 1{,}000)$ を用いて (4.40) 式を書き換え，途中で現れる微少項を無視して式を簡略化し

$$\frac{dM_a \delta_a}{dt} = \delta_a \frac{dM_a}{dt} + M_a \frac{d\delta_a}{dt}$$
$$\approx F_f \delta_f - F_s(\delta_a + \varepsilon_{as}) - F_b(\delta_a + \varepsilon_{ab}) + G_s(\delta_a^s - \delta_a) + G_b(\delta_a^b - \delta_a) \tag{4.41}$$

を導いている（Francey et al., 1995）．ここで，δ_a は大気中の CO_2 の $\delta^{13}C$（‰），δ_f は化石燃料起源の CO_2 の $\delta^{13}C$（‰），ε_{as} は大気から海洋へ CO_2 が移動する際の動的同位体分別（‰），ε_{ab} は陸上生物圏が光合成によって大気中の CO_2 を固定する際の動的同位体分別（‰）であり，また δ_a^s は海洋から大気へ放出される CO_2 の $\delta^{13}C$（‰），δ_a^b は陸上生物圏から大気へ放出される CO_2 の $\delta^{13}C$（‰）を表しており，それぞれは表層海水および陸上生物圏と同位体的に平衡しているとして導かれる．G_s と G_b は，それぞれ大気–海洋間と大気–陸上生物圏

4.3 人為起源の二酸化炭素の収支

間で交換される人為起源 CO_2 を含まない CO_2 フラックス（グロスフラックス (gross flux) とよばれる）(GtC/yr) であり，値は (4.40) 式の F_{sa} と F_{ba} と同じになる．すなわち，(4.41) 式の右辺の第4項が大気−海洋間，第5項が大気−陸上生物圏に関する非平衡項（‰ GtC/yr）である．非平衡項 $G_s(\delta_a^s - \delta_a)$ と $G_b(\delta_a^b - \delta_a)$ をひとまとめにして G とすると，(4.38) と (4.41) 式から海洋と陸上生物圏による正味の CO_2 吸収量は

$$F_s = \frac{1}{\varepsilon_{as} - \varepsilon_{ab}} \left[F_f(\delta_f - \delta_a - \varepsilon_{ab}) + \varepsilon_{ab} \frac{dM_a}{dt} - M_a \frac{d\delta_a}{dt} + G \right] \quad (4.42)$$

$$F_b = \frac{1}{\varepsilon_{as} - \varepsilon_{ab}} \left[-F_f(\delta_f - \delta_a - \varepsilon_{as}) - \varepsilon_{as} \frac{dM_a}{dt} + M_a \frac{d\delta_a}{dt} - G \right] \quad (4.43)$$

となる．

❸ CO_2 収支の推定

1982年から1992年にかけてタスマニアで観測された $\delta^{13}C$ の時間変動を図4.31 に示す (Francey et al., 1995)．タスマニアは CO_2 濃度の季節変動が小さい南半球に位置しているため，$\delta^{13}C$ の季節変動も明瞭ではないが，経年的に減少していることは明らかである．測定されたデータを平滑化した経年減少トレンド（図中の太い黒線）から求めたそれぞれの年の $\delta^{13}C$ の変化率 ($d\delta_a/dt$) は，同時に測定された濃度から計算した CO_2 の大気残留量 (dM_a/dt) および化石燃料燃焼に伴う CO_2 放出量 (F_f) とともに，図4.32 に示してある．(4.42) と

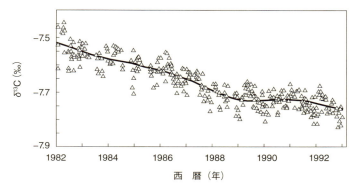

図 4.31　タスマニアで観測された大気中の CO_2 の $\delta^{13}C$
(Francey et al., 1995)

第4章 二酸化炭素の変動と循環

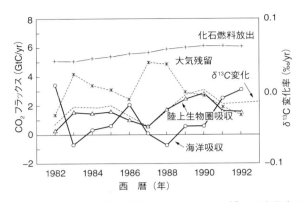

図 4.32 タスマニアにおける観測から求められた $\delta^{13}C$ の変化率および
それをもとにして推定された人為起源 CO_2 の収支
(Francey et al., 1995)

(4.43) 式を解くためにさらに必要な δ_a は観測から求められ，ε_{as} と ε_{ab} は先行研究からそれぞれ $-1.8‰$ と $-18‰$ とされている．δ_f は，種類別の化石燃料燃焼およびセメント製造からの CO_2 放出量 (F) とそれらの $\delta^{13}C$ 値 (δ) をもとにして，加重平均

$$\delta_f = \left[\frac{\delta_c \times F_c + \delta_p \times F_p + \delta_g \times F_g + \delta_{fl} \times F_{fl} + \delta_{ce} \times F_{ce}}{F_c + F_p + F_g + F_{fl} + F_{ce}} \right] \tag{4.44}$$

をとることによって計算される (Andres et al., 2000)．ここで，添字 c, p, g, fl, ce はそれぞれ石炭，石油，天然ガス，ガスフレアリング，セメント製造を表す．石炭の $\delta^{13}C$ 値は産地による違いが小さいので δ_c には $-24.1‰$ が採用され，ガスフレアリングではおもに熱起源の CH_4 が燃焼されるので δ_{fl} には平均的値である $-40.0‰$ が使われ，またセメントの δ_{ce} には $0.0‰$ が仮定される．一方，石油と天然ガスの $\delta^{13}C$ は産地によって大きく異なっているので，全球平均の値を正確に求めるためには地域ごとの産出量の時間変化を考慮する必要がある．しかし，すべての天然ガスの産出地域について $\delta^{13}C$ が得られているわけではないので，これまでに得られた結果を平均した $-44.0‰$ が δ_g に用いられる．また，δ_p は，産出量が多い国については個別の $\delta^{13}C$ を，それ以外の国については平均的な値である $-26.5‰$ を採用し，産出量で加重平均して計算される．なお，このようにして求められた最新の δ_f は，二酸化炭素情報解析セン

ターのホームページ (http://cdiac.ornl.gov/) で公開されているので利用することができる．さらに (4.41) 式の $G_s(\delta_a^s - \delta_a)$ と $G_b(\delta_a^b - \delta_a)$ も与えなければならないが，いずれも観測できる量ではない．また，推定された大気–海洋間と大気–陸上生物圏間のグロスフラックスの不確かさがいまだ大きいことに加え，大気と海間で CO_2 が交換される際の同位体分別係数は温度依存性を示すので全海洋を平均した正確な値が得にくい．陸上生物圏や海洋の $\delta^{13}C$ は不均一に分布しているので地球全体を代表した値が得にくいといったことを反映して，δ_a^s と δ_a^b を求めることが容易でないことも非平衡項の正確な評価を困難にしている．フランシーらは，先行研究の結果を検討し，1982～92 年の平均値として $G_s(\delta_a^s - \delta_a)$ を 43.8‰ GtC/yr, $G_b(\delta_a^b - \delta_a)$ を 25.8‰ GtC/yr と推定し（合計した非平衡項 G は 69.6‰ GtC/yr），解析で用いている．

以上のようなパラメーターを用いて観測結果から得られた海洋と陸上生物圏による正味の CO_2 吸収量は図 4.32 に示してある．期間全体を平均して見てみると海洋と陸上生物圏は CO_2 の吸収源としてはたらいており，いずれの吸収量も年々変動を示している．陸上生物圏の CO_2 吸収量は，大気中の $\delta^{13}C$ と良い相関を示して変化しており，$\delta^{13}C$ が急速に減少するときには吸収が弱まり，ほとんど変化しないときには吸収が強まっている．このような関係は，陸上生物圏の吸収が強まると同位体的に軽い $^{12}CO_2$ が大気から除去されるために，化石燃料燃焼による大気中の $\delta^{13}C$ の経年的減少が緩和されることによって生じている．また，吸収量の年々変動は陸上生物圏より海洋のほうが大きいが，このような現象は CO_2 濃度に比べて $\delta^{13}C$ の年々変動が小さいというタスマニアのデータから生み出された結果である．すなわち，化石燃料起源の CO_2 放出量および $\delta^{13}C$ の変化と良い相関をもつ陸上生物圏の CO_2 吸収量は比較的単調に変化しているが，CO_2 濃度の年々変動が大きいので，その差を埋めるように海洋の吸収量が大きく変動している．タスマニアでの $\delta^{13}C$ の年々変動が小さいことについては以前より議論されているが，その理由はよくわかっていない．ちなみに，東北大学が日本上空や太平洋上で行った $\delta^{13}C$ の観測の結果はタスマニアより大きな年々変動を示しており (Nakazawa et al., 1993a; 1997)，また次節で述べる大気輸送モデルによる解析結果は海洋より陸上生物圏の CO_2 吸収量の年々変動が大きいことを示している．

1982～92 年の平均的な海洋と陸上生物圏による CO_2 吸収量は，それぞれ

第 4 章　二酸化炭素の変動と循環

1.1 GtC/yr と 1.5 GtC/yr である．大気中の O_2 濃度の解析やモデルを用いた解析の結果と比べると（たとえば Langenfelds et al., 1999; Le Quéré et al., 2013），海洋の吸収が 1 GtC/yr ほど小さく，逆に陸上生物圏の吸収が 1 GtC/yr ほど大きい．このような違いを生じた原因は同位体非平衡項の評価にあると考えられる．(4.42) と (4.43) 式を見てわかるように，非平衡項 G を過小評価すると海洋の吸収が小さくなり，陸上生物圏の吸収が大きくなる．図 4.33 は，南極のロードーム（Law Dome）基地で掘削された氷床コアから復元した CO_2 濃度の変動を，4.3.5❹項で述べる**ボックス拡散モデル**（box-diffusion model）という**全球炭素循環モデル**（global carbon cycle model）で解析して求めた総同位体非平衡である（Francey et al., 1999）．また，この図には大気中の O_2 濃度の解析から推定された CO_2 収支をもとにして計算された総同位体非平衡も示されており，モデル解析の結果とよく一致している．同位体非平衡は産業革命以前にはほぼ 0‰ GtC/yr であり，化石燃料燃焼や森林破壊によって CO_2 が大気に加えられるとともに大きくなってきたはずであり，図 4.33 からもそのような経年的な増加傾向を見て取ることができる．このように同位体非平衡は時間に依存して変化しているが，1982～92 年の期間の平均値は，上で述べたフランシーらの解析

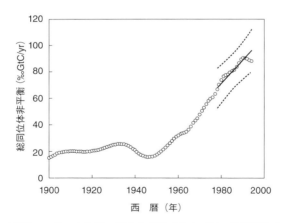

図 4.33　南極ロードーム氷床コアから復元された CO_2 濃度変動を簡易全球炭素循環モデルで解析して求めた総同位体非平衡（○）

実線は大気中の O_2 濃度をもとにして推定された CO_2 収支から計算した総同位体非平衡を，破線はその不確かさの範囲を示す．（Frencey et al., 1999）

で使用された 69.6‰ GtC/yr より大きく,約 84‰ GtC/yr となっている.マーク・バトル (Mark O. Battle) らも O_2 濃度の解析をもとにして 1991～97 年の平均値として 89‰ GtC/yr を得ている (Battle *et al.*, 2000).そこで,同位体非平衡項を 69.6‰ GtC/yr から 84‰ GtC/yr に増やしてタスマニアのデータを解析し直してみると,陸上生物圏の吸収が 0.9 GtC/yr ほど小さくなり,海洋の吸収が同じ量だけ大きくなって,大気中の O_2 濃度の解析やモデルを用いた解析から推定された結果とほぼ一致する.

大気中の CO_2 の $\delta^{13}C$ は,地表表層における炭素循環の理解に有益な情報をもたらすが,人為起源 CO_2 の収支を推定するためには,地球全体を代表する経年変化を観測する必要があり,広域にわたる観測が不可欠である.ちなみに,大気中の $\delta^{13}C$ の系統的観測は,ここで紹介した**オーストラリア連邦科学産業研究機構** (Commonwealth Scientific and Industrial Research Organisation; CSIRO) 以外にも,NOAA/ESRL/GMD やスクリップス海洋研究所,東北大学などでも行われている.また,この解析法によって人為起源 CO_2 の正味吸収を海洋と陸上生物圏に適切に配分評価するためには,同位体非平衡項の正確な推定が不可欠であり,炭素循環モデルなどを用いた研究をさらに推進する必要がある.

4.3.5　全球 3 次元大気輸送モデルによる解析

炭素循環の解明にとって,人間活動に起源をもつ CO_2 の全球平均収支を推定すると同時に,どの地域でどれだけの CO_2 が放出,吸収されているかという地理的情報を明らかにすることも重要である.このような情報を得るために,大気輸送モデルを用いた CO_2 濃度の解析が行われてきた.大気中の CO_2 濃度の変動は,地球表層に複雑に分布している CO_2 の放出源と吸収源が時間的に強度を変える,放出された CO_2 は大気中に輸送された後に吸収される,という 2 つの効果の重ね合わせとして生じている.したがって,逆に大気中の CO_2 濃度の時空間変動を詳細に観測し,大気輸送を取り扱った全球モデルで解析すると,CO_2 の放出源と吸収源の分布と強度が推定できるはずである.このような考えをもとにして行われるモデル解析では,緯度–高度の 2 次元モデルや緯度–経度–高度の 3 次元モデルが使われてきたが,2 次元モデルは経度方向の不均質性による影響を強く受けるという弱点があり,さらにスーパーコンピューターが容易に利用できるようになったため,最近では 3 次元モデルの使用が主

第 4 章 二酸化炭素の変動と循環

流となっている．また，大気輸送モデルによる解析においては，時間的，空間的に変動する CO_2 フラックスをモデルの地表面にあらかじめ与えて大気中の CO_2 濃度を計算し，観測結果と比較する方法（**順解析**（forward analysis））と，観測結果との不一致を最小化するようにあらかじめ与えたフラックスを調整する方法（**逆解析**（inverse analysis））が採用されている．ここでは，より現実的な全球 3 次元大気輸送モデルによる順解析と逆解析の代表的な例について紹介する．

Ⓐ 順解析による CO_2 フラックス推定

全球 3 次元大気輸送モデルを用いた順解析による広範な炭素循環の研究は，すでに 1980 年代末にチャールズ・キーリングのグループによって行われ（Keeling *et al.*, 1989a; b; Heimann and Keeling, 1989；Heimann *et al.*, 1989），その手法と結果は今日でも高い評価を得ており，多くの論文に引用されている．彼らは，アメリカ航空宇宙局ゴダード宇宙科学研究所（National Aeronautics and Space Administration/Goddard Institute for Space Studies; NASA/GISS）が開発した緯度 7.83°，経度 10.0°，高度 9 層の空間分解能をもつ大気輸送モデルをもとにして，大気大循環モデルで計算して入力されていた風を再解析データに入れ替える，サブグリッドスケールの鉛直混合の強度を半分に減ずるなどといった改良を加え，CO_2 濃度のみならず $\delta^{13}C$ の変動も同時に解析した．モデルは，基本的には全球にわたる 3 次元格子点において，CO_2 や $^{13}CO_2$ のような長寿命トレーサーの濃度に関する連続の式

$$\frac{d}{dt}[\rho(\boldsymbol{x},t)C(\boldsymbol{x},t)] = Q(\boldsymbol{x},t) \tag{4.45}$$

を数値的に解くものである．ここで，$\rho(\boldsymbol{x},t)$ は大気の密度を，$Q(\boldsymbol{x},t)$ は発生および消滅を，$C(\boldsymbol{x},t)$ はトレーサーの濃度を表しており，いずれの要素も 3 つの空間軸 $\boldsymbol{x}(\equiv x,y,z)$ と時間 t の関数となっている．また，改良されたモデルの大気輸送場は，土壌起源のラドン ^{222}Rn（半減期は 3.8 日）や核燃料の再処理過程で排出されるクリプトン ^{85}Kr（半減期は 10.76 年）といった放射性物質の大気中濃度を計算し，観測値と比較することによって検証されている．

順解析によって大気中の CO_2 濃度を計算するためには，モデルの地表面に CO_2 フラックスを与える必要がある．キーリングらは，大気-海洋間で交換される CO_2 の自然フラックスを CO_2 分圧差の観測分布をもとにして推定し，大

4.3 人為起源の二酸化炭素の収支

気-陸上生物圏間の自然フラックスについては，衛星観測から求められた植物の**純一次生産**（net primary production; NPP）データを用いて光合成による CO_2 吸収を，地上気温データを用いて呼吸による CO_2 放出を推定している．なお，純一次生産は，光合成によって植物体内に取り込まれる全 CO_2 量（**総一次生産**（gross primary production; GPP））から呼吸による放出量を引いた正味の CO_2 固定量であり，また植物の呼吸は温度変化に非常に敏感に応答し，CO_2 放出速度は温度に対して指数関数的に変わることが知られている．このような自然フラックスに加え，さらにエネルギー統計や森林統計をもとにして化石燃料燃焼やセメント製造および土地利用改変からの CO_2 放出量と地理的分布を与えている．また，海洋による人為起源 CO_2 の吸収は海域によらず一様に起こると仮定して計算し，陸上生物圏による人為起源 CO_2 の吸収は純一次生産の年積算値に比例する（純一次生産が大きいと植物の活性も高く，多くの CO_2 が固定されると考える）として地域によって変化させている．

このようにすることによって，人為起源 CO_2 の放出量と地理的分布，および陸上生物圏と海洋による CO_2 吸収の相対的な分布は決まる．しかし，大気中の CO_2 濃度と $\delta^{13}C$ を計算するためには，さらに全球を平均した陸上生物圏と海洋の CO_2 吸収量の絶対値を何らかの方法で推定しなければならない．この2つの量は，ボックス拡散モデル（Oeschger et al., 1975）という簡易型の全球炭素循環モデルを用いて推定されている．図 4.34 に示すように，このモデルは大気，陸上生物圏，海洋の3つの炭素貯蔵庫から構成されており，海洋は表層海洋と深層海洋に分けられている．大気と陸上生物圏，表層海洋はそれぞれよ

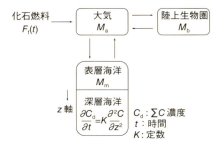

図 4.34　ボックス拡散全球炭素循環モデル

第 4 章 二酸化炭素の変動と循環

く混合された炭素の貯蔵庫であり，ある貯蔵庫 1 から他の貯蔵庫 2 への輸送量は，貯蔵庫 1 の貯蔵量に比例するとしている．また，表層海洋から深層海洋への炭素輸送は乱流混合によって起こるとしている．大気，陸上生物圏，表層海洋，深層海洋における炭素量の時間変化はそれぞれ

$$\frac{dm_a}{dt} = -k_{ab}(M_{a0} + m_a) + k_{ba}(M_{b0} + m_b) - k_{am}(M_{a0} + m_a)$$
$$+ k_{ma}(M_{m0} + \zeta m_m) + F_f(t) \tag{4.46}$$

$$\frac{dm_b}{dt} = k_{ab}(M_{a0} + m_a) - k_{ba}(M_{m0} + m_b) \tag{4.47}$$

$$\frac{dm_m}{dt} = k_{am}(M_{a0} + m_a) - k_{ma}(M_{m0} + \zeta m_m) + KA\frac{\partial(C_{d0} + c_a)}{\partial z}\bigg|_{z=0} \tag{4.48}$$

$$\frac{\partial C_d}{\partial t} = K\frac{\partial^2(C_{d0} + c_d)}{\partial z^2} \tag{4.49}$$

によって与えられる．ここで，M_{i0} と m_i は貯蔵庫 i の定常状態（産業革命以前）での炭素量とその後の増加分，k_{ij} は貯蔵庫 i から貯蔵庫 j への輸送係数，ζ は緩衝因子，$F_f(t)$ は年々大気に加えられる炭素量，C_{d0} と c_d は深層海洋の定常状態での溶存無機炭素濃度と増加分，A は海洋面積，K は深層海洋中の乱流拡散係数であり，z 軸は表層海洋の底を起点として下向きにとる．大気と陸上生物圏，大気と海洋との間の炭素交換量は物理・化学・生物学的知見に基づいて決められ，表層海洋と深層海洋の間の炭素輸送に関わる乱流拡散係数は，表層海洋と深層海洋における自然起源 ^{14}C の濃度がそれぞれ大気の値の 0.96±0.02 と 0.83±0.04 であったという観測事実，あるいは海洋における水爆実験起源 ^{14}C の濃度観測の結果をもとにして決定される．

実際にモデル計算を行う際には，さらに化石燃料燃焼やセメント製造による CO_2 放出の時間変化を統計から求めるとともに，土地利用変化による CO_2 放出量は産業革命以降に時間とともに徐々に増え，20 世紀中ごろから頭打ちになっているという森林統計の結果を反映させて，その時間変化を関数で近似してモデルに与えている．また，大気中の CO_2 濃度の上昇によって陸上植物の活性が高まり炭素固定量が増加するという CO_2 施肥効果も考慮に入れ，この効果を大気中の CO_2 量に比例するとして経験的に定式化し，モデルに入力している．このような設定の下で大気中の CO_2 濃度の長期変動を計算し，南極サイプル

4.3 人為起源の二酸化炭素の収支

(Siple) 基地で掘削された氷床コアの分析結果と南極点およびマウナロアでの大気観測の結果から復元された産業革命以降の CO_2 濃度変動と比較して,両者の一致が良くなるようにモデルのパラメーターを再調整し,海洋と陸上生物圏による CO_2 吸収量の時間変化を求めている.なお,氷床コアの分析による過去の大気成分の復元については,第 6 章で詳しく述べる.ボックス拡散モデルを用いると大気中の CO_2 の $\delta^{13}C$ も計算することができ,また氷床コア分析と大気観測から $\delta^{13}C$ の長期変動も復元できるので,キーリングらは $\delta^{13}C$ についても同様な比較を行い,おおむね良い一致を見いだしている.

このようにして生物地球化学的知見をもとに決められた CO_2 フラックスが全球 3 次元大気輸送モデルに入力されているが,実際に 1960 年以降のいくつかの年について大気中の CO_2 濃度と $\delta^{13}C$ を計算し,フラックスを支配するパラメーターについて感度テストを行うとともに,フラックスは,キーリングらが独自に行った地上観測や船舶観測などの結果をできるだけ再現するように調整されている.モデルと観測の比較の一例として,図 4.35 にマウナロアにおける日平均 CO_2 濃度を,図 4.36 に CO_2 濃度の年平均値の緯度分布を示す(Heimann *et al.*, 1989; Keeling *et al.*, 1989b).これらの図から,モデルは日々や季節といった時間スケールの変動,さらには緯度分布といった空間変動もよく再現していることがわかる.ただし,炭素循環に関する知識が十分ではない,モデルの大気輸送場が完全ではない,モデルやフラックスの調整に利用された観測点

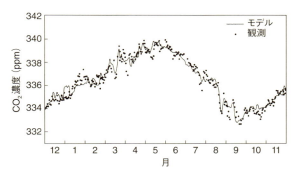

図 4.35 マウナロアで 1978 年 12 月 1 日から 1979 年 11 月 30 日に観測された日平均 CO_2 濃度と 3 次元大気輸送モデルによる計算結果の比較
(Heimann *et al.*, 1989)

第 4 章　二酸化炭素の変動と循環

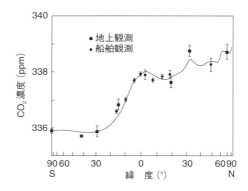

図 4.36　3 次元大気輸送モデルを用いて計算された 1980 年における年平均 CO_2 濃度の緯度分布（実線）と観測値（■と●）の比較

1980 年と 1984 年の観測値が示してあるが，1984 年の値は経年増加を調整して 1980 年の値に換算してある．（Keeling *et al.*, 1989b）

が少ない，といったことを反映して大きな違いが見られる観測点もある．

キーリングらが 3 次元大気輸送モデルを用いて推定した全球炭素収支の例として，1984 年に関する結果の概略を図 4.37 に示す（Keeling *et al.*, 1989b）．化石燃料燃焼やセメント製造からの CO_2 放出は，16°N 以北で最も多く 4.81 GtC，16°N〜赤道間で 0.13 GtC，赤道〜16°S 間で 0.05 GtC，16°S 以南で 0.20 GtC となっており，それぞれの緯度帯の海洋によって 0.62，0.36，0.36，0.95 GtC が吸収されている．海洋による吸収は 16°N 以北より 16°S 以南で 50% ほど多くなっているが，このような傾向は他の年にも見られる．放出された CO_2（5.19 GtC）から海洋による吸収（2.29 GtC）を差し引いた 2.90 GtC が，大気残留と陸上生物圏による吸収ということになる．一方，16°N 以北，16°N〜赤道間，赤道〜16°S 間，16°S 以南での土地利用改変による CO_2 放出はそれぞれ 0.42，0.54，0.69，0.16 GtC，CO_2 施肥効果による CO_2 吸収は 1.03，0.42，0.50，0.32 GtC となっている．正味で見てみると，16°N 以北が 0.61 GtC，16°S 以南が 0.16 GtC を吸収し，16°N〜赤道間が 0.12 GtC，赤道〜16°S 間が 0.19 GtC を放出しており，とくに 16°N 以北での正味吸収が大きい．また，これらの緯度帯の陸上生物圏に関わる収支を合計すると 0.46 GtC の吸収となり，観測から求められた 2.44 GtC の大気残留量を加えると，上で述べた化石燃料燃焼・セメント製造起源の CO_2 の余剰分である 2.90 GtC と等しくなる．

4.3 人為起源の二酸化炭素の収支

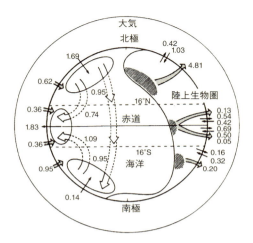

図 4.37 3 次元大気輸送モデルによる解析から推定された 1984 年の全球炭素収支 陰のある矢印は化石燃料燃焼やセメント製造からの CO_2 放出と海洋による吸収，陸上生物圏の部分の実線の矢印は土地利用改変による CO_2 放出と施肥効果による CO_2 吸収，海洋の部分にある 2 つの矢印は自然循環による CO_2 フラックスを表している．数字は CO_2 フラックス（GtC/yr）である．(Keeling *et al.*, 1989b)

表 4.4 3 次元大気輸送モデルを用いて推定された各年の全球炭素収支（GtC/yr）

西暦（年）	1962	1968	1980	1984	1990
化石燃料燃焼・セメント製造	2.7	3.5	5.3	5.2	6.0
大　気	1.6	2.0	2.8	2.4	3.0
海　洋	−1.4	−1.6	−2.2	−2.3	−2.2
陸上生物圏	0.3	0.1	−0.3	−0.5	−0.8

＊海洋と陸上生物圏のマイナス記号は吸収であることを表している．
(Keeling *et al.*, 1989b)

他の年について得られた結果もまとめて表 4.4 に示す（1990 年の結果はその後の解析によって得られたもの）．化石燃料燃焼やセメント製造からの CO_2 放出量には，オイルショックなどの影響によって一時的な停滞も見られるが，全体としては時間とともに増加しており，大気残留量もそれに呼応している．海洋による吸収は 1960 年代には時間的に増加しているが，1980 年以降は 2.2〜2.3 GtC/yr で一定している．一方，陸上生物圏は，1968 年までは正味として CO_2 を放出していたが，1980 年には吸収源となっており，その強度は時間とと

第 4 章　二酸化炭素の変動と循環

もに増大している．

　ここで紹介した研究は，当時の炭素循環に関する知識を最大限に活用し，簡易全球炭素循環モデルによる解析から全球 CO_2 収支を推定し，その結果とさまざまな知見をもとに地表面の CO_2 フラックスを求め，全球 3 次元大気輸送モデルに入力して大気中の CO_2 濃度と $\delta^{13}C$ を計算し，観測値と比較することによってフラックスの妥当性を検証したものである．本研究で得られた海洋の吸収量や陸上生物圏の正味吸収量を 4.3.6 項で述べる最近の研究の結果と比較すると，数値的な違いは見られるが，土地利用改変によって CO_2 を放出していた陸上生物圏が CO_2 施肥効果により正味の吸収源に変わり，その吸収はおもに北半球中高緯度において起こっている，といったことを初めて指摘したことはきわめて高く評価される．また，モデルに入力するフラックスなどに違いはあるものの，キーリングらが行った解析と基本的に同じ手法は，現在でも CO_2 循環の解明や CO_2 濃度変動の解釈に広く利用されている．

❸ 逆解析による CO_2 フラックス推定

　大気中の CO_2 濃度の逆解析は，すでに 1980 年代末に 2 次元大気輸送モデルを用いて行われ，CO_2 フラックスの緯度分布が推定されていた (Tans *et al.*, 1989)．3 次元モデルによる解析は，ソンミャオ・ファン (Song-Miao Fan) らによって 1990 年代末に初めて試みられており，海洋の CO_2 フラックスを先験的に与えて北アメリカとユーラシア・北アフリカ，熱帯・南半球における陸上生物圏のフラックスが推定された (Fan *et al.*, 1998)．この研究に引き続きいくつかの逆解析が試みられたが，解析で使用する手法やデータセットを統一し，16 の大気輸送モデルが参加して行われた国際プロジェクトはとくに広く知られている (Gurney *et al.*, 2002)．このプロジェクトは**大気トレーサー輸送モデル相互比較計画** (Atmospheric Tracer Transport Model Intercomparison Project; TransCom) と名付けられており，CO_2 の逆解析はフェーズ 3 で実施されたので TransCom 3 とよばれる．なお，TransCom という枠組みは今日でも維持されており，さまざまな大気成分に関するモデル相互比較を行っている．

　TransCom 3 においては，図 4.38 のように，世界を 22 の領域 (陸を 11，海洋を 11) に分割し，図中に黒丸で示した観測地点で 1992〜96 年に得られた 76 組の月平均 CO_2 濃度データセットを解析することによって各領域の CO_2 フラックスを求めている．また，23 地点での CO_2 濃度データを用いて 1980〜2000 年

4.3 人為起源の二酸化炭素の収支

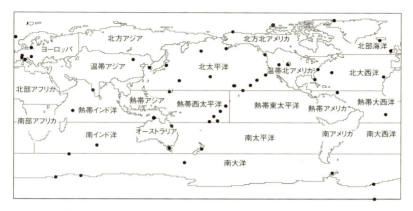

図 4.38 TransCom 3 の逆解析において採用された領域分割（実線が境界）と CO_2 濃度の観測点（●）

の CO_2 フラックスも推定している。逆解析によるフラックス推定の概要は以下のとおりである。

ある地点での CO_2 濃度は，その周辺だけでなく，他の地域における CO_2 フラックスおよびそこからの輸送によって決まっている。このことを考慮して TransCom 3 では，観測された CO_2 濃度はさまざまな領域からの寄与を線形結合したものであると仮定して，**ベイズ統計**（Bayesian statistics）の理論に基づいて観測濃度から各領域における最適なフラックスとその不確かさを求めている（Enting, 2002; Baker et al., 2006）。観測される濃度データ行列を y，各領域におけるフラックス行列を x とし，各領域における単位量の CO_2 フラックスが観測濃度に及ぼす影響（大気輸送モデルを用いて計算される）を大気輸送行列 $A = (a_{ij})$ で表すと

$$\begin{pmatrix} y_1 \\ \vdots \\ y_m \end{pmatrix} = \begin{pmatrix} a_{11} & \cdots & a_{1n} \\ \vdots & \vdots & \vdots \\ a_{m1} & \cdots & a_{mn} \end{pmatrix} \begin{pmatrix} x_1 \\ \vdots \\ x_n \end{pmatrix} \tag{4.50}$$

と書くことができる。ここで，m は解析に利用する観測濃度データセットの数，n は逆解析を行う際の分割領域の数である。しかし，実際にこの式に従って CO_2 濃度の観測値との差を最少化するフラックスを求めると，観測値に不確かさが

第 4 章　二酸化炭素の変動と循環

ある，大気輸送モデルが完全ではないといったことを反映して，得られた結果は非現実的なものとなる．そこで，観測された結果とフラックスに関する先行研究の知見を活かし，

$$J(\boldsymbol{x}) = (\boldsymbol{x} - \boldsymbol{x}_\mathrm{a})^\mathrm{T} \boldsymbol{B}^{-1} (\boldsymbol{x} - \boldsymbol{x}_\mathrm{a}) + (\boldsymbol{A}\boldsymbol{x} - \boldsymbol{y})^\mathrm{T} \boldsymbol{R}^{-1} (\boldsymbol{A}\boldsymbol{x} - \boldsymbol{y}) \tag{4.51}$$

で定義される評価関数（$J(\boldsymbol{x})$）を最小にする

$$\boldsymbol{x} = \boldsymbol{x}_\mathrm{a} + (\boldsymbol{A}^\mathrm{T} \boldsymbol{R}^{-1} \boldsymbol{A} + \boldsymbol{B}^{-1})^{-1} \boldsymbol{A}^\mathrm{T} \boldsymbol{R}^{-1} (\boldsymbol{y} - \boldsymbol{A}\boldsymbol{x}_\mathrm{a}) \tag{4.52}$$

を各領域における最適な CO_2 フラックスとして求めている．ここで，$\boldsymbol{B}$ はあらかじめ初期値としてモデルに与えるフラックスの不確かさ（GtC/yr），$\boldsymbol{R}$ は観測された濃度の不確かさ（ppm），$\boldsymbol{x}_\mathrm{a}$ はあらかじめ与えるフラックスの値，上付き文字 T と -1 はそれぞれ転置行列と逆行列を表す．なお，$\boldsymbol{y}$ と $\boldsymbol{x}$ は空間のみならず時間方向の情報ももっているので，(4.52) 式を解くことにより各領域の CO_2 フラックスの時間変動も推定できる．すなわち，TransCom 3 で採用された逆解析は，先行研究による CO_2 フラックスの知見を踏まえ，それから大きく外れることなく，観測された CO_2 濃度を全体としてよく再現する地表面フラックスを求めるものである．先験的なフラックスの値としては，化石燃料燃焼およびセメント製造からの CO_2 放出に加え（Andres et al., 1996），CASA（Carnegie-Ames-Stanford Approach）と名付けられた全球陸上生態系モデルで計算された陸上生物圏フラックス（Randerson et al., 1997），大気–海洋間の CO_2 分圧差測定から推定された海洋フラックス（Takahashi et al., 1999）を与えている．

このようにして 1992〜96 年における全球 22 領域の CO_2 フラックスが求められたが，ここでは単純化のために，得られたフラックスを北半球陸域（北方北アメリカ，温帯北アメリカ，温帯アジア，北方アジア，ヨーロッパ），熱帯陸域（熱帯アメリカ，北部アフリカ，熱帯アジア），南半球陸域（南アメリカ，南部アフリカ，オーストラリア）および北半球海洋（北太平洋，北部海洋，北大西洋），熱帯海洋（熱帯西太平洋，熱帯東太平洋，熱帯大西洋，熱帯インド洋），南半球海洋（南大洋，南大西洋，南太平洋，南インド洋）に集約して図 4.39 に示す．なお，ここで示したフラックスは化石燃料燃焼による CO_2 放出を引いたものであり，また陸上生物圏については正味のフラックスとなっている．図に

4.3 人為起源の二酸化炭素の収支

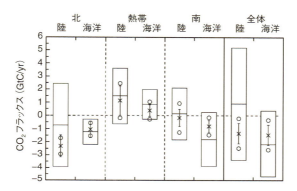

図 4.39 TransCom 3 によって推定された各地域および全球における 1992～96 年の平均的 CO_2 フラックス
箱は先験的に与えたフラックス（中心）とその誤差（上下），×は 16 の大気輸送モデルによって推定されたフラックスの平均値（縦棒は標準偏差），○は各モデルによる推定フラックスの不確かさの平均値を表す．(Gurney *et al.*, 2002)

○で示された不確かさは**モデル内不確かさ**（within-model uncertainty）とよばれ，解析に用いる CO_2 濃度のデータセット数に左右され，×の縦棒は**モデル間不確かさ**（between-model uncertainty）とよばれ，大気輸送モデルの性能に依存する．図 4.39 からわかるように，推定されたフラックスは先験的に与えた値とは異なっており，とくに北半球陸域と南半球海洋に大きな違いが見られ，結果として全球の陸域と海洋のフラックスが変化している．また，モデル内不確かさは先験的に与えた値より小さくなっており，観測値による拘束が効果的であることを示している．しかし，濃度の観測データが少ない熱帯陸域や南半球陸域の不確かさは依然として大きい．

陸域のフラックスを見てみると，熱帯では放出，北半球では吸収，南半球では中立となっている．このことは，南アメリカや東南アジア，アフリカなどでの森林破壊といった土地利用改変により大量の CO_2 が放出され，それを上回る量を北半球中高緯度の森林が吸収しているためであると解釈することができる．また，ファンらは，北アメリカの森林は強い CO_2 の吸収源であり，ユーラシアと北アフリカは弱い吸収源，熱帯と南半球は弱い放出源であるという結果を得ているが（Fan *et al.*, 1998），TransCom 3 の領域別フラックスによると，北半球の森林による吸収の地域的偏りはそれほど大きくなく，北アメリカ，ヨーロッパ，

第 4 章 二酸化炭素の変動と循環

アジアにおいておおむね同量の CO_2 が吸収されている．なお，TransCom 3 の結果は，熱帯陸域からの強い CO_2 放出とそれを上回る北半球中高緯度の陸域による吸収を示しているが，ブリットン・スティーブンス（Britton B. Stephens）らは TransCom 3 における 12 のモデルの結果を検討し，熱帯からの放出が弱い可能性を指摘している（Stephens et al., 2007b）．すなわち，彼らは，航空機を用いて北半球の 10 地点で観測された CO_2 濃度の鉛直分布を再現する大気輸送モデルのみを選び出し，それらのモデルによる結果をもとに熱帯域からの放出が 0.1 GtC/yr（すべてのモデルを使うと 1.8 GtC/yr），北半球中高緯度の吸収が 1.5 GtC/yr（すべてのモデルを使うと 2.4 GtC/yr）となることを示している．このことは，熱帯域の手つかずの森林あるいは再生した森林による CO_2 吸収が土地利用改変による放出を相殺しており，それに伴って北半球中高緯度の吸収も小さくなっている，あるいは多くの大気輸送モデルの輸送場（とくに大規模な積雲群に伴う鉛直輸送）が現実をうまく表現していないということを示唆している．ちなみに，森林や土壌の炭素蓄積量データやブックキーピング法によって推定された土地利用改変からの CO_2 放出量をもとに，ユド・パン（Yude Pan）らも，2000～07 年における北半球の高緯度と中緯度の森林による CO_2 吸収量はそれぞれ 0.5±0.1 GtC/yr と 0.8±0.1 GtC/yr であるが，熱帯域においては土地利用改変による CO_2 放出は手つかずの森林による吸収によって打ち消されており，森林からの正味の放出はほぼゼロであると推定している（Pan et al., 2011）．スティーブンスらの指摘が正しいとすると，従来の陸域炭素循環の理解を見直さなければならないことになり，今後さらに大気輸送モデルの高度化や観測データの充実を図り，信頼性の高い逆解析を行って確認する必要がある．

一方，海洋について見てみると，CO_2 を豊富に含む深層水の湧昇がある熱帯域では放出，南北両半球で吸収となっている．とくに放出が多い海域は熱帯東太平洋，吸収が多い海域は北部海洋，北大西洋，北太平洋，南大洋，南インド洋と推定されている．この解析から推定された海域別の CO_2 吸収は，大気–海洋間の CO_2 分圧差測定から求められたものとおおむね一致しているが，南大洋での吸収（0.46 GtC/yr）が分圧差測定の結果（0.88 GtC/yr）の半分であったため，世界的に大きな関心を集めた．この違いは，分圧差データからフラックスを計算する手順を見直すことによって解決されたが，その後，分圧差測定データの解析や CO_2 濃度の逆解析，全球海洋生物地球化学モデルによる解析な

4.3 人為起源の二酸化炭素の収支

どがさらに行われ（Le Quéré et al., 2007; Takahashi et al., 2009），南大洋における CO_2 吸収が従来の評価よりさらに小さく $0.05〜0.2\,GtC/$年である可能性が指摘され，新たな話題となっている．南大洋の CO_2 吸収が小さくなった理由は，海洋生物の呼吸や分解が活発になる冬季の CO_2 分圧差データが充実してきたことや，オゾン層破壊や温暖化に伴って南極周辺の風（**南半球環状モード**（Southern Annual Mode））が強まり，それによって南大洋の鉛直循環が強められ，溶存無機炭素濃度が高い深層の海水が湧昇しているためと考えられている．しかし，CO_2 吸収の量的評価や低下に関するメカニズムについて十分な理解が得られているわけではないので，さらに多方面からの検討が必要である．

TransCom 3 の結果は，表 4.5 にまとめた（Gurney et al.（2002; 2004）をもとに作成）ように，全球平均した 1992〜96 年の海洋と陸域の吸収量がいずれも $1.3\,GtC/yr$ であることを示している．また，23 地点の CO_2 濃度データを用いた結果によると，海洋の吸収量は 1980 年代に $0.8\,GtC/yr$，1990 年代に $1.4\,GtC/yr$，全期間で $1.1\,GtC/yr$ であり，相当する陸域の吸収量は $1.5\,GtC/yr$，$1.7\,GtC/yr$，$1.6\,GtC/yr$ となっている．これらの吸収量を次節で述べる結果や O_2 濃度の解析結果と比べると，海洋の吸収が小さく，陸域の吸収が大きい．この原因のひとつは，逆解析は対象とする期間における海面および陸面を横切る正味フラックスを求めるものであるので，得られたフラックスには河川を通した自然循環の CO_2 フラックスも含まれていることにある．高橋太郎らはこのフラックスを $0.4\,GtC/yr$ と見積もっており（4.3.2 **B** 項），また IPCC 第 5 次評価報告書は $0.7\,GtC/yr$ と推定しており（4.1.1 項），これらの値を採用して補正すると，1992〜96 年の海洋と陸域の全球平均吸収はそれぞれ $1.7〜2.0\,GtC/yr$ と

表 4.5 TransCom 3 によって推定されたそれぞれの期間における海洋と陸域の CO_2 吸収量

期間（年）	海洋吸収（GtC/yr）	陸域吸収（GtC/yr）
1992〜96	1.3 (1.7〜2.0)	1.3 (0.9〜0.6)
1980〜89	0.8 (1.2〜1.5)	1.5 (1.1〜0.8)
1990〜99	1.4 (1.8〜2.1)	1.7 (1.3〜1.0)
1980〜99	1.1 (1.5〜1.8)	1.6 (1.2〜0.9)

括弧内の数値は河川を通した自然 CO_2 フラックスを補正した値．
（Gurney et al.（2002; 2004）をもとに作成）

第 4 章　二酸化炭素の変動と循環

0.9〜0.6 GtC/yr となり，1980 年代と 1990 年代および全期間における海洋の吸収は 1.2〜1.5 GtC/yr，1.8〜2.1 GtC/yr，1.5〜1.8 GtC/yr，陸域の吸収は 1.1〜0.8 GtC/yr，1.3〜1.0 GtC/yr，1.2〜0.9 GtC/yr となる．

なお，TransCom 3 では，鉛直輸送を適切に表現していない大気輸送モデルを解析に用いた場合に遭遇する典型的な問題である，季節に応じて変化する陸上生物圏の活動と地表付近の大気の鉛直混合の相互作用に起因する**整流効果**（rectifier effect）（Denning $et\ al.$, 1999）によって生み出される擬似的な陸域のフラックスについても検討している．整流効果の概念を図 4.40 に示す．陸上生物圏は夏季に光合成によって CO_2 を固定するので大気の CO_2 濃度を低下させ，冬季には呼吸と分解によって CO_2 を放出し大気の濃度を上昇させる．一方，夏季には強い日射によって地表が加熱され，強い対流によって大気の鉛直混合が活発に起こり，冬季には地表温度が低下するので地表付近の大気は安定成層を形成する．したがって，夏季には地表付近の大気の CO_2 濃度は上空の高濃度の大気との混合によって上昇し，鉛直混合が抑制される冬季には，呼吸および分解に起因する CO_2 が地表付近に蓄積されるために濃度が上昇する．このようなプロセスによって，陸上生物圏の CO_2 フラックスが年間を通して正味でゼロであっても，地表付近の大気の年平均 CO_2 濃度は高い値をとる．もしこのような季節に依存した地表付近の大気の鉛直輸送を適切に再現できないモデルを逆解析に用いると，観測された CO_2 濃度に合わせるために，陸域の吸収を過大評価したり過小評価したりする．TransCom 3 の結果は，この効果はとくにユーラシア大

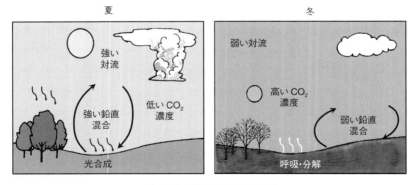

図 4.40　整流効果の概念図

陸で強く見られ，その補償のために他の領域のフラックスも影響を受けることを示している．なお，ここでは夏季と冬季を例にとって説明したが，日中と夜間においても同様なことが起こるので，陸域における日変動といった短周期変動を取り扱う際にも整流効果については注意しなければならない．

このように大気輸送モデルによる逆解析が人為起源 CO_2 の収支の推定にとって有効な手法であることが明らかとなったため，TransCom 3 の終了後も TransCom プロジェクトの枠組みは維持されており，また多くの研究者が逆解析の設定に改良を加えながら活発に解析を行っている（たとえば Patra et al., 2005a; b; Baker et al., 2006; Peylin et al., 2013）．図 4.41 は，TransCom プロジェクトによって推定された全球，北半球（25°N 以北），熱帯（25°N～25°S），南半球（25°S 以南）に関する大気-海洋間と大気-陸上生物圏間の CO_2 フラックスの年々変動，および逆解析に用いた大気輸送モデルの数を示している（IPCC AR5, 2014）．年によってモデルの数が異なるので，全期間にわたって結果の信頼性が同じというわけではないが，CO_2 フラックスの年々変動の特徴を読み取ることができる．すなわち，全球に関する CO_2 フラックスの年々変動は大気-海洋間よりも大気-陸上生物圏間のほうがはるかに大きく，その陸域フラックスの変動にはとくに熱帯域が大きな役割を果たしており，それに北半球が続き，陸上植物の現存量が少ない南半球の寄与は小さい．一方，大気-海洋間の CO_2 フラックスの変動の領域による違いは，大気-陸上生物圏間のフラックスほど明瞭ではないが，熱帯域の変動が他の領域より多少大きい．これらの結果から，大気中の CO_2 濃度の年々変動はおもに大気-陸上生物圏間の CO_2 交換の不均衡によって生じており，とくに熱帯域の寄与が大きく，北半球がそれに続いているということになる．また，フラックス変動を時間方向に見てみると，全球の大気-陸上生物圏間のフラックスがエルニーニョ現象の発生とよく相関して変動しており，とくに熱帯域の寄与が大きいことが明らかである．このような相関は，4.2.2 項で述べたように，エルニーニョ現象が発生するとインドネシア付近は高温・乾燥化するので，陸上植物の呼吸や土壌有機物の分解が促進されるとともに干ばつや森林火災が起こり，陸上生物圏から大量の CO_2 が大気へ放出されるためと考えられる．エルニーニョ現象に関係した陸上生物圏からの CO_2 放出は，熱帯域ほど明瞭ではないが，北半球や南半球でも見られ，高温・乾燥化が関係していると考えられる．また，1991 年 6 月に発生したフィリピンのピナツボ火山の噴火

第4章 二酸化炭素の変動と循環

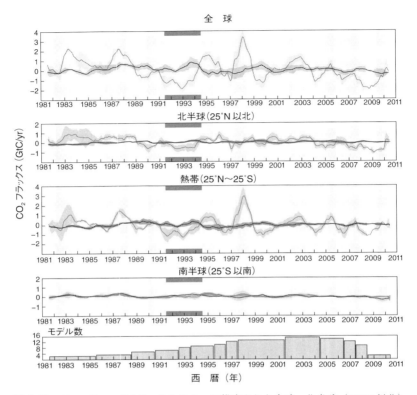

図 4.41 TransCom プロジェクトによって推定された全球,北半球（25°N 以北）,熱帯（25°N～25°S）,南半球（25°S 以南）別の大気–海洋間（太い実線と濃い影）および大気–陸上生物圏間（細い実線と薄い影）の CO_2 フラックスの年々変動

それぞれのフラックスの影はモデルによる推定値の標準偏差,薄い縦の影はエルニーニョ現象の発生期間,太い黒の横線はピナツボ火山噴火後の低温期を示している.最下段のボックスの縦軸は,逆解析に用いられた大気輸送モデルの数を表している.（IPCC AR5, 2014）

が大気–陸上生物圏間の CO_2 交換に大きな影響を与えており,陸上生物圏による CO_2 吸収がとくに熱帯域で強くなり,同様の吸収は北半球でも見られる.陸上生物圏による CO_2 吸収の強まりは,火山噴火に伴う低温化や降水・日射量の変化などによって,光合成による CO_2 固定量が呼吸や分解による CO_2 放出量を凌駕したためと考えられる.

図 4.42 は,**領域炭素循環評価計画**（Regional Carbon Cycle Assessment and

4.3 人為起源の二酸化炭素の収支

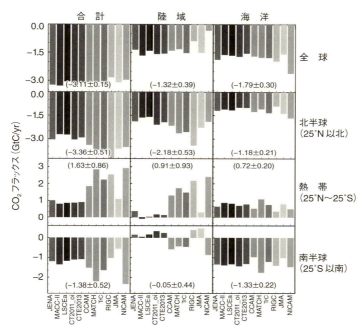

図 4.42 RECCAP プロジェクトに参加した 11 の大気輸送モデルによる逆解析から推定された 2001～04 年の全球, 北半球 (25°N 以北), 熱帯 (25°N～25°S), 南半球 (25°S 以南) における大気–海洋間, 大気–陸上生物圏間および両者を合計した CO_2 フラックス

化石燃料燃焼の寄与は差し引いてある. マイナスの値は大気から CO_2 を吸収, プラスの値は大気へ CO_2 を放出していることを意味している. (Peylin *et al.*, 2013)

Process; RECCAP) と名付けられた国際プロジェクトでまとめられた, 全球, 北半球 (25°N 以北), 熱帯 (25°N～25°S), 南半球 (25°S 以南) における大気–陸上生物圏間と大気–海洋間の CO_2 フラックスおよび両者の合計を示している (Peylin *et al.*, 2013). このプロジェクトには 11 の大気輸送モデルが参加して 100 以上の地上観測点から得られた CO_2 濃度データを解析しており, 図 4.42 には, すべてのモデルに共通した解析期間である 2001～04 年の平均 CO_2 フラックスがモデルごとに示してある. 陸域と海洋を合計した全球の CO_2 フラックスはモデルによる違いが小さく, すべてのモデルの結果を平均すると $-3.11\pm0.15\,\mathrm{GtC/yr}$ となる. 領域別に見てみると, 北半球では $-3.36\pm0.51\,\mathrm{GtC/yr}$, 熱帯では $+1.63\pm0.86\,\mathrm{GtC/yr}$,

第 4 章　二酸化炭素の変動と循環

南半球では $-1.38\pm0.52\,\mathrm{GtC/yr}$ となっており，赤道域は放出源であり，北半球と南半球は吸収源であることを示している．また，赤道域における CO_2 放出量はモデルによる違いが大きく，放出量が多いモデルは，収支をバランスさせるために南半球あるいは北半球の吸収を大きく評価している．CO_2 フラックスを陸域と海洋に分けて検討してみると，全球のフラックスは陸域より海洋がわずかに大きく，それぞれのモデル平均値は $-1.32\pm0.39\,\mathrm{GtC/yr}$ と $-1.79\pm0.30\,\mathrm{GtC/yr}$ となっている．北半球では海洋による吸収（$-1.18\pm0.21\,\mathrm{GtC/yr}$）よりも陸域の吸収（$-2.18\pm0.53\,\mathrm{GtC/yr}$）が大きく，モデル間の違いは陸域のフラックスのほうが大きくなっている．北半球の陸域での吸収はおもにユーラシア大陸で起こっており（北方アジアで $-0.65\pm0.32\,\mathrm{GtC/yr}$，温帯アジアで $-0.43\pm0.51\,\mathrm{GtC/yr}$），北アメリカやヨーロッパも化石燃料燃焼による CO_2 放出を上回る量の CO_2 を吸収している．熱帯と南半球を見てみると，海洋のフラックスはモデルによる違いが小さく，熱帯で $0.72\pm0.20\,\mathrm{GtC/yr}$，南半球で $-1.33\pm0.22\,\mathrm{GtC/yr}$ である．一方，陸域のフラックスはモデル間の違いが著しい．すなわち，熱帯域で多くの CO_2 放出を許すモデルは南半球での吸収が強く，熱帯域での CO_2 放出が少ないモデルは南半球においても CO_2 を放出する傾向にある．このような結果は，熱帯域では大気中の CO_2 濃度の系統的観測が非常に限られていることに加え，地表での CO_2 放出と吸収の情報が水平方向に伝わらないうちに強い積雲対流によって上空に運ばれるため，逆解析を適用した際に拘束が十分に効いていないことによるものと考えられる．

なお，このプロジェクトから得られた 1990～2010 年の結果も，CO_2 フラックスの年々変動は大気–海洋間より大気–陸上生物圏間のほうがはるかに大きく，熱帯域の陸上生物圏がその変動をほぼ支配していることや，大気–陸上生物圏間の CO_2 フラックスがエルニーニョ現象や火山噴火の発生と呼応して変動していることを示している．また，ほとんどのモデルは，北半球の陸上生物圏による CO_2 吸収が 1990 年代末から 2008 年にかけて $0.1\,\mathrm{GtC/yr}$ の割合で増加しており，この吸収の増大には北方アジアが大きく寄与していることを示唆している．

以上で述べたように，全球 3 次元大気輸送モデルによる大気中の CO_2 濃度の逆解析は，全球のみならず，領域別の CO_2 フラックスおよびその時間変動を推定できるという優れた特徴を有しており，とくに TransCom 3 以降に多くの研究者によって試みられ，地球表層における炭素循環の理解向上に有益な知見を

提供してきた．一方，逆解析によって得られるフラックスには河川を介した自然炭素循環や森林火災，森林伐採などの効果も含まれるために，人為起源 CO_2 あるいは化石燃料起源 CO_2 の収支を推定する際には何らかの方法でそれらの効果を補正する必要がある．また，統計データを利用して推定し公開されている化石燃料起源 CO_2 の放出データには消費の季節性が考慮されていないので，逆解析によって求められた CO_2 フラックスから化石燃料の寄与を差し引くと，化石燃料消費が多い領域では季節性の影響が残ることがあるので注意が必要である．さらに，逆解析によって推定される CO_2 フラックスは，使用する大気輸送モデルの特性，解析に用いる CO_2 濃度のデータセットおよび濃度の不確かさ，領域の分割，先験的に与える CO_2 フラックスとその不確かさなどによって変わるので，高度なモデル，密な観測網からの CO_2 濃度データ，より現実に近い先験的フラックスを用いることが肝要である．

4.3.6 IPCC 第 5 次評価報告書による全球 CO_2 収支

IPCC は 1990 年より今日までに 5 回の評価報告書を公表しており，それぞれの公表時において最新と考えられる炭素循環の知見をまとめている．ここでは 2013 年に公表された IPCC 第 5 次評価報告書に記載された人為起源 CO_2 の全球収支について紹介する（IPCC AR5, 2014）．なお，この評価報告書で述べられている CO_2 収支は，おもにコリン・ルケェレ（Corinne Le Quéré）らが出版した論文にもとづいている（Le Quéré et al., 2013; 2014）．図 4.43 は，1959〜2011 年の期間について推定された人為起源 CO_2 の収支を示している（Le Quéré et al., 2013）．ここで対象とする期間が 1959 年以降となっている理由は，マウナロアや南極点での CO_2 濃度の系統的観測が本格化し，濃度の経年増加がよく把握されているためである．化石燃料燃焼およびセメント製造からの CO_2 放出量は統計データをもとに推定され，土地利用改変による CO_2 放出量の推定はおもにブックキーピング法を用いて行われ，大気残留量についてはスクリップス海洋研究所と NOAA/ESRL/GMD による CO_2 濃度観測の結果から計算されている．海洋による CO_2 吸収量は 5 つの異なった全球海洋生物地球化学モデルを利用して評価されている．すなわち，まず各モデルが計算する 1990 年代の平均的な CO_2 吸収量を IPCC 第 4 次評価報告書（IPCC AR4, 2007）によって採用された吸収量（2.2 GtC/yr）になるように調整し，次にすべてのモデルの計

第4章　二酸化炭素の変動と循環

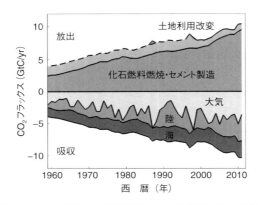

図 4.43　1959～2011 年について推定された人為起源 CO_2 の全球平均収支
(Le Quéré *et al.*, 2013)

算結果を全期間にわたって平均し，海洋による CO_2 吸収量の時間変化としている．また，陸上生物圏による CO_2 吸収量は，単純に人為起源 CO_2 の放出量から大気残留量と海洋の吸収量を差し引いて求められている．したがって，陸上生物圏による正味の CO_2 吸収量は，引き算によって求められた総吸収量から土地利用改変による放出量を引いたものということになる．

　図 4.43 の結果を見てみると，次のような特徴に気づく．化石燃料燃焼およびセメント製造からの CO_2 放出は，オイルショック，米国レーガン政権時の経済不況，旧ソビエト連邦の崩壊，アジアの経済不況などを反映して 1980 年から 2000 年ころまでは伸びが鈍化しているが，全体としては時間の経過とともに増加している．2000 年以降に見られる放出の急増は，おもに中国やインドなどにおける経済成長に伴うものであり，結果として 2011 年における世界の総放出量は $9.5\pm0.5\,\mathrm{GtC}$ となっている．土地利用改変による放出は 1990 年代まではおよそ $1.5\,\mathrm{GtC/yr}$ であったが，1990 年代末ころより減少し，2011 年には $0.9\pm0.5\,\mathrm{GtC/yr}$ となっていると推定されている．大気残留量は，大きな年々変動を伴って時間の経過とともに増加している．観測された年々変動は人為起源 CO_2 の放出量の変動から期待されるよりもはるかに大きく，4.2.2 項で述べたように，エルニーニョ現象や火山噴火と関係した大気–陸上生物圏の CO_2 交換の不均衡が重要な役割を果たしている．とくに 1990 年代前半に大気残留が小

さくなっているが，1991年6月に噴火したフィリピンのピナツボ火山の影響を受けて陸上生物圏の吸収が強まったためである．また，化石燃料起源のCO_2放出が急激に増大した2000年代に大気残留がほぼ一定であることも見られるが，そのおもな原因は，陸上生物圏の吸収がこの間に経年増加したことにある．なお，陸上生物圏の吸収は1980年代まではおおむね一定であったが，1990年代に1 GtC/yrほど増加し，その後も高い値を維持している．海洋による吸収は，陸上生物圏と比べるとずっと小さな年々変動しか示さないが，大気へのCO_2放出の増大に呼応して時間とともに着実に強まっている．

このようなCO_2収支の時間変化を量的にさらに詳しく検討するために，1960年代から2000年代の各年代と2002〜11年の平均的なCO_2収支を表4.6にまとめる（IPCC AR5, 2014）．この表からわかるように，1960年代には化石燃料燃焼およびセメント製造と土地利用改変によってそれぞれ3.1±0.2 GtC/yrと1.5±0.5 GtC/yrのCO_2が放出され，海洋によって1.2±0.5 GtC/yrが，陸上生物圏によって1.7±0.7 GtC/yrが吸収され，結果として大気に1.7±0.1 GtC/yrが残留している．2000年代のそれぞれに相当する値は，7.8±0.6 GtC/yr, 1.1±0.8 GtC/yr, 2.3±0.7 GtC/yr, 2.6±1.2 GtC/yr, 4.0±0.2 GtC/yrとなっており，1960年代と比べると，とくに化石燃料燃焼およびセメント製造からのCO_2放出量が2倍以上に増え，それに呼応して大気残留量と海洋吸収量が大幅な増加となっている．また，陸上生物圏の吸収量は1980年代までは1.5〜

表4.6 1960年代から2000年代の各年代と2002〜11年の平均的な人為起源CO_2の収支

西暦（年）	平均値（GtC/yr）					
	1960〜69	1970〜79	1980〜89	1990〜99	2000〜09	2002〜11
放 出						
化石燃料燃焼・セメント製造	3.1±0.2	4.7±0.2	5.5±0.4	6.4±0.5	7.8±0.6	8.3±0.7
土地利用改変	1.5±0.5	1.3±0.5	1.4±0.8	1.5±0.8	1.1±0.8	0.9±0.8
配 分						
大気残留	1.7±0.1	2.8±0.1	3.4±0.2	3.1±0.2	4.0±0.2	4.3±0.2
海洋吸収	1.2±0.5	1.5±0.5	2.0±0.7	2.2±0.7	2.3±0.7	2.4±0.7
陸上生物圏吸収	1.7±0.7	1.7±0.8	1.5±1.1	2.6±1.2	2.6±1.2	2.5±1.3

（IPCC AR5, 2014）

第 4 章 二酸化炭素の変動と循環

1.7 GtC/yr とほぼ一定であるが，1990 年以降は 2.5〜2.6 GtC/yr に強まり，逆に土地利用改変による CO_2 放出量は 1990 年代までは 1.3〜1.5 GtC/yr で推移し，2000 年代以降に 1.1 GtC/yr へ減少している．結果として，陸上生物圏の正味の CO_2 吸収量は，1960 年代に 0.2 GtC/yr，1970 年代に 0.4 GtC/yr，1980 年代に 0.1 GtC/yr，1990 年代に 1.1 GtC/yr，2000 年代に 1.5 GtC/yr，2002〜11 年に 1.6 GtC/yr となっており，1990 年代に急に大きくなり，その後も高い値を保っている．すなわち，近年の陸上生物圏は，赤道域における森林破壊によって大気に CO_2 を放出しているが，それを上回る量の CO_2 をどこかで吸収しており，全体としては化石燃料起源 CO_2 の吸収源としてはたらいていることになる．

　上で述べたように，ルケェレらの研究においては，陸上生物圏による CO_2 吸収量は単に総放出量から大気残留量と海洋吸収量を差し引いた残余として求められているので，吸収のメカニズムや地理的分布などについては何の情報も与えていない．CO_2 を吸収している領域については，前節で述べた大気輸送モデルを用いた逆解析の結果などから，北半球中高緯度と考えられている．また，陸上生物圏による CO_2 吸収のメカニズムとしては，4.3.1❸ 項で述べた CO_2 施肥効果，気候効果，森林再成長効果，窒素施肥効果，森林管理効果といったことが考えられている．しかし，それぞれに関する CO_2 吸収量は全球生態系モデルなどを用いて評価されているが，得られた値には大きな不確かさがあり，定量的に信頼できる結果を求めることが今日の大きな課題である．

　IPCC 第 5 次評価報告書およびルケェレらは，1959 年以前の人為起源 CO_2 の全球収支についても報告している．図 4.44 に，ルケェレらが 1870 年から今日までの期間について推定した結果を示す（Le Quéré et al., 2014）．化石燃料燃焼およびセメント製造による CO_2 放出量は統計から，土地利用改変による CO_2 放出量はブックキーピング法から，大気残留量は 1959 年以前については氷床コアの分析（第 6 章を参照）から，それ以降については図 4.43 と同じように大気の直接観測から求められている．海洋による CO_2 吸収量は，1959 年以前については，海洋内部のある場所におけるある時間での人為起源炭素は，さまざまな位置の表層海洋から年齢の異なった水塊が輸送されてくることによって決まると仮定し，海洋中の各種のトレーサーの観測値によって最適化した関数でその輸送を表現して推定されており，1959 年以降については図 4.43 と同

4.3 人為起源の二酸化炭素の収支

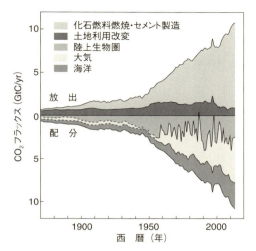

図 4.44 1870〜2011 年について推定された人為起源 CO_2 の全球平均収支
(Le Quéré et al., 2014)

じ結果が採用されている．陸上生物圏による CO_2 吸収量は，総放出量から大気残留量と海洋による吸収量を引いた残差として得られている．

図 4.44 を見てみると，化石燃料燃焼およびセメント製造による CO_2 放出は 19 世紀末まではわずかであり，その後徐々に増加し，1950 年ころを境に急増していることがわかる．また，土地利用改変による CO_2 放出は，1870 年から 1950 年ころにかけて 0.5 GtC/yr から 0.8 GtC/yr へとわずかに増えた後，1.5 GtC/yr まで大幅に増加し，1990 年代の終わりころから減少が始まり，現在の 1.0 GtC/yr あるいはそれ以下となっている．したがって，19 世紀にはおもに土地利用改変によって CO_2 が放出され，1950 年以降になると化石燃料燃焼およびセメント製造が CO_2 放出の主役であり，その間の 50 年は両者の放出量が拮抗していたということになる．一方，大気に放出された CO_2 は，大気に残留すると同時に，海洋と陸上生物圏によって吸収されており，このような配分は全期間にわたって見られる．また，大気残留および海洋と陸上生物圏による吸収が，とくに人為起源 CO_2 の放出が増大した 20 世紀半ば以降に強まっていることもわかる．

なお，IPCC 第 5 次評価報告書には 1750 年からの結果が示されているが，1750

143

第 4 章　二酸化炭素の変動と循環

年から 100 年間の土地利用改変による CO_2 放出量を 4 つの生態系モデルを用いて求めていることを除くと，推定手法は上と同じである．IPCC の結果によると，1870 年以前における人為起源 CO_2 の放出のほぼすべては土地利用改変によるものであり，1750 年に約 0.2 GtC/yr であった放出量が 1870 年ころには 0.5 GtC/yr となっており，放出された CO_2 のうち，大気に残留したもの以外は海洋に吸収されたことになっている．

　ここでは IPCC 第 5 次評価報告書およびルケェレらの研究をもとにして産業革命以降の人為起源 CO_2 の全球収支について紹介したが，化石燃料燃焼およびセメント製造による CO_2 放出量が ±5%，大気残留量が ±0.2 GtC/yr という高い精度で推定されている以外は，各要素の不確かさは大きいので注意が必要である．たとえば，ブックキーピング法による CO_2 放出量は ±30%，海洋による CO_2 吸収量は 1959 年以前については ±30%，それ以後については ±0.5 GtC/yr の不確かさがあると推定されている．したがって，陸上生物圏による CO_2 吸収量の不確かさは 1959 年以前については ±50%，それ以後については ±0.8 GtC/yr となる．また，炭素循環の解明が十分に進んでいないため，土地利用改変による CO_2 放出量や海洋による CO_2 吸収量の推定に別の手法を採用すると結果が変わってしまうということも起こるので，注意しなければならない．

　IPCC 第 5 次評価報告書では，図 4.45 のように，いくつかの手法を用いて推定された近年の領域別の大気-海洋間と大気-陸上生物圏間の CO_2 フラックスもまとめられている（IPCC AR5, 2014）．この図に示した大気-陸上生物圏間の CO_2 フラックスは，10 の大気輸送モデルによる CO_2 濃度の逆解析と 10 の陸上生態系モデルによる数値解析から，また大気-海洋間のフラックスは，10 の大気輸送モデルによる逆解析と 10 の海洋大循環モデルによる海洋炭素の逆解析，表層海洋の CO_2 分圧データの解析から推定されている．大気-海洋間の CO_2 フラックスに見られる大きな特徴は，海洋モデルと他の手法との結果には多少の違いがあるものの，全体としては異なる手法によって推定されたフラックスが領域によらず方向も量もおおむね一致してことである．また，南北両半球の中緯度から高緯度にかけての海洋は CO_2 を吸収しており，深層海水の湧昇が弱い西太平洋を除くと，熱帯域の海洋は CO_2 を大気に放出していることを示している．一方，大気-陸上生物圏間の CO_2 フラックスについては，大気輸送モデルと陸上生態系モデルよる結果に大きな違いが見られる．とくに熱帯アメリカや

4.3 人為起源の二酸化炭素の収支

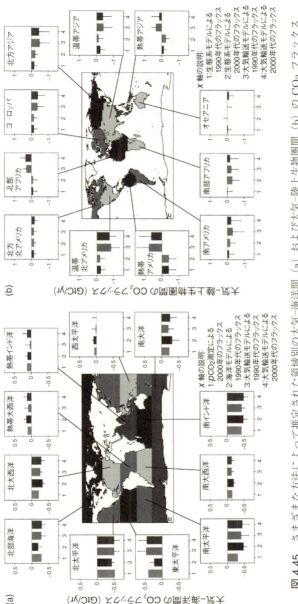

図 4.45 さまざまな方法によって推定された領域別の大気-海洋間 (a) および大気-陸上生物圏間 (b) の CO_2 フラックス (IPCC AR5, 2014)

第 4 章　二酸化炭素の変動と循環

北部アフリカ，熱帯アジアといった低緯度については，大気輸送モデルは CO_2 の放出源であることを，生態系モデルは吸収源であることを示しており，矛盾した結果となっている．さらに，温帯北アメリカ，ヨーロッパ，北方アジア，温帯アジアなどについては，生態系モデルと大気輸送モデルはいずれも吸収源と推定しているが，前者によるフラックスの推定値は後者の半分あるいはそれ以下となっており，量的な違いが大きい．これらの結果は，不均質な陸域の炭素循環が十分に理解されていないことによるものであり，今後さらに研究を展開し解明を進める必要がある．

第5章 メタンおよび一酸化二窒素の変動と循環

　CH_4 と N_2O も CO_2 と同様に，人間が活発に活動する前から大気に存在しており，自然の作用によって発生と消滅を繰り返していた．何らかの理由によりこの過程に不均衡が生ずると，大気中の濃度は変動することになる．その典型的な例として，発生と消滅の季節性を反映した季節変動と，エルニーニョ現象や火山噴火などに伴う気候・環境変化によってひき起こされる年々変動を挙げることができる．このような短期的な変動に加え，おもに食糧の生産やエネルギーの獲得といった人間活動により，大気中の CH_4 と N_2O はこの数百年にわたって経年的に増加してきた．本章では，それぞれの気体の発生・消滅過程，大気中で観測される代表的な濃度変動，近年における収支について最新の知見を交えてまとめることにする．なお，氷期-間氷期サイクルという大規模な気候および環境の変化が起こると，大気中の CH_4 と N_2O の濃度も大きく変動することが知られているが，この変動については第6章で詳しく述べる．

5.1　CH_4 の変動と循環

　CH_4 は大気中での寿命が約9年と比較的短く，その大気中濃度も CO_2 と比べると 1/200 程度である．しかし，第2章で述べたように，CO_2 や O_3 の影響が少ない波長域の地球放射を効率良く吸収するため，CH_4 は温室効果への寄与が大きく，CO_2 について重要な人為起源の温室効果気体である．実際，期間を20年と100年としたときの地球温暖化指数（GWP）はそれぞれ84と28と評

第 5 章　メタンおよび一酸化二窒素の変動と循環

価されており（表 2.2），また 1750 年から 2011 年までの濃度増加による放射強制力も CO_2 の 26% に及んでいる（IPCC AR5, 2014）．一方で，CH_4 は大気化学においても重要な気体である．CH_4 のおもな消滅源は大気中の OH との反応であるが，OH は大気中の一酸化炭素（CO），炭化水素（HC），NO_x，硫黄酸化物（SO_x）などにとっても重要な消滅源であるために，CH_4 濃度の増加は OH の消費を通してそれらの反応性気体の寿命に影響する（逆のことも起こる）．また，成層圏において CH_4 が OH と反応して消滅する際，生成物として H_2O を生ずる．対流圏の空気塊が低温（$-60 \sim -80°C$）の対流圏界面を通過して成層圏に輸送される際にほとんどの H_2O は除去されるので，CH_4 は成層圏における H_2O の重要な供給源としてはたらく．さらに，対流圏において NO_x が存在する環境下では CH_4 の酸化によって O_3 が生成される．なお，CH_4 と OH との反応によって最終的に CO_2 が生成されるが，この CO_2 と対流圏において生成される O_3，成層圏で生ずる H_2O は正の放射強制力としてはたらき，CH_4 の間接的な気候効果として知られている（IPCC AR5, 2014）．

5.1.1　CH_4 の発生と消滅

CH_4 は，嫌気的環境下における微生物（**メタン細菌**（methanogen））活動や**バイオマス燃焼**（biomass burning），**地殻**（crust）からの漏出，化石燃料の生産などによって大気に放出され，対流圏での OH との反応，**土壌吸収**（soil sink；通気土壌中でのメタン細菌による酸化），成層圏での OH や Cl，$O(^1D)$ などとの反応によって消滅する．

メタン細菌による CH_4 生成には 2 つの経路があることが知られている（Conrad, 1996）．ひとつは，(5.1) 式のように酢酸（CH_3COOH）のメチル基（CH_3）が CH_4 に転移（**メチル基転移反応**（transmethylation reaction））するものであり，酢酸型 CH_4 とよばれている．

$$CH_3COOH \longrightarrow CH_4 + CO_2 \tag{5.1}$$

もうひとつは，(5.2) 式のように CO_2 が H_2 やギ酸（HCOOH）などの水素供与体（$4H_2A$）によって CH_4 に還元（**二酸化炭素還元反応**（CO_2 reduction reaction））されるものであり，炭酸型 CH_4 とよばれている．

$$CO_2 + 4H_2A \longrightarrow CH_4 + 2H_2O + 4A \tag{5.2}$$

5.1 CH$_4$ の変動と循環

これらの経路による CH$_4$ 生成がどのような割合となっているかは，発生源におけるメタン細菌の群集構成や生物的機能に依存する．また，メタン細菌の活動は温度に依存するので，多くの微生物起源 CH$_4$ の放出は暖候期に強まり，寒候期に弱まる．メタン細菌による CH$_4$ の発生源としては，野生の**反芻動物**（ruminant），**湿地**（wetland）・**湖沼**（lake and marsh），海洋，**シロアリ**（termite）など自然界に存在するものと，**水田**（rice field）や廃棄物の**埋立て**（landfill），ウシやヒツジといった家畜として飼育されている反芻動物，**農業廃棄物**（agricultural waste）など人間活動に関連するものに分けられる．とくに 18 世紀以降の著しい人口増加や人間活動の活発化によって水田面積の拡大や家畜頭数の増加，廃棄物の増大が起こり，人為的な CH$_4$ 放出は時間の経過とともに著しく強まっていることが知られている．

CH$_4$ は有機物の熱的な分解過程によっても生成され，陸上ではバイオマス燃焼がこれに該当する．この過程による CH$_4$ 放出も自然的要因と人為的要因に分けることができ，前者は雷などが原因となって発生する森林火災や野火であり，後者としては焼き畑や土地利用改変に伴う火災，薪燃料の燃焼を挙げることができる．さらに，地殻の内部では無機炭素化合物から化学反応によって（代表的には $CO_2 + 4H_2 \rightarrow CH_4 + 2H_2O$ と表される），また堆積した有機物が地下の熱源により熱分解あるいは微生物により分解されることによって CH$_4$ が生成され，それぞれ非生物起源，熱分解起源，微生物分解起源の CH$_4$ とよばれている．発生した CH$_4$ は地殻から自然に漏洩するとともに，化石燃料を採掘する際や天然ガスの輸送中に漏洩する．また，化石燃料を燃焼させた際に燃料中の炭素の一部が不完全燃焼して CH$_4$ を生成することもあり，化石燃料の生産にかかる漏洩とともに，人為的な CH$_4$ 発生源として大気中の CH$_4$ 濃度の増加に寄与している．

このように，CH$_4$ の発生源は自然起源，人為起源ともに非常に多岐にわたっており，またそれらが地球表層に複雑に分布しているため，それぞれの発生源からの放出量の量的評価は容易でなく，これまでにさまざまな手法によって推定されてきた CH$_4$ 放出量には大きな不確定性が含まれている．しかし，詳細は 5.1.3 ❸ 項で述べるが，ステファニー・キルシュケ（Stefanie Kirschke）らがまとめたトップダウン法による 2000〜09 年の平均的な全球 CH$_4$ 収支を例として見てみると，全放出量の 40% が自然起源，残りの 60% が人為起源となっている

第 5 章　メタンおよび一酸化二窒素の変動と循環

(Kirschke *et al.*, 2013). また，自然起源 CH_4 の 80% は湿地や湖沼から放出されており，人為起源 CH_4 の 60% は微生物活動起源（水田や反芻動物，埋立てなど）が，30% は化石燃料起源が占めており，残りの 10% はバイオマス燃焼起源とされている．

大気中での主たる CH_4 の消滅源は OH による酸化

$$CH_4 + OH \longrightarrow CH_3 + H_2O \tag{5.3}$$

であり，全消滅量の 90% 近くを占め，そのほとんどは対流圏で生じていると考えられている．その他の消滅源は，土壌中のメタン酸化細菌による分解や，成層圏における $O(^1D)$ や Cl との反応

$$CH_4 + O(^1D) \longrightarrow OH + CH_3 \tag{5.4}$$

$$CH_4 + Cl \longrightarrow HCl + CH_3 \tag{5.5}$$

による分解である．

対流圏の OH は，O_3 が波長 300～320 nm の紫外線で分解される際に生じる $O(^1D)$ と周囲に存在する H_2O が反応する

$$O_3 + h\nu \longrightarrow O_2 + O(^1D) \tag{5.6}$$

$$O(^1D) + H_2O \longrightarrow 2\,OH \tag{5.7}$$

ことによって生成される．対流圏における OH は短寿命（秒のオーダー）かつ低濃度（$1\times10^6\,\mathrm{molecules/cm^3}$ 程度）であり，その時間空間変動も非常に大きいため，広域にわたって直接的に高い精度で観測することは不可能である．そこで OH による CH_4 の消滅量は，一般的には大気中で観測された CH_3CCl_3 濃度の変動を解析して OH の時間空間分布を求め，その結果と室内実験によって決められた CH_4–OH 反応の速度定数を用いて推定される．CH_3CCl_3 は人為起源であるために大気への放出量を工業統計から推定でき，また主たる消滅源は OH との反応であることから，大気中の OH 濃度を推定する際に広く用いられてきた．

簡単のために対流圏をよく混合されたひとつのボックスと見なし，そのなかでの CH_3CCl_3 の収支を考える．対流圏における CH_3CCl_3 数密度（$\mathrm{molecules/cm^3}$）

の時間変化 $\mathrm{d[CH_3CCl_3]}/\mathrm{d}t$ は

$$\frac{\mathrm{d[CH_3CCl_3]}}{\mathrm{d}t} = \frac{S_{\mathrm{CH_3CCl_3}}}{V} - k_1[\mathrm{OH}][\mathrm{CH_3CCl_3}] \tag{5.8}$$

と書ける．ここで，$S_{\mathrm{CH_3CCl_3}}$ は単位時間あたりの $\mathrm{CH_3CCl_3}$ の放出量（たとえば molecules/yr），V はボックスの体積，k_1 は $\mathrm{CH_3CCl_3}$–OH 反応の速度定数，[OH] は OH の数密度（molecules/cm^3）である．ここで使用されている数密度 n_x（molecules/cm^3）をモル比 C_x（たとえば ppm）で表したい場合には，理想気体の状態方程式から求めた

$$C_\mathrm{x} = \frac{RT}{A_\mathrm{v}P} \times n_\mathrm{x} \tag{5.9}$$

を用いて変換することができる．ここで，R は理想気体の気体定数 ($8.314\,\mathrm{J/mol/K}$)，T は温度 (K)，A_v はアボガドロ数 (6.022×10^{23}/mol)，P は圧力 (Pa) である．

(5.8) 式を変形することによって

$$[\mathrm{OH}] = \frac{\dfrac{S_{\mathrm{CH_3CCl_3}}}{V} - \dfrac{\mathrm{d[CH_3CCl_3]}}{\mathrm{d}t}}{k_1[\mathrm{CH_3CCl_3}]} \tag{5.10}$$

が得られる．この式の右辺はすべて既知であるので，OH 濃度が計算できることになる．実際には，反応速度定数 k_1 の温度依存性や，$\mathrm{CH_3CCl_3}$ の放出量および大気中濃度の地域的な偏りなどを考慮するために，2 次元（緯度–高度）ボックスモデルや 3 次元大気輸送モデルを用いて OH 濃度は推定されている（Prinn *et al.*, 2005 Bousquet *et al.*, 2005）．また，OH 濃度は，大気中で生ずる非常に多くの化学反応や太陽放射の影響などを取り扱うことができる**大気化学モデル**（atmospheric chemistry model）によっても計算されている（Voulgarakis *et al.*, 2013）．さらに，モデルを用いて得られた結果を**大気化学輸送モデル**（atmospheric chemistry transport model）に組み込んで $\mathrm{CH_3CCl_3}$ 濃度を計算し，観測された結果と比較することによって OH 濃度とその分布を修正する方法もある（Patra *et al.*, 2011）．

(5.8) 式で与えられた $\mathrm{CH_3CCl_3}$ と同様に，$\mathrm{CH_4}$ 濃度の時間変化を考えると

$$\frac{\mathrm{d[CH_4]}}{\mathrm{d}t} = \frac{S_{\mathrm{CH_4}}}{V} - (k_2[\mathrm{OH}] + k_3[\mathrm{O}(^1\mathrm{D})] + k_4[\mathrm{Cl}]) \times [\mathrm{CH_4}] \tag{5.11}$$

と表すことができる．ここで，$S_{\mathrm{CH_4}}$ は $\mathrm{CH_4}$ の放出量，k_2, k_3, k_4 は $\mathrm{CH_4}$ と OH，$\mathrm{O}(^1\mathrm{D})$，Cl との反応に関するそれぞれの速度定数である．(5.11) 式の右

第 5 章　メタンおよび一酸化二窒素の変動と循環

辺第 2 項は単位時間あたりの CH_4 消滅量を表すので，この式を

$$\frac{d[CH_4]}{dt} = \frac{S_{CH_4}}{V} - \frac{[CH_4]}{\tau} \tag{5.12}$$

と書くと，τ は CH_4 の大気化学反応による寿命となり，単位としては年が使われる．対流圏での OH 濃度の推定方法やどの CH_4 消滅プロセスを含めるかによって τ の値は異なるが，CH_3CCl_4 から求めた OH 濃度を用いた場合，対流圏での OH との反応に加えて成層圏での化学反応による消滅を考慮すると 1979～2003 年の平均として $9.3^{+0.7}_{-0.6}$ 年（Prinn et al., 2005），さらに土壌での消滅も含めると 2010 年において 9.1 ± 0.9 年（Prather et al., 2012）になるという報告がある．一方，大気化学モデルで計算した対流圏の OH 濃度を用いた場合，成層圏での化学反応および土壌での消滅の効果も含め，2000 年における寿命は 9.3 ± 0.9 年と推定されている（Voulgarakis et al., 2013）．

5.1.2　大気中の CH_4 濃度の変動

大気中の CH_4 濃度変動の監視を目的とする観測は，1978 年にオーストラリアのタスマニアと東部太平洋上で最初に開始され，その後 GAGE/AGAGE プロジェクトなどによって全球に展開されていった（Fraser et al., 1981; Khalil and Rasmussen, 1983; Blake and Rowland, 1986; http://agage.eas.gatech.edu/data.htm）．また，NOAA/ESRL/GMD も，CO_2 濃度の観測を目的として世界各地で系統的に採取していた大気試料を用いて 1983 年に CH_4 濃度の観測を開始した（Steele et al., 1987）．現在では，その他の大学や研究機関によるものも含め，世界の 150 地点以上で CH_4 濃度の観測が行われており，CH_4 濃度の全球分布と時間変動が明らかになってきている．本項では，観測から明らかにされた大気中の CH_4 濃度の変動について述べる．

Ⓐ 濃度の全球分布と季節変動

大気中の CH_4 濃度の変動の特徴を見るために，NOAA/ESRL/GMD が地上観測網から得た CH_4 濃度データをもとにして求めた緯度分布の経時変化を図 5.1 に示す（http://www.esrl.noaa.gov/gmd/）．NOAA/ESRL/GMD の観測網は，空間的代表性の高い大気，つまり CH_4 の放出源から離れた大陸沿岸域や島嶼域，海洋上における大気を観測することを目的として展開されているために，大陸内部に存在する放出源近傍での高濃度や大きな時間変動を捉えていないこ

5.1 CH$_4$ の変動と循環

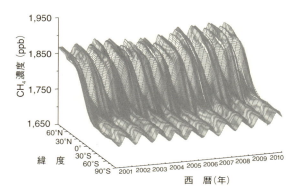

図 5.1 NOAA/ESRL/GMD によって観測された大気中の CH$_4$ 濃度の変動
(http://www.esrl.noaa.gov/gmd/)

とに注意が必要である．この図からまずわかることは，南半球と比べると，北半球で CH$_4$ 濃度が高くかつ緯度方向の濃度勾配が大きいこと，また北半球では複雑な季節変動が観測されるが，南半球の季節変動はいずれの緯度においても非常に滑らかでよく似ており，その位相は北半球とは逆になっていることである．

CH$_4$ の放出源は，5.1.1 項で述べたとおり，ほとんどが陸上に存在しているため，陸地面積の大きい北半球において多くの CH$_4$ が大気に放出されており，北半球における高い CH$_4$ 濃度の原因となっている．ちなみに，各発生源からの CH$_4$ 放出量について作成された複数のシナリオを全球 3 次元大気化学輸送モデルに入力して CH$_4$ 濃度を計算し，観測値を再現するシナリオを選択する方法（Fung et al., 1991）や，大気中の CH$_4$ 濃度の観測データでモデルを拘束して CH$_4$ 放出量を逆推定する方法（Cunnold et al., 2002）によると，北半球からの CH$_4$ 放出量は全球放出量の 60〜80％ と考えられる．また，赤道域に存在する収束帯によって南北両半球の大気混合が妨げられ，両半球間の物質交換に約 1.0〜1.4 年という時間を要することも（Tans, 1997; Patra et al., 2011），図 5.1 に見られる緯度方向の濃度勾配の維持に寄与している．NOAA/ESRL/GMD の観測によると，アラスカ北端のバーローと南極点との間の CH$_4$ 濃度差は CH$_4$ 放出・消滅の変動によって年々変化しているが，1983〜2010 年の平均では約 140ppb に達している．

第 5 章　メタンおよび一酸化二窒素の変動と循環

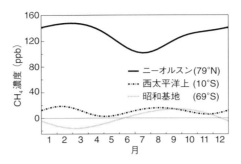

図 5.2　ニーオルスン，西太平洋上の 10°S および昭和基地で観測された CH_4 濃度の平均的な季節変動
ニーオルスンと西太平洋上の季節変動には昭和基地との年平均濃度の差が加えられている．

　次に CH_4 濃度の季節変動について見ていくことにする．CH_4 濃度の季節変動は，おもに放出源と消滅源の強度が季節に依存して変化することによって生ずるが，大気輸送が季節的に変化することも関係している．北半球高緯度域，熱帯域および南半球高緯度域における CH_4 濃度の季節変動の代表例として，東北大学と国立極地研究所がスバールバル（Svalbard）諸島ニーオルスン（Ny-Ålesund；79°N），西太平洋上（10°S），昭和基地（69°S）で観測した結果を図 5.2 に示す．この結果は，1 年と半年の周期をもつフーリエ級数を仮定して CH_4 濃度の時系列データから平均的な季節変動を求め，観測点間の濃度差を加味したものである．なお，これらの地点は CH_4 放出源から十分に離れており，大気はよく混合されている．
　北半球高緯度に位置するニーオルスンでの CH_4 濃度は，冬季（11〜3 月）に高い値をとり，4 月から 7 月ころにかけて減少し，7〜8 月以降にふたたび上昇に転じている．北半球の対流圏では OH は 6 月に最も多くなるので，それに伴って CH_4 の消滅もこの月に最大となる．一方，湿地や水田などから放出される CH_4 も，気温（地表面温度）や土壌水分の季節的な変化を反映して夏季に最大になるが，CH_4 放出源から離れた地域では，OH による消滅が CH_4 放出の増大を凌駕するため，CH_4 濃度の減少が観測される．秋から春にかけては OH の減少とともに CH_4 の消滅も低下するが，化石燃料起源など季節的に強度が変化しない発生源からの CH_4 の放出が消滅を上回るため，CH_4 濃度は増加する．ま

5.1 CH$_4$ の変動と循環

た，図 5.2 からわかるように，ニーオルスンの季節変動には高い値と低い値が年に一度ずつ現れているが，CH$_4$ 放出源の影響を強く受ける大陸内部や対流圏中上部では状況が異なっている．たとえば，西シベリア中心部の湿地域（62〜84°E，51〜63°N）に展開されている地上観測や日本上空での航空機観測によると，CH$_4$ 濃度は冬季に加えて 7〜8 月にも極大値を示している（Sasakawa et al., 2010; Umezawa et al., 2014）．大気輸送モデルを用いて行われた解析によると，7〜8 月に現れる高濃度は，西シベリアについては周囲の湿地からの CH$_4$ 放出によるものであり，日本上空については中国および東南アジアの湿地や水田などから放出された CH$_4$ の輸送の結果である．

南半球高緯度に位置する昭和基地での CH$_4$ 濃度は，南半球の初秋（2〜3 月）に最低値，春（9〜10 月）に最高値となる滑らかな季節変動を示す．昭和基地周辺には CH$_4$ の強い放出源はないので，このような季節変動は OH との反応による CH$_4$ 消滅の季節性によって生じている．昭和基地で観測された CH$_4$ 濃度の季節変動を時間微分してみると，最も多くの CH$_4$ が大気から除去されている時期は 12 月下旬であることがわかり，南半球で OH が大量に生産される時期に対応している．同様な季節変動は，緯度や経度によらず南半球中高緯度（30〜90°S）で観測されており，海洋面積が大きく CH$_4$ 放出が弱い南半球においては大気混合が効果的にはたらいているためと考えられる（Dlugokencky et al., 1994; Law et al., 1992）．

西太平洋の 10°S で観測された CH$_4$ 濃度は大きくばらついており，その季節変動も年によって変化しているが，平均的には 2 月と 8 月に極大値，4〜5 月と 11 月に極小値をもつ季節変動を示し，振幅はニーオルスン基地や昭和基地より小さい．北半球と同様に，熱帯域においても湿地や水田，森林火災などからの CH$_4$ 放出，OH による CH$_4$ の消滅，大気輸送の季節性が CH$_4$ 濃度に影響を与えているが，とくに西太平洋やインド洋の熱帯域では大気輸送の効果が重要である．すなわち，観測が行われた西太平洋の 10°S は，南半球の夏から秋（12〜4 月）にかけて太平洋中央部から伸びた熱帯収束帯とインド洋の熱帯収束帯に源をもつ**南太平洋収束帯**（South Pacific Convergence Zone; SPCZ）との間に位置するため，CH$_4$ 放出源が多い北半球の大気に覆われ，昭和基地より CH$_4$ 濃度が高くなる．一方，南半球の冬から春（5〜11 月）には，西太平洋やインド洋の収束帯はアジアモンスーンの発生に伴って北上するため，西太平洋の 10°S

第 5 章　メタンおよび一酸化二窒素の変動と循環

は南半球の大気に覆われ，CH_4 濃度は昭和基地とほぼ同じ値になる．

❻ 濃度の経年増加

　NOAA/ESRL/GMD による全球観測網のなかから，近傍の CH_4 放出源の影響を強く受けていないと考えられる 46 の観測点を選び出し，そこで観測されたデータを用いて計算された全球平均の CH_4 濃度と増加率を図 5.3 に示す（Dlugokencky et al., 2009）．CH_4 濃度は全体としては増加傾向を示しているが，結果をさらに詳しく見てみると，増加率が 5〜10 年の時間スケールで大きく変動しており，また年々のスケールでも変動していることが明らかである．

　CH_4 濃度は，観測が開始された 1984 年には 14 ppb/yr で上昇を示していたが，それから 1996 年までは平均して 0.9 ppb/yr^2 ずつ増加率を減少させ（Dlugokencky et al., 1998），1999 年から 2006 年ころにかけてはほぼ一定の値を取り，その後ふたたび上昇している．同様の濃度変動は，ALE/GAGE/AGAGE サイト（Rigby et al., 2008）や昭和基地でも観測されており，また 2006 年以降の濃度上昇は 2014 年時点においても継続している（http://www.esrl.noaa.gov/gmd/）．

　このような CH_4 濃度の増加傾向に見られる大きな特徴は増加の減速と停滞であり，観測された南北両半球間の CH_4 濃度の差の観点からその原因を検討してみることにする．図 5.4 は，NOAA/ESRL/GMD がバローと南極点で，東北大学（TU）と国立極地研究所（NIPR）がニーオルスン基地と昭和基地で観測した CH_4 濃度の年平均値，および各年の北極と南極との CH_4 濃度差（バロー−

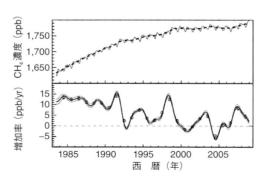

図 5.3　NOAA/ESRL/GMD によって観測された全球平均 CH_4 濃度と増加率
（Dulgokencky et al., 2009）

5.1 CH₄ の変動と循環

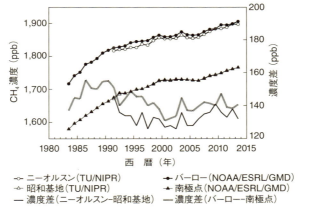

図 5.4 ニーオルスン，バーロー，昭和基地，南極点における CH$_4$ 濃度の年平均値と，ニーオルスン-昭和基地間およびバロー-南極点間の濃度差

南極点，ニーオルスン-昭和基地）を示している．南極点と昭和基地の CH$_4$ 濃度の年平均値はほぼ一致しているが，北極域では，緯度帯がほぼ同じにもかかわらずバーローにおける年平均濃度はニーオルスンよりも高い．このような違いは，バーロー周辺の湿地域から夏季に放出される CH$_4$ によって生じている．バーローと南極点の CH$_4$ 濃度差を詳しく見ると，1984 年から 1991 年までは 1.7 ppb/yr の割合で差が拡大していたが，1992 年から 2001 年は 1.5 ppb/yr の割合で差が縮小し，2002 年以降は再度拡大に転じている．ニーオルスンと昭和基地の濃度差も 1991 年から 2000 年にかけて縮小傾向を示しており，その後 2005 年まではほぼ一定の値を取り，2006 年以降に差が急増している．これらの結果から，南北両極域の CH$_4$ 濃度の差が時間的に変化していることは明らかである．なお，南極域からの差がバーローとニーオルスンとで多少異なるが，バーローは周辺の湿地という局所的な CH$_4$ 放出源の影響を受けるが，ニーオルスンはより広域にわたる放出源の影響を受けるためと考えられる．

CH$_4$ 濃度の南北差の時間変化をさらに詳しく考察するために，まず NOAA/ESRL/GMD によって取得された観測データを用いて，1980 年代半ば（1984〜86 年）と 1990 年代後半（CH$_4$ 濃度が急増した 1998 年を除く 1997〜2000 年）の 2 つの期間について，南極点と各観測点との CH$_4$ 濃度の平均的な

第 5 章 メタンおよび一酸化二窒素の変動と循環

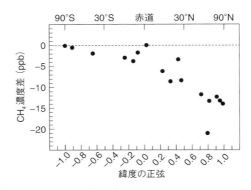

図 5.5 1980 年代半ば (1984〜86 年) から 1990 年代後半 (1997, 1999, 2000 年) の間に生じた CH_4 濃度の緯度勾配の変化
(Dlugokencky *et al.*, 2003)

差を求め,さらに各観測点について 2 つの期間の値の差を取った結果を図 5.5 に示す (Dlugokencky *et al.*, 2003). この図から,2 つの期間における南北勾配の減少は北半球高緯度域で最も大きく,北半球中緯度から熱帯域,南半球中緯度にかけて南北勾配の減少が徐々に小さくなっていることがわかる.南極域に短期間に CH_4 濃度を大きく上昇させる要素があるとは考えられないので,このような南北勾配の緯度に依存した時間変化は,北半球高緯度域において CH_4 放出が弱まったためと考えられ,その結果として,全球 CH_4 濃度の増加率が低下した可能性を示唆している.

図 5.3 からは,CH_4 濃度増加の減速,停滞,加速といった特徴のほかに,1〜2 年スケールで増加率が急激に変動する現象も見られる.たとえば,1991 年 6 月にフィリピンのピナツボ山が大規模な噴火を起こした後に全球にわたって CH_4 濃度が急増し,その後の 1992 年には増加率がほぼゼロに低下している.さらに,1998 年と 2003 年にエルニーニョ現象が発生した際や,ラニーニャ現象が発生した 2007 年にも CH_4 濃度の急増が観測されている.このような変動は,火山噴火やエルニーニョ現象,ラニーニャ現象の発生による気温や降水量,嫌気的環境,OH の濃度,森林火災の発生,大気輸送などの変化が複雑に絡み合って生じていると考えられる.

このような CH_4 濃度の増加傾向の時間的変化や年々変動がなぜ生じたかを理

解することは，将来の大気中濃度を予測するうえで不可欠であり，世界的に大きな関心を集めている．しかしながら，前で述べたとおり，CH_4 の放出源は非常に多岐にわたっており，また CH_4 の消滅量を直接観測することもできないために，CH_4 濃度の時間変動の原因は定量的に十分に理解されているわけではない．濃度変動の原因については，大気化学モデルや CH_4 の $\delta^{13}C$ の観測などから得られた現状の知見を踏まえ，5.1.3 **C** 項において再度ふれることにする．

5.1.3 地球表層における CH_4 の収支

地球表層での CH_4 の収支を理解するためには，年々の CH_4 の放出量と消滅量，およびそれらの変動メカニズムを明らかにする必要がある．本項では，さまざまな方法で推定された CH_4 の収支とその変動について概観する．

A 大気観測から推定した CH_4 の放出量と消滅量

全球にわたる CH_4 の放出量と消滅量の推定は，これまでさまざまな方法を用いて試みられてきた．本項では，大気中の CH_4 濃度やその $\delta^{13}C$ の観測値を解析する方法と，大気化学輸送モデルを用いて，観測された大気中濃度の変動を再現する CH_4 フラックスを求める方法（逆解析）によって推定された CH_4 収支について述べる．

まず，地球の大気をひとつの均質なボックスとみなし，大気中の CH_4 濃度の観測値を用いて CH_4 の放出量と消滅量を推定した結果について述べる．理想気体を仮定して（5.12）式に（5.9）式を代入すると，質量で表した大気中の CH_4 に関する収支式

$$m_{CH_4} n_{air} \frac{dC_{CH_4}}{dt} = S'_{CH_4} - m_{CH_4} n_{air} \frac{C_{CH_4}}{\tau} \tag{5.13}$$

が得られる．ここで，m_{CH_4} は CH_4 の平均分子量（16.04），n_{air} は全大気のモル数（1.765×10^{20} mol），C_{CH_4} はモル比で表現した大気中の CH_4 濃度，S'_{CH_4} は単位時間あたりの CH_4 放出量（gCH_4）である．なお，大気中の CH_4 濃度は全球で一様ではなく，図 5.6 に示すように，成層圏では OH や O (^{1}D)，Cl との消滅反応によって高度とともに急速に減少するので（Nakazawa et al., 2002），この効果を考慮するため全大気として対流圏のみを考え，通常は n_{air} を 5.113×10^{21} g $\times 0.973/28.97$ g/mol とする（Prather et al., 2012）．したがって，大気中の 1ppb の CH_4 の重量は $2.83\,TgCH_4$ ではなく，$2.75\,TgCH_4$ となる．（5.13）式の左辺

第 5 章 メタンおよび一酸化二窒素の変動と循環

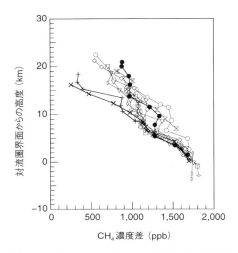

図 5.6 成層圏における CH_4 濃度の鉛直分布
×と＋はスカンジナビア半島上空，●は南極上空，その他は日本上空の結果．
(Nakazawa *et al.*, 2002)

は大気中での CH_4 の増加，右辺の第 2 項は CH_4 の消滅を表している．(5.13)式を変形すると

$$S'_{CH_4} = m_{CH_4} n_{air} \frac{dC_{CH_4}}{dt} + m_{CH_4} n_{air} \frac{C_{CH_4}}{\tau} \tag{5.14}$$

となり，右辺の第 1 項は大気中の CH_4 濃度の増加率（観測値）から計算することができ，τ を一定と仮定すると，第 2 項も CH_4 濃度の観測値から計算することができるので，単位時間あたりの CH_4 放出量が求められる．**温室効果ガス世界資料センター**（World Data Centre for Greenhouse Gases; WDCGG, http://ds.data.jma.go.jp/gmd/wdcgg/jp/wdcgg_j.html）が収集したデータから計算された全球平均の CH_4 濃度と，それを用いて求めた CH_4 の放出量（S'_{CH_4}）と消滅量（$m_{CH_4} n_{air} C_{CH_4}/\tau$）を図 5.7 に示す．なお，この解析では CH_4 の大気中の寿命を全期間にわたって 9.1 年（Prather *et al.*, 2012）と仮定している．

図 5.7 に示した結果によると，CH_4 の放出量は 1985〜2005 年には 546±6 TgCH$_4$/yr（± の後の数字は標準偏差）でほぼ一定であり，2006 年以降に 3±2 TgCH$_4$/yr の割合で増加し，2012 年に 567 TgCH$_4$/yr へ達している．一方，CH_4 の消滅量は年々増加しており，1985 年に 505 TgCH$_4$/yr であった値

5.1 CH$_4$ の変動と循環

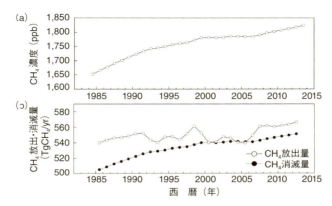

図 5.7 WDCGG が収集したデータから計算した全球平均 CH$_4$ 濃度の変動 (a) と，大気中の寿命を 9.1 年と仮定して推定した CH$_4$ の放出量と消滅量 (b)

が 2012 年には 551 TgCH$_4$/yr となっている．また，大気中の CH$_4$ 濃度の増加がほとんど停滞していた 2000 年から 2005 年には，CH$_4$ の放出量と消滅量が約 540 TgCH$_4$/yr でほぼつり合っていたことを示している．

(5.14) 式に従って求めた CH$_4$ の放出量と消滅量は，採用する寿命の値と，寿命の年々変動，すなわち OH の年々変動によって大きな影響を受ける．大気中の OH 量を直接観測して求めることは困難であるため，通常は CH$_3$CCl$_3$ 濃度の観測値から間接的に求められている．ロナルド・プリン（Ronald G. Prinn）らやフィリップ・ブースケ（Philippe Bousquet）らは CH$_3$CCl$_3$ 濃度の観測値と (5.10) 式をもとにして大気中の OH 量を推定し，その量は 20〜25% の範囲で年々変動することを示している（Prinn *et al.*, 2005; Bousquet *et al.*, 2005）．しかし，(5.10) 式を解くために必要な CH$_3$CCl$_3$ 放出量の統計値に不確実性があるために，彼らが推定した OH 量の変動には疑問がもたれていた．CH$_3$CCl$_3$ は成層圏 O$_3$ を破壊する物質としてモントリオール議定書によって排出が制限されており，先進国ではすでに 1996 年に使用が禁止され，開発途上国も 2015 年までに全廃することになっている．NOAA/ESRL/GMD によって観測された大気中の CH$_3$CCl$_3$ 濃度を図 5.8 に示す（Montzka *et al.*, 2011）．先進国での使用制限によって大気への CH$_3$CCl$_3$ の放出量は 1992 年ころから急減してお

第 5 章　メタンおよび一酸化二窒素の変動と循環

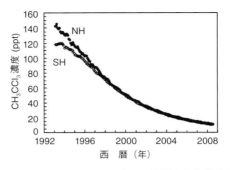

図 5.8　NOAA/ESRL/GMD によって観測された北半球（NH）および南半球（SH）における CH_3CCl_3 の平均濃度
（Montzka *et al.*, 2011）

り，それに伴って大気中濃度も減少し続けていることがこの図からわかる．また，北半球に集中する先進国からの CH_3CCl_3 放出の影響が 1998 年ころまでは残っていたため，南北両半球間に濃度差が存在していたが，1998 年以降はほとんど見られないこともわかる．したがって，1998 年以降については CH_3CCl_3 の排出量の不確実性は小さく，また南北両半球間の輸送によって生ずる濃度の不規則変動の影響も小さいと考えられる．スティーブン・モンツカ（Stephen A. Montzka）らは，1998 年以降に観測された CH_3CCl_3 濃度を用いて OH 量の年々変動を推定し，その変動幅は 2.3±1.5％にすぎないことを示している（Montzka *et al.*, 2011）．

　ステファニー・キルシュケらは，従来の研究によって推定された大気中の OH 量の不確かさとその変動幅を検討し，CH_4 の大気中寿命を 8～10 年と評価している（Kirschke *et al.*, 2013）．彼らの評価に従って寿命を 8 年および 10 年と仮定し，CH_4 放出が比較的一定している 1985～2005 年の平均的な放出量を推定すると，それぞれ 619 $TgCH_4$/yr と 499 $TgCH_4$/yr となり，両者の間には 120 $TgCH_4$/yr もの違いがある．このことから，CH_4 放出量を精度良く推定するためには大気中での CH_4 の寿命，つまりは信頼できる OH 量を求めることが非常に重要であることがわかる．

　以上では大気をひとつのボックスとみなし，地球全体をひとまとめにした CH_4 収支を考えているため，この方法からは発生源別の放出量について情報を得る

5.1 CH₄ の変動と循環

ことはできない．そこで次に，発生源を3つのグループに分け，全球放出量に対するそれぞれの寄与を分離して推定する方法を紹介する．

3.3節で述べたように，CH₄を構成するCには質量数12と13，Hには質量数1と2の安定同位体が存在しており，それらの同位体比はそれぞれ（3.5）と（3.8）式で与えられるが，CH₄のためによりていねいに書くと

$$\delta^{13}\mathrm{C} = \left[\frac{\left(\frac{^{13}\mathrm{CH}_4}{^{12}\mathrm{CH}_4}\right)_{\mathrm{sample}}}{\left(\frac{^{13}\mathrm{C}}{^{12}\mathrm{C}}\right)_{\mathrm{standard}}} - 1 \right] \times 1,000 \tag{5.15}$$

$$\delta\mathrm{D} = \left[\frac{\left(\frac{\mathrm{CH}_3\mathrm{D}}{\mathrm{CH}_4}\right)_{\mathrm{sample}}}{\left(\frac{\mathrm{D}}{\mathrm{H}}\right)_{\mathrm{standard}}} - 1 \right] \times 1,000 \tag{5.16}$$

となる．図5.9は，代表的な放出源から大気に放出されるCH₄のδ^{13}CとδDを示している（Whiticar and Schaefer（2007）をもとに作成）．この図からわかるように，同位体比の観点から見ると，CH₄の放出源は3つのカテゴリーに大別することができる．すなわち，1つ目は，微生物による有機物の嫌気性分解に

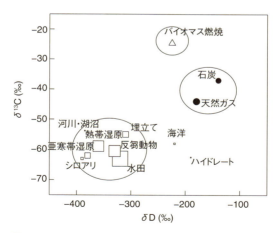

図5.9　各発生源から放出されるCH₄のδ^{13}CとδD
記号の大きさはそれぞれの発生源から放出されるCH₄量の相対的強度を表しており，図中の円は3つのカテゴリーに大別した発生源を示す．
（Whiticar and Schaefer（2007）をもとに作成）

第 5 章　メタンおよび一酸化二窒素の変動と循環

よって生ずる CH_4（微生物起源）であり，湿地や水田，反芻動物，シロアリなどがこのカテゴリーに含まれ，放出される CH_4 の $\delta^{13}C$ は $-55 \sim -70‰$，δD は $-300 \sim -320 ‰$ である．2 つ目は，化石燃料を掘削する際に石炭ガスや石油ガス，あるいは天然ガスとして大気に放出される CH_4，天然ガスの輸送中に漏洩する CH_4，地殻から漏出する CH_4（化石燃料起源）であり，それらの $\delta^{13}C$ と δD はそれぞれ $-25 \sim -55‰$ と $-140 \sim -185‰$ である．最後のカテゴリーは，森林火災や泥炭火災が発生した際に不完全燃焼過程で大気に放出される CH_4（バイオマス燃焼起源）であり，$\delta^{13}C$ と δD の値はそれぞれ $-12 \sim -25‰$ と $-225‰$ となっている．

このように CH_4 の同位体比は各放出源カテゴリーによって明らかに異なるので，その特徴を利用してジョン・ミラー（John B. Miller）らは大気中の CH_4 濃度と $\delta^{13}C$ を同時に観測し，以下の解析法を用いて全 CH_4 放出量に占める各放出源カテゴリーの割合を推定した（Miller et al., 2002）．簡単のために大気をひとつのよく混合されたボックスと見なすと，その中での CH_4（$= {}^{12}CH_4 + {}^{13}CH_4$）と ${}^{13}CH_4$ の収支は

$$\frac{dM}{dt} + kM - F_f = F_b + F_p \tag{5.17}$$

$$\frac{d(M\delta^{13})}{dt} + \alpha_{13}k(M\delta^{13}) - \delta_f^{13}F_f = \delta_b^{13}F_b + \delta_p^{13}F_p \tag{5.18}$$

と表すことができる．ここで，M は大気中の CH_4 量（$TgCH_4$），k は CH_4 の消滅に関する速度定数（寿命 τ の逆数）（$1/yr$），F は大気への CH_4 放出量（$TgCH_4/yr$）を表しており，添字 f，b，p はそれぞれ化石燃料カテゴリー，微生物分解カテゴリー，バイオマス燃焼カテゴリーを意味する．また，(5.18) 式に現れる δ^{13} は大気中の $\delta^{13}C$，α_{13} は消滅時の動的同位体分別係数（${}^{12}CH_4$ に対する ${}^{13}CH_4$ の定数の比，k^{13}/k^{12}），δ_f^{13}，δ_b^{13}，δ_p^{13} はそれぞれ各カテゴリーから放出される CH_4 の $\delta^{13}C$ である．なお，${}^{13}C$ は ${}^{12}C$ の 1% 程度であるので，(5.18) 式においては ${}^{13}C/({}^{12}C + {}^{13}C) \approx {}^{13}C/{}^{12}C$ と近似している．α_{13} と k は従来の知見に従って与えることができるので，化石燃料カテゴリーからの放出量 F_f が既知であれば，(5.17) と (5.18) 式の左辺の各項は CH_4 濃度と $\delta^{13}C$ の観測値から求められ，両式を連立させて解くことにより 2 つの未知数 F_b と F_p を知ることができる．

5.1 CH$_4$ の変動と循環

表 5.1 ジョン・ミラーらが CH$_4$ 同位体の収支計算に用いたパラメーター

	M (TgCH$_4$)	δ^{13} (‰)	k (1/yr)	α_{13}	F_f (TgCH$_4$)	δ_f^{13} (‰)	δ_b^{13} (‰)	δ_p^{13} (‰)
北半球	2,463	−47.2	0.1071	0.9936	124	−43	−61	−24
南半球	2,344	−46.9	0.1057	0.9938	11	−43	−61	−24

ミラーらは,実際には大気を南北両半球に分けて (5.17) と (5.18) 式を拡張して適用し,解析を行っている.この解析で用いられた M, δ^{13}, k, α_{13}, F_f, δ_f^{13}, δ_b^{13}, δ_p^{13} を表 5.1 にまとめる.解析に使用された CH$_4$ 濃度と δ^{13}C の観測値は,アラスカのバーローから南極点の間の 6 地点において得られたものであり,化石燃料カテゴリーからの CH$_4$ 放出量には次に述べる ^{14}CH$_4$ を用いた方法で推定された値を与えている.また,彼らは OH との反応による CH$_4$ の消滅に加えて,土壌中での分解と成層圏での消滅,さらには両半球での土壌分解による消滅量の違いも考慮し,南北半球での CH$_4$ の寿命としてそれぞれ 9.46 年と 9.34 年を与えている.このようにして推定された 1998〜99 年における微生物分解と森林火災による CH$_4$ 放出量はそれぞれ 355 TgCH$_4$/yr と 56 TgCH$_4$/yr となっている.2 つの CH$_4$ 放出量と,あらかじめ与えた化石燃料(および埋立て)からの 135 TgCH$_4$/yr の放出を合わせて考えると,全 CH$_4$ 放出量に占める放出源カテゴリーの割合は,微生物分解が 65%,化石燃料と埋立てが 25%,バイオマス燃焼が 10% となる.すなわち,湿地や水田など嫌気的環境における微生物分解による CH$_4$ 放出が最も多く,他を凌駕していることがわかる.なお,化石燃料カテゴリーに含まれた埋立てからの CH$_4$ 放出量は 35 TgCH$_4$/yr と仮定されている.

次に放射性炭素 (^{14}C) を含む CH$_4$ (^{14}CH$_4$) の観測から化石燃料起源の CH$_4$ 放出量を推定する方法について述べる.3.3 節で述べたように,^{14}C の半減期は約 5,730 年であるので,化石燃料起源の CH$_4$ には ^{14}CH$_4$ はまったく含まれていない.(5.17) と (5.18) 式と同じように考えると,大気中の CH$_4$ と ^{14}CH$_4$ の収支は

$$\frac{dM}{dt} + kM = F_\mathrm{m} + F_\mathrm{f} \tag{5.19}$$

第 5 章　メタンおよび一酸化二窒素の変動と循環

$$\frac{\mathrm{d}^{14}M}{\mathrm{d}t} + \alpha_{13}{}^2 kM \left(\frac{^{14}\mathrm{C}}{^{12}\mathrm{C}}\right)_\mathrm{a} - F_\mathrm{nuc} = F_\mathrm{m}\left(\frac{^{14}\mathrm{C}}{^{12}\mathrm{C}}\right)_\mathrm{m} + F_\mathrm{f}\left(\frac{^{14}\mathrm{C}}{^{12}\mathrm{C}}\right)_\mathrm{f} \tag{5.20}$$

と表される.ただし,^{14}M は大気中の $^{14}\mathrm{CH}_4$ 量,$(^{14}\mathrm{C}/^{12}\mathrm{C})_\mathrm{a}$ は大気中の CH_4 の $^{14}\mathrm{C}/^{12}\mathrm{C}$ 比,$(^{14}\mathrm{C}/^{12}\mathrm{C})_\mathrm{f}$ と $(^{14}\mathrm{C}/^{12}\mathrm{C})_\mathrm{m}$ はそれぞれ化石燃料とそれ以外から放出される CH_4 の $^{14}\mathrm{C}/^{12}\mathrm{C}$ 比,F_m は化石燃料以外からの CH_4 放出量,F_nuc は原子炉から放出される $^{14}\mathrm{CH}_4$ 量である.ちなみに,原子炉や核燃料の再処理工場では,核燃料に含まれる酸素原子や冷却水中の酸素原子と中性子との反応,および核燃料や冷却水中に不純物として含まれる窒素と中性子の反応によって $^{14}\mathrm{C}$ が生成され,$^{14}\mathrm{CO}_2$ や $^{14}\mathrm{CH}_4$ として大気に放出されており(Lassey et al., 2007),F_nuc はこれを加味するものである.

上で述べたように $(^{14}\mathrm{C}/^{12}\mathrm{C})_\mathrm{f} = 0$ であるので,(5.20) 式は,

$$\frac{\mathrm{d}^{14}M}{\mathrm{d}t} + \alpha_{13}{}^2 kM \left(\frac{^{14}\mathrm{C}}{^{12}\mathrm{C}}\right)_\mathrm{a} - F_\mathrm{nuc} = F_\mathrm{m}\left(\frac{^{14}\mathrm{C}}{^{12}\mathrm{C}}\right)_\mathrm{m} \tag{5.21}$$

となる.したがって,原子炉 1 基の単位発電量あたりの $^{14}\mathrm{CH}_4$ 放出量と全世界の原子炉での発電量から見積もった $^{14}\mathrm{CH}_4$ 放出量を F_nuc に代入し,化石燃料以外の CH_4 放出源の平均的な $^{14}\mathrm{C}/^{12}\mathrm{C}$ 比,および観測から得られた大気中の CH_4 量と $^{14}\mathrm{CH}_4$ 量を与えて (5.19) と (5.21) 式を解くことにより,化石燃料起源の CH_4 放出量 F_f を求めることができる.この方法に従ってポール・クエイ(Paul Quay)らは,米国ワシントン州のオリンピック半島(Olympic Peninsula; 48°N)で観測した $^{14}\mathrm{CH}_4$ 値と NOAA/ESRL/GMD による全球 CH_4 濃度の観測値を用いて,1990〜93 年における平均的な化石燃料起源の CH_4 放出量を 102±47 Tg/yr と見積もっている(Quay et al., 1999).彼らが推定した放出量は,同期間の全 CH_4 放出量の 18±9% を占める.一方,キース・ラッセイ(Keith R. Lassey)らは,おもにニュージーランドのベアリング岬(Baring Head; 41°S)で行った $^{14}\mathrm{CH}_4$ の観測から,1986〜2000 年における化石燃料起源の CH_4 放出量は全体の 30.0±2.3% であると主張しており(Lassey et al., 2007),クエイらの推定値よりかなり大きいが,今のところラッセイらの結果を支持する報告はなされていない.

以上において,大気中の CH_4 濃度から全球の CH_4 放出量と消滅量が,さらに同位体比を用いることにより各放出源カテゴリーの寄与が分離して評価できることを示した.本項では具体的に述べなかったが,CH_4 の $\delta\mathrm{D}$ についても同

5.1 CH_4 の変動と循環

様な解析が可能であり，また，CH_4 濃度，$\delta^{13}C$，δD，$^{14}CH_4$ に関する収支式を同時に解くことができれば，4つの未知数（化石燃料，微生物分解，バイオマス燃焼による放出量と OH による消滅量）を推定できると期待される．しかしそのためには，同位体比の高精度の系統的観測を広域にわたって実施することや，$^{14}CH_4$ の収支式に現れる原子炉起源の $^{14}CH_4$ 放出量を高精度で推定することなど，乗り越えるべきハードルも高い．

❸ CH_4 の放出量と消滅量の内訳

この項では，トップダウン法とボトムアップ法によって推定された最近の CH_4 収支について述べる．一般的には大気中の濃度変動をモデルなどで解析して収支を推定する方法を総称してトップダウン法とよぶが，ここではまず大気化学輸送モデルを用いた逆解析（4.3.5 ❸ 項を参照）の結果について述べる．逆解析による CH_4 収支の推定はいくつかの研究機関によって行われているが，使用する大気輸送モデル，モデルに与える気象データ，あらかじめ与える CH_4 フラックスや OH 分布，領域の分割などが機関によって異なるため，得られた結果には違いが見られる．なお，最近の CH_4 収支に関する逆解析で使用された大気輸送モデルや解析手法の詳細は，キルシュケらの論文（Kirschke *et al.*, 2013）の補足情報（Supplemental Information）にまとめられている．

一方ボトムアップ法では，個々の CH_4 発生プロセスについてフラックスを測定し，その結果を気象・水文・地理データなどを用いて全球に拡張する．産業統計などを用いて人為起源 CH_4 の排出インベントリーを作成する（たとえば EDGAR; http://edgar.jrc.ec.europa.eu），衛星画像による森林焼失面積の評価と陸上生態系モデルによる植物量の推計，燃焼した有機物からの CH_4 の放出率を組み合わせて森林火災起源 CH_4 を推定する（van der Werf *et al.*, 2006; 2010)，といったことが行われる．なお，EDGAR は**全球大気研究用排出データベース**（Emissions Database for Global Atmospheric Research）の略称であり，欧州委員会共同研究センター（Joint Research Centre; JRC）とオランダ環境評価庁（Plan Bureau voor de Leefomgeving; PBL）が共同して作成している世界全体を対象とした排出インベントリーのデータベースをさす（以後，EDGAR という略称を用いる）．

最近，キルシュケらは，表 5.2 に示すように，トップダウン法とボトムアップ法を用いて行われた多くの研究をもとにして過去 30 年間にわたる CH_4 収支

第 5 章　メタンおよび一酸化二窒素の変動と循環

表 5.2　1980 年代，1990 年代，2000 年代の全球 CH_4 収支の見積り（単位は $TgCH_4/yr$）

西　暦（年）	1980〜89		1990〜99		2000〜09	
	トップダウン	ボトムアップ	トップダウン	ボトムアップ	トップダウン	ボトムアップ
自然放出源	203 [150〜267]	355 [244〜466]	182 [167〜197]	336 [230〜465]	218 [179〜273]	347 [238〜484]
湿地	167 [115〜231]	225 [183〜266]	150 [144〜160]	206 [169〜265]	175 [142〜208]	217 [177〜284]
その他	36 [35〜36]	130 [61〜200]	32 [22〜37]	130 [61〜200]	43 [37〜65]	130 [61〜200]
河川・湖沼		40 [8〜73]		40 [8〜73]		40 [8〜73]
野生動物		15 [15〜15]		15 [15〜15]		15 [15〜15]
自然火災		3 [1〜3]		3 [1〜5]		3 [1〜5]
シロアリ		11 [2〜11]		11 [2〜22]		11 [2〜22]
地殻・海		54 [33〜75]		54 [33〜75]		54 [33〜75]
ハイドレート		6 [2〜9]		6 [2〜9]		6 [2〜9]
永久凍土		1 [0〜1]		1 [0〜1]		1 [0〜1]
人為放出源	348 [305〜383]	308 [292〜323]	372 [290〜453]	313 [281〜347]	335 [273〜409]	331 [304〜368]
農業・廃棄物	208 [187〜220]	185 [172〜197]	239 [180〜301]	188 [177〜196]	209 [180〜241]	200 [187〜224]
バイオマス燃焼	46 [43〜55]	34 [31〜37]	38 [26〜45]	42 [38〜45]	30 [24〜45]	35 [32〜39]
化石燃料	94 [75〜108]	89 [89〜89]	95 [84〜107]	84 [66〜96]	96 [77〜123]	96 [85〜105]
消滅源						
土壌	21 [10〜27]	28 [9〜47]	27 [27〜27]	28 [9〜47]	32 [26〜42]	28 [9〜47]
大気化学反応	490 [450〜533]	539 [411〜671]	525 [491〜554]	571 [521〜621]	518 [510〜538]	604 [483〜738]
合計						
全放出量	551 [500〜592]	663 [536〜789]	554 [529〜596]	649 [511〜812]	553 [526〜569]	678 [542〜852]
全消滅量	511 [460〜559]	539 [420〜718]	542 [518〜579]	596 [530〜668]	550 [514〜560]	632 [592〜785]
収支（放出−消滅）	30 [16〜40]	124	12 [7〜17]	53	3 [−4〜19]	46
大気中 CH_4 増加	34		17		6	

(Kirschke et al., 2013)

をまとめた（Kirschke et al., 2013）．まず，2000 年代の放出量と消滅量の推定値を見てみる．6 つの大気輸送モデルによる逆解析の結果をまとめたトップダウン法の推定値は，自然起源の CH_4 放出が $218\,TgCH_4/yr$ であり，とくに湿地からの放出が $175\,TgCH_4/yr$ と非常に大きく，全体の 80％ に及んでいることを示している．人為起源 CH_4 の放出は，農業・有機廃棄物が $209\,TgCH_4/yr$ と最も大きく，次に $96\,TgCH_4/yr$ の化石燃料，$30\,TgCH_4/yr$ のバイオマス燃焼が

5.1 CH$_4$の変動と循環

続いており,人間による食糧やエネルギーの確保がCH$_4$放出に深く関わっていることを示している.消滅については,すべての化学反応を合わせたものが518 TgCH$_4$/yr,土壌吸収が32 TgCH$_4$/yrとなっている.また,全モデルが平均として与える総放出量は553 TgCH$_4$/yr,総消滅量は550 TgCH$_4$/yrであり,両者の差として得られる3 TgCH$_4$/yrは,大気中CH$_4$の平均的増加率である6 TgCH$_4$/yrとほぼ一致している.このようにトップダウン法は,その性質上,全球収支の均衡を図ることができるという利点を有するが,放出源や吸収源の細かな内訳を求めることはできない.また,この方法で用いられるモデルにはCH$_3$CCl$_3$をもとにして推定されたOH濃度が組み込まれていることにも注意が必要である.CH$_3$CCl$_3$から求められたOHが平均的な濃度レベルを与えていることは確からしいが,時間変動を正しく表しているかについては議論が分かれるところである.

次にボトムアップ法による推定値に目を転じる.総放出量は678 TgCH$_4$/yrであり,トップダウン法より130 TgCH$_4$/yrも大きくなっている.人為起源CH$_4$の放出は331 TgCH$_4$/yrと推定されており,トップダウン法による推定値(335 TgCH$_4$/yr)とよく一致しており,内訳についても両者はほぼ同じ値を示している.したがって,この大きな違いの理由は,ボトムアップ法が自然起源CH$_4$の放出(347 TgCH$_4$/yr)を過大評価していることにあると考えられる.内訳を見てみると,湿地(217 TgCH$_4$/yr)および地殻(54 TgCH$_4$/yr)からの放出がとくに大きく,それに河川・湖沼起源(40 TgCH$_4$/yr),野生動物起源(15 TgCH$_4$/yr)が続いている.なお,地殻からのCH$_4$放出は最近になって注目されるようになり,この論文では前述のとおり54 TgCH$_4$/yrと比較的大きな値を採用している.一方,総消滅量は632 TgCH$_4$/yrと推定されており,トップダウン法による消滅量と比べてみると,土壌吸収はほとんど同じであるが,大気化学反応に大きな違いが見られる.この違いのおもな原因は,ボトムアップ法においては9つの大気化学モデルを用いてOHが計算されているが,その濃度が時間的に増加しているために2000年代のCH$_4$消滅が多くなっていることや,まだ真偽が明らかになっていない海洋上の大気境界層内でのClラジカルとの反応による消滅が含まれていることにあると考えられる.また,総消滅量と総放出量との差は46 TgCH$_4$/yrもあり,大気中のCH$_4$増加から期待される6 TgCH$_4$/yrよりはるかに大きい.ボトムアップ法からは,それぞれの放出源あるいは消滅源

第 5 章　メタンおよび一酸化二窒素の変動と循環

について強度を推定することができるが，各項目について独立に推定された値を加算して総量を求めており，全球収支の均衡という点では何の拘束も行われていないため，このような矛盾を生じている．

次に 1980 年代から 2000 年代における CH_4 収支の時間変化について見ることにする．トップダウン法によって見積もられた総放出量は，過去 30 年間にわたって 551～554 $TgCH_4/yr$ で大きな変化がなく，その変動幅はたかだか 1% 程度である．総放出量の内訳を見ると，自然起源と人為起源の CH_4 放出が互いに逆相関の関係を保ちながら変化しており，このような関係は，とくに 1990 年代に水田や家畜といった農業活動および有機物廃棄に起源をもつ CH_4 の放出が増加し，湿地起源の放出が減少したことに起因している．一方，ボトムアップ法の結果によると，総放出量の変動幅は 24% となっており，トップダウン法よりも大きい．湿地の寄与が大きい自然起源の CH_4 放出は，トップダウン法の結果と同様に，1990 年代にいったん低下し 2000 年代に回復するという傾向を示しているが，農業や廃棄物からの人為起源 CH_4 の放出量は過去 30 年間にわたって徐々に増加している．

表 5.2 には，それぞれの放出源と吸収源について推定された強度の幅も記してある．なお，各項目についての研究例が限られているために，この幅は採用された結果の最大値と最小値によって与えられている．一見して気づくように，いずれの項目についても推定幅が非常に大きく，ボトムアップ法に基づく今日の CH_4 収支の知見がまだ十分ではないことを示している．

大気をひとつのボックスと見なして (5.13) 式を用いて推定された 2011 年の全球 CH_4 の収支を表 5.3 に示す（IPCC AR5, 2014）．大気中の CH_4 量は濃度

表 5.3　トップダウン法によって推定された 2011 年の全球 CH_4 収支

大気中の CH_4 量	4,954±10	$TgCH_4$
全放出量	556±56	$TgCH_4/yr$
人為起源	354±45	$TgCH_4/yr$
自然起源	202±35	$TgCH_4/yr$
全消滅量	542±56	$TgCH_4/yr$
大気中の CH_4 量増加	14±3	$TgCH_4/yr$

（IPCC AR5, 2014）

の系統的観測の結果（1,801±4ppb）から，消滅量は大気中の寿命を9.1±0.9年（Prather et al., 2012）として，大気中でのCH$_4$の増加分は系統的観測の結果（5.1±1.1ppb/yr）から計算されており，放出量は消滅量と大気中の増加分を加えたものとなっている．また，第6章で述べる氷床コア分析によって推定された産業革命前（1750年）のCH$_4$濃度（700±13ppb）と，大気化学モデルによって推定された産業革命前のCH$_4$の大気中寿命（9.5±1.3年；Prather et al., 2012）を用いて計算した放出量（産業革命以前には大気中濃度の増加はなかったと仮定）を自然起源とし，この放出量が今日まで時間的に変化していないと仮定すると，現在（2011年）の放出量との差が人為起源ということになる．このようにして推定されたCH$_4$の消滅量や放出量およびその内訳を，表5.2に示した逆解析による収支と比較してみると，両者はよく一致しており，収支が閉じるように求めるトップダウン法の結果の間には大きな違いは見られない．

　CH$_4$の放出量と消滅量およびその内訳については，これまでトップダウン法やボトムアップ法を用いて多くの研究がなされてきたが，上で述べたように，それらの結果の間には依然として大きな違いが見られるのが現状である．今後さらにCH$_4$収支の定量的評価および将来予測を目指した研究を継続して実施する必要がある．

❸ CH$_4$収支の年々変動

　5.1.2❷項において，大気中のCH$_4$濃度は非常に複雑な年々変動を示しており，その原因は完全に理解されているわけではないと述べた．この項では，CH$_4$濃度の長期変動および年々変動の原因について，最新の研究の結果を交えて検討し，考察する．なお，以下で紹介する説のなかには互いに対立するものも多く，今後の研究の進展によって否定される説もあることに注意されたい．

　図5.3のとおり，CH$_4$濃度は大きな年々変動を示すが，そのなかでも特徴的な点は，(1)1991年の急増と1992年の増加停滞，(2)1998年の急増，(3)1983年から2005年にかけての濃度増加の減速，とくに1999〜2005年の増加停滞，(4)2006年ころ以降の再増加である．これらの現象について時間を追って順に検討する．

(1) 1991年の急増と1992年の停滞

　1991〜92年の期間は，1991年6月のフィリピン・ピナツボ山の大噴火とそれに伴う全球的な低温・少雨傾向によって特徴づけられる．エドワード・ドゥ

第 5 章　メタンおよび一酸化二窒素の変動と循環

ルゴケンスキー（Edward J. Dlugokencky）らは，ピナツボ火山の噴火によって成層圏に加えられた大量の SO_2 およびその後に生成された硫酸エアロゾルが太陽からの紫外線を 12% ほど減少させ，それに伴って対流圏の OH の生成量が減少したために CH_4 濃度が 1991 年に急増したと推測している（Dlugokencky et al., 1996）．この推測は，OH との反応がおもな消滅源である CO の濃度も同じ時期に急増している事実を補強材料としている．また 1992 年の停滞については，北半球高緯度で増加率の最も大きな減少が観測されたことを踏まえて，1991 年 12 月の旧ソビエト連邦崩壊による経済の混乱によって同国での天然ガスや石炭ガスの放出が減少したことを原因として挙げている．一方，ベルナデット・ウォルター（Bernadette P. Walter）らは，プロセスモデルを用いて湿地からの CH_4 放出量を計算し，ピナツボ火山の噴火に伴って 1992 年の夏に北半球高緯度で気温が低下し降水量が減少したこと，また熱帯域で降水量が減少したことにより，これらの地域からの CH_4 放出が減少したためとしている（Walter et al., 2001）．そのほか，デビッド・ロウ（David C. Lowe）らは，南半球の大気中 CH_4 の $\delta^{13}C$ が 1992 年に 0.2‰ ほど減少したことを観測によって見いだし，南半球におけるサバンナ火災の減少が CH_4 濃度の増加率を低下させたと結論づけている（Lowe et al., 1997）．

(2)　1998 年の急増

CH_4 濃度の急増は 1998 年にも観測されている．1998 年は大規模なエルニーニョ現象が発生した年であり，とくに北半球中高緯度（30～90°N）の湿地域での高温と降水量の増加および熱帯・亜熱帯（30°N～30°S）の湿地域での高温が報告されている．ドゥルゴケンスキーらは，ウォルターらが開発した湿地モデルに気象データを入力して湿地からの CH_4 放出量を計算し，この年の CH_4 放出の増大（24.6 TgCH_4）が大気で観測された CH_4 の増加量（約 24 TgCH_4）とほぼ等しいことを見いだした（Dlugokencky et al., 2001）．また，彼らは，1998 年には亜寒帯で森林火災や泥炭火災が頻発し，13×10^4 km^2 もの面積が消失したため，3.9～6.3 TgCH_4 の CH_4 が大気に放出されたと推定しているが，その濃度増加への寄与は湿地と比べると小さいとしている．

一方，グイド・ファン デル ヴェルフ（Guido R. van der Werf）らは，CH_4 濃度の急増のほぼすべてが森林火災による CH_4 放出の増大で説明できるとしている（van der Werf et al., 2004）．彼らは，まず衛星画像から森林火災による焼

5.1 CH₄ の変動と循環

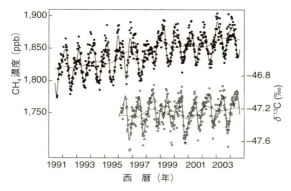

図 5.10 ニーオルスンにおける CH₄ 濃度（●）と $\delta^{13}C$（○）の変動
実線は観測データへ最適化した曲線を，破線は長期変動を表す．（Morimoto et al., 2006）

失面積を，次に生態系モデルを用いて火災発生地の植物量を推定し，それをもとにして焼失によって大気に放出された炭素量を評価し，さらに経験的に決めた CH₄ 放出率をそれに掛けて CH₄ 放出量を求めている．この際，炭素放出量は，同様な方法で求めた CO 放出量が大気中の CO 濃度の変動に一致するように調整されている．

1998 年の CH₄ 濃度の急増に関する 2 つの研究の主張は相反しているが，CH₄ の $\delta^{13}C$ の観測からは，また異なる結果が得られている．図 5.10 は，スバールバル諸島ニーオルスンにおける CH₄ 濃度と $\delta^{13}C$ の観測値，それらへ最適化させた曲線および季節変動を除去した経年変動を示す（Morimoto et al., 2006）．ニーオルスンにおいても 1998 年に CH₄ 濃度の急増が観測されているが，$\delta^{13}C$ には大きな変化は見られない．森本真司らは，両者の異なった時間変動を矛盾なく説明するためには，1998 年に化石燃料起源の CH₄ 放出量に変化がなかったと仮定したうえで，同位体比的に軽い湿地起源 CH₄（$\delta^{13}C$ は約 −60‰）と同位体比的に重い森林火災起源 CH₄（$\delta^{13}C$ は約 −25‰）が 2：1 の割合で濃度変動に寄与していたとすべきと主張している．

(3) 1983〜2005 年の増加の減速および 1999〜2005 年の停滞

図 5.7 に示したように，1999 年から 2006 年にかけては CH₄ の放出量と消滅量がほぼつり合い，CH₄ 濃度の増加が停止していた．さらに長い時間スケールで CH₄ 濃度変動を見ると，1980 年代から徐々に増加率が減少し（Steele et al.,

第 5 章　メタンおよび一酸化二窒素の変動と循環

1987; Aoki *et al.*, 1992)，1999 年ころにほぼゼロになっている．フィリップ・ブースケらは，大気化学輸送モデルと CH_4 濃度の観測値を用いて逆解析を行い，1990 年代に CH_4 濃度の増加が徐々に減速した理由は，化石燃料，家畜，水田，廃棄物に由来する人為起源 CH_4 の放出が減少したことにあるとしている（Bousquet *et al.*, 2006）．とくに 1991 年の旧ソビエト連邦の崩壊に伴う化石燃料起源 CH_4 の放出の減少が重要な役割を果たしたと考えられている．彼らの結果は，また 1990 年代末ころから人為起源 CH_4 の放出が増加に転じていることを示しており，ロシア経済の回復および新興国の経済発展に伴って化石燃料の使用量が急速に増加していることによるものである（Boden *et al.*, 2013）．しかし，2000 年代に入っても大気中の CH_4 濃度は増加することなく停滞しており，このことについてブースケらは，人為起源 CH_4 の放出は増えたものの，北半球における少雨によって湿地からの CH_4 放出が減少したためと推定している．ちなみに，ボトムアップ法による CH_4 放出量の推定値も，湿地からの放出量がこの期間に減少していたことを示している（EDGAR; http://edgar.jrc.ec.europa.eu）．

　大気中のエタン（C_2H_6）の観測からも，1985 年以降に化石燃料起源の CH_4 放出が減少しているという指摘がなされている（Simpson *et al.*, 2012）．C_2H_6 は化石燃料の採掘時に CH_4 とともに大気へ放出される炭化水素であり，森林火災やバイオ燃料燃焼といったほかの放出源の寄与は小さいので，大気中の C_2H_6 濃度の変動は化石燃料起源の CH_4 放出の指標として使える．米国のカリフォルニア大学によっておもに太平洋域で行われた C_2H_6 観測によると（図 5.11），1986 年に 791±19ppt であった全球平均の C_2H_6 濃度は，2010 年には 625±12ppt まで減少している．また，図 5.11 からわかるように，C_2H_6 濃度の変動と CH_4 濃度の増加率の変動が非常に良い相関を示している．イサベル・シンプソン（Isabel J. Simpson）らは，対流圏での C_2H_6 の寿命（約 2 カ月），他の C_2H_6 放出源の寄与，化石燃料ガス（天然ガスや石炭・石油ガス）の重量での CH_4/C_2H_6 比が 3～5 であることを考慮して C_2H_6 濃度の観測結果を解析し，1986～2010 年の間に化石燃料起源 CH_4 の放出量が 10～21 $TgCH_4/yr$ ほど減少したと主張している．

　一方，CH_4 の $\delta^{13}C$ と δD の観測からは対立する説が提出されている．フウミン・カイ（Fuu-Ming Kai）らは，カリフォルニア大学，ニュージーランドの水圏大気研究所（National Institute of Water and Atmospheric Research; NIWA），

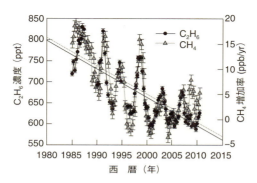

図 5.11 カリフォルニア大学によって観測された大気中の C_2H_6 濃度（●）と CH_4 濃度の増加率（▲）の変動
(Simpson *et al.*, 2012)

および米国のワシントン大学による南北両半球における CH_4 濃度と $\delta^{13}C$ の観測の結果を解析し，(1) 両半球の CH_4 濃度差が 1979〜81 年の 80 ± 20ppb から 1991〜95 年の 93 ± 11ppb に拡大した後，2001〜05 年の 79 ± 10ppb まで縮小していること，(2) おもに北半球における $\delta^{13}C$ の増加によって $\delta^{13}C$ の南北差が 1989〜93 年の -0.24 ± 0.11‰ から 2001〜05 年の -0.10 ± 0.04‰ に縮小していることを報告した（Kai *et al.*, 2011）．彼らは，観測された CH_4 濃度と $\delta^{13}C$ の南北差を，南北両半球大気を 2 つのボックスで表現したモデルで解析し，1990 年代の CH_4 濃度の増加の減速は，同位体的に重い化石燃料起源 CH_4 ではなく，とくに北半球での同位体的に軽い微生物起源 CH_4 の放出の減少によるものと結論づけている．ところがその後，ワシントン大学，ドイツのハイデルベルグ大学，水圏大気研究所および NOAA/ESRL/GMD の観測データをもとに，$\delta^{13}C$ の南北差は 1998 年から 2005 年にかけて縮小も拡大もしておらず，したがって化石燃料起源と微生物起源の CH_4 放出はいずれも時間的に変化していないという主張がインゲボルグ・レヴィン（Ingeborg Levin）らによってなされている（Levin *et al.*, 2013）．

（4）2006 年ころ以降の再増加

ドゥルゴケンスキーらは，NOAA/ESRL/GMD による観測データをもとに，(1) 2007 年における CH_4 濃度の増加率が北半球高緯度で 13.7ppb/yr，南半球で 9.2ppb/yr であり，北半球全体の平均増加率（8.3ppb/yr）よりも大きいこと，

第 5 章　メタンおよび一酸化二窒素の変動と循環

(2) 2008 年には北半球低緯度での増加が最も大きく（8.1 ppb/yr），北半球高緯度ではほとんど濃度が増加していないことを報告している（Dlugokenckey et al., 2009）．また，その原因として，2007 年は北半球高緯度が高温であり，2007〜08 年にはインドネシアやアマゾン川流域で降水が多かったため，これらの地域の湿地から CH_4 が大量に放出された可能性を指摘している．

　ブースケらも大気化学輸送モデルを用いた逆解析から，2007 年の濃度増加の 2/3（5〜29 $TgCH_4$）は熱帯域の湿地，残りの 1/3（0〜10 $TgCH_4$）は北半球高緯度（50°N 以北）の湿地からの CH_4 放出によって説明できるとしている（Bousquet et al., 2011）．また，彼らは気象データを生態系モデルに与えて計算した湿地からの CH_4 放出量も解析し，生態系モデルによる 1997 年の放出量は逆解析の結果と大きく異なっており，モデルから得られた放出量は逆解析の値の 1/4，また熱帯域と北半球高緯度の寄与は 3：1 ではなく，ほぼ 1：1 であったと報告している．

　さらにピーテル・ベルガマスキー（Peter Bergamaschi）は，NOAA/ESRL/GMD による CH_4 濃度の地上観測値に加えて，人工衛星（SCanning Imaging Absorption spectroMeter for Atmospheric CHartographY; SCIAMACHY）による CH_4 の気柱量の観測値（Frankenberg et al., 2010）を用いた逆解析を行った（Bergamaschi et al., 2013）．その結果，図 5.12 に示すように，2006 年と比べると 2007 年には熱帯と北半球中緯度の人為起源 CH_4（化石燃料，家畜，水田，廃棄物）の放出量が 5〜12 $TgCH_4$/yr ほど増加し，また北半球高緯度の湿地からの放出量も 1.2〜3.2 $TgCH_4$/yr ほど増加したことを報告している．

　以上で述べたとおり，大気中で観測された CH_4 濃度の複雑な変動についてはさまざまな手法を用いて研究が行われてきたが，どの緯度帯のどの放出源が濃度変動の主要因であったか，いまだ結論が得られていない．今後起こりうる気候変化に対して地球表層での CH_4 循環がどのように応答するかを明らかにすることは，将来の CH_4 濃度を予測するうえで非常に重要な課題であり，解明が急がれる．今後，大気中の CH_4 濃度および同位体比の高精度観測の継続，拡大や，大気化学輸送モデルやそれによる逆解析手法の高度化，CH_4 フラックス観測の充実とそれをもとにした生態系プロセスモデルの改良，湿地起源 CH_4 の放出推定の高度化などに，引き続き取り組む必要がある．

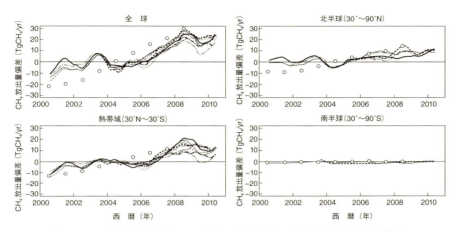

図 5.12 3次元大気輸送モデルを用いた逆解析により推定された人為起源 CH_4 の放出量

縦軸は 2003～05 年の平均値からの偏差，○はボトムアップ法による推定値を示す．グラフ上の多数の線は，条件を変えて感度試験を行った結果を表している．(Bergamaschi *et al.*, 2013)

5.2　N_2O の変動と循環

N_2O は大気中での寿命がおよそ 120 年とたいへん長く，評価期間を 100 年としたときの地球温暖化指数（GWP）が 265 と大きいという特徴を有しており，その大気中の濃度は季節変動や年々変動を伴いながら人間活動によって着実に増加している．そのため，1750 年以降の全球放射強制力は 2009 年ころに CFC-12 を上回り，長寿命の温室効果気体としては CO_2，CH_4 に次いで温暖化への寄与が大きくなっている．また，N_2O は成層圏で O_3 を消滅させるはたらきもしており，地上で放出された N_2O が成層圏に到達すると

$$N_2O + O(^1D) \longrightarrow 2NO \tag{5.22}$$

という反応が起こるが，その際に生じた一酸化窒素（NO）が O_3 を触媒的に分解

$$NO + O_3 \longrightarrow NO_2 + O_2 \tag{5.23}$$

$$NO_2 + O \longrightarrow NO + O_2 \tag{5.24}$$

する（Ravishankara *et al.*, 2009）．すなわち，N_2O は温室効果あるいは温暖化

第 5 章　メタンおよび一酸化二窒素の変動と循環

にとって重要な気体であると同時に成層圏のオゾン層破壊にも関与しており，21 世紀の主要なオゾン破壊物質でもある．

5.2.1　N_2O の発生と消滅

N_2O の発生源は自然発生源と人為発生源に分けられる．おもな自然発生源は，図 5.13 に示すように，好気的環境下での**硝化**（nitrification）と嫌気的環境下での**脱窒**（denitrification）という微生物プロセスである（Wrage *et al.*, 2001）．硝化とは，微生物のはたらきによって有機物から生じたアンモニウムイオン（NH_4^+）を**硝化細菌**（nitobacter）が酸化し，亜硝酸イオン（NO_2^-）を経て硝酸イオン（NO_3^-）を生成する反応

$$NH_4^+ \longrightarrow NH_3 \longrightarrow NH_2OH \longrightarrow NO_2^- \longrightarrow NO_3^- \\ \downarrow \\ N_2O \tag{5.25}$$

であり，この過程の副産物としてヒドロキシルアミン（NH_2OH）から N_2O が発生する．また，脱窒では，**脱窒細菌**（denitrification bacteria）が NO_3^- を還元して N_2 を生成する過程

$$NO_3^- \longrightarrow NO_2^- \longrightarrow NO \longrightarrow N_2O \longrightarrow N_2 \tag{5.26}$$

において中間生成物として N_2O が発生する．硝化細菌と脱窒細菌は地球上に広く分布しており，これらのプロセスによる N_2O の発生にとって森林や草原の土壌および海洋が重要である．さらに，硝化過程で生成される NO_2^- あるいは NO_3^- が脱窒細菌によって利用され，（5.26）式の反応に従って N_2O を生成することも考えられる．この過程は**硝化細菌による脱窒**（nitrifier denitrification）

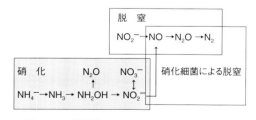

図 5.13　微生物プロセスによる N_2O の生成

とよばれており，硝化細菌と脱窒細菌の両者にとって好ましい環境である土壌においてとくに重要と考えられている．このような微生物活動に伴う発生に加え，大気中でのアンモニア（NH_3）の酸化

$$NH_3 + OH \longrightarrow NH_2 + H_2O \qquad (5.27)$$

$$NH_2 + NO_2 \longrightarrow N_2O + H_2O \qquad (5.28)$$

によっても N_2O は生成されると考えられている（Dentener and Crutzen, 1994）．なお，雷放電による N_2O の生成を示唆する研究もあるが，この過程による発生はきわめて少ないと考えられ，定量的評価も十分になされていない．

　一方，人為的発生源としては，化石燃料燃焼，工業活動，農業活動，バイオマス燃焼，**排泄物**（excreta），反応性の高い窒素（**活性窒素種**（reactive nitrogen species））の放出などを挙げることができる（IPCC AR5, 2014）．火力発電所や自動車などで化石燃料が燃焼されると，燃料に含まれる N_2 やシアン化水素（HCN），アンモニア性窒素（NH_x）といった揮発性窒素の熱分解・合成により N_2O が発生する（$N_2+O+M \rightarrow N_2O+M$; $HCN+O \rightarrow NCO+H$, $NCO+NO \rightarrow N_2O+CO$; $NH_x+OH \rightarrow NH_{x-1}+H_2O$, $NH+NO \rightarrow N_2O+H$）．また，工業活動の代表的な例は**硝酸製造**（nitric acid production）と**ナイロン製造**（nylon production）であり，NH_3 を酸化させて硝酸（HNO_3）を製造する際に副生成物として N_2O が生じ（$4NH_3 + 4O_2 \rightarrow 2N_2O + 6H_2O$），ナイロンの原料であるアジピン酸（$HOOC(CH_2)_4COOH$）を製造する際にも N_2O が生成される（$C_6H_{11}OH/C_6H_{10}O + HNO_3 \rightarrow HOOC(CH_2)_4COOH + aN_2 + bNO + cNO_2 + dN_2O$）．さらに，食糧生産において収量を上げるために**窒素系化学肥料**（nitrogenous fertilizer）や**有機物肥料**（organic fertilizer）を使用すると，農耕地において微生物による硝化と脱窒が活性化され，N_2O の発生が増大する．バイオマスは発熱量が低いために低温燃焼になりやすく，そのような条件では含まれている HCN や NH_3 といった揮発性窒素から N_2O が生成され（燃焼によって放出された HCN と NH_3 は O や H，OH などと反応して NCO や CN，NH_x，NO を生成し，最終的に NH および NCO の NO との反応 $NH+NO \rightarrow N_2O+H$, $NCO+NO \rightarrow N_2O+CO$ により N_2O が発生），排泄物からは微生物による硝化・脱窒過程によって N_2O が発生する．これらの過程に加え，人間が窒素化学肥料の製造や化石燃料燃焼，バイオマス燃焼などを通して NH_3 や NO_3，NO といっ

第5章 メタンおよび一酸化二窒素の変動と循環

た活性窒素種を大量に作り出しており,それが形態変化を伴いながら土壌,地下水,河川,河口,沿岸を経て海洋へ,また大気を介して陸域や海洋へ輸送され,N_2O 生成の原因となっている.

以上のようにして発生した N_2O は大気に放出され,対流圏では安定しているが,成層圏に輸送されると紫外線による光解離と $O(^1D)$ との反応

$$N_2O + h\nu \longrightarrow N_2 + O(^1D) \tag{5.29}$$

$$N_2O + O(^1D) \longrightarrow 2\,NO \tag{5.30}$$

$$N_2O + O(^1D) \longrightarrow N_2 + O_2 \tag{5.31}$$

によって消滅する.それぞれの反応による消滅の割合は 90%,6%,4% と推定されている(Minschwaner *et al.*, 1993; Kaiser *et al.*, 2003).実際,次節で述べるように,N_2O は対流圏ではおおむね一様に分布しているが,図 5.14 に示すように(Nakazawa *et al.*, 2002),成層圏では高度とともに急速に減少し,対流圏界面で約 300ppb であった濃度はその上空 20 km 付近(絶対高度では約 30 km)で約 50ppb となる.なお,成層圏での N_2O の光解離には,高度と緯度に依存し

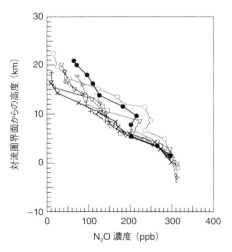

図 5.14 成層圏における N_2O 濃度の鉛直分布
×と+はスカンジナビア半島上空,●は南極上空,その他は日本上空の結果.
(Nakazawa *et al.*, 2002)

て波長 185〜230 nm の紫外線が関与しており，最大の解離は波長 195〜205 nm で生ずる．

5.2.2　大気中の N_2O 濃度の変動

大気中の N_2O 濃度の系統的観測は 1970 年代末に開始されており，今日まで長期にわたって継続されている観測が 2 つある．ひとつは NOAA/ESRL/GMD が維持してきた観測であり（http://www.esrl.noaa.gov/gmd/hats/combined/N2O.html），もうひとつは国際連携の下に進められてきた ALE/GAGE/AGAGE の観測（http://agage.eas.gatech.edu/index.htm）である．本項では，おもに AGAGE によって得られた観測結果をもとに，大気中の N_2O 濃度に見られる季節変動と年々変動，経年増加の実態とその原因についてまとめる．

❹ 濃度の季節変動と年々変動

図 5.15 は，ALE/GAGE/AGAGE によって得られた月ごとの全球平均 N_2O 濃度と，それをもとにして求めた増加率である．それぞれの月別濃度値は，アイルランド（Ireland；52〜53°N），米国のオレゴン州とカリフォルニア州（45〜41°N），バルバドス（Barbados；13°N），米国領サモア，オーストラリアのタス

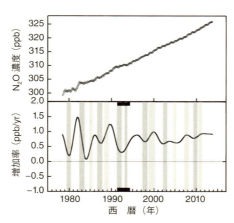

図 5.15　ALE/GAGE/AGAGE による地上観測から求められた月ごとの全球平均 N_2O 濃度と増加率

下図の濃い影はエルニーニョ現象の発生期間，薄い影はラニーニャ現象の発生期間．太い横線はピナツボ火山噴火後の低温期を示す．

第 5 章　メタンおよび一酸化二窒素の変動と循環

マニアで行われた地上観測の結果から計算されている．この図から，N_2O 濃度が経年的に増加しており，それに年々変動が重畳していることが明らかである．また，図 5.15 に示したデータは全球平均値であり，また ALE/GAGE の頃の測定精度が低いため，この図からは明瞭に読み取ることはできないが，測定精度が飛躍的に向上した 1997 年以降の結果は，小さいながらも図 5.16 のような季節変動を示している．

　観測された N_2O 濃度の季節変動と年々変動がどのような原因によって生じているかについては十分な理解が得られているわけではないが，次のようなことが考えられている．前節で述べたように，N_2O は対流圏では安定しており，成層圏に輸送されてから消滅するが，この消滅過程になにか変化が起こると，大気中の濃度は影響を受けるはずである．しかし，消滅に要する時間がたいへん長いことを考えると，対流圏での短期的な変動への影響はかなり小さいと思われる．もしこれが正しいとすると，季節変動や年々変動をひき起こす要因としては，成層圏と対流圏の大気交換，微生物活動による N_2O 生成，対流圏での大気輸送，大気-海洋間の N_2O 交換などを挙げることができる．しかし，実際に

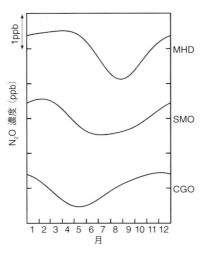

図 5.16　アイルランド（MHD），米国領サモア（SMO），タスマニア（CGO）で観測された 1997〜2013 年の平均的な N_2O 濃度の季節変動

5.2 N_2O の変動と循環

観測される N_2O 濃度の季節変動や年々変動は，これらの要因が複雑に絡み合って生じており，その程度は場所や時間によって異なっていると考えられる．

図 5.16 からわかるように，北半球のアイルランド（MHD）では春に高濃度，晩夏に低濃度，低緯度の米国領サモア（SMO）では夏に高濃度，冬に低濃度，南半球のタスマニア（CGO）では晩春に高濃度，秋に低濃度という季節変動が観測される．微生物活動による N_2O の生成は温度の高い季節に活発になり，また海水に対する N_2O の溶解度も水温が高い季節に小さくなるので，これらのサイトで観測された N_2O の季節変動の低濃度は，微生物活動と溶解度による N_2O 放出を凌駕する効果をもつ要因によって生み出されているはずである．アイルランドで観測される晩夏の低濃度についてシンシア・ネヴィソン（Cynthia D. Nevison）らは，冬季にブリューワー–ドブソン循環（Brewer-Dobson circulation）によって成層圏中上部から N_2O 濃度の低い大気が沈降し，対流圏界面を横切って約 3 カ月をかけて対流圏下部に達するためではないかと推測している（Nevison *et al*., 2011）．また，季節の変化そのものが小さい低緯度に位置する米国領サモアで観測される低濃度は，北半球の夏季に発生するアジアモンスーンによる N_2O 濃度の低い南半球大気の北半球への輸送と関係している可能性を指摘している．なお，サモアは南半球に位置しているが，モンスーンが発生していない時期には南太平洋収束帯がさらに南に移動しているため，N_2O 濃度の高い北半球大気に覆われる．タスマニアで秋に観測される低濃度については，成層圏大気の沈降と海水に対する N_2O の溶解度変化の効果，海洋の微生物活動による大気との N_2O 交換が複合して生じていることを示唆している．

石島健太郎らは，自然土壌起源，海洋起源，人為起源の N_2O フラックスを全球 3 次元大気化学輸送モデルに入力して大気中の N_2O 濃度を計算し，西シベリア上空，日本上空，タスマニア上空で行われた航空機観測から得られた高度別の N_2O 濃度の季節変動と比較している（Ishijima *et al*., 2010）．彼らの結果も，成層圏大気の対流圏への流入や微生物活動および大気輸送の季節性が N_2O 濃度の季節変動にとって重要であり，またそれぞれのプロセスの季節変動への寄与が観測サイトや高度によって大きく異なることを示している．とくに成層圏大気の流入の効果は北半球と南半球で異なっており，その影響は北半球のほうが強く，また北半球であっても対流圏に流入した後の経路の違いを反映して，成層圏大気の影響はシベリアと日本とでは異なった時期に現れることを示して

第 5 章　メタンおよび一酸化二窒素の変動と循環

いる．

　大気中の N_2O 濃度は明瞭な年々変動を示すが，図 5.15 からわかるように，その変動はエルニーニョ現象とラニーニャ現象の発生と良い相関がある．すなわち，N_2O 濃度の増加率はエルニーニョ現象が発生すると小さくなり，逆にラニーニャ現象が発生すると大きくなる．次項で述べるように，土壌および海洋に起源をもつ N_2O は全放出量の約 60% を占めており，また人間活動に伴う N_2O の放出は年によって大きく変わることはないので，このような相関は自然起源 N_2O の発生量が変化した結果と考えられる．その有力な原因のひとつは，エルニーニョ現象やラニーニャ現象に伴って生じた気候変化が土壌中での N_2O 生成に影響を与えることである．土壌における N_2O 生成には，降水量や土壌水分量，土壌温度，土壌中の有機物と酸素濃度，土壌の肥沃度などが関係しているが，とくに土壌の水分と温度は重要な支配要素である．温暖かつ湿潤な環境下にある土壌では，温度が高いと微生物活動が活発化し N_2O の放出を強める．一方，土壌中での N_2O 生成は土壌空隙の 50～80% あるいは 60～90%（土壌のタイプによる）が水で満たされた条件下で最大になるので（Bouwman, 1998），N_2O の発生量は土壌が乾燥化すると減少し，湿潤化すると増加する．一般的には，エルニーニョ現象が発生すると南アメリカの中部と西部，南部アフリカ，熱帯および亜熱帯アジアは高温・乾燥化し，ラニーニャ現象が発生するとこれらの地域は気温が下がり湿潤になる．したがって，低緯度に位置するこれらの地域における土壌からの N_2O 放出の変化が，大気中の N_2O 濃度の年々変動にとって重要な役割を果たしている可能性が高い．

　最近，斉川英里らは**陸域生物化学モデル**（terrestrial biogeochemical model）に土壌 N_2O の発生プロセスを組み込み，気象データを与えて全球にわたる土壌起源 N_2O フラックスを 1975～2008 年の期間について計算した．その結果，エルニーニョ現象の発生時にはフラックスが減少し，ラニーニャ現象の発生中やエルニーニョ現象発生時の後にはフラックスが増加するという興味深い結果を得ている（Saikawa *et al.*, 2013）．また，彼らは，ラニーニャ現象時と比べると，エルニーニョ現象時のフラックスが北アメリカの北部，南アメリカの北部，南アジア，アフリカの中部と赤道域で減少し，中国の一部と南アメリカの南部で増加することを見いだしている．さらに，N_2O フラックスと降水量，土壌水分量，土壌温度との関係を調べ，赤道域では降水量や土壌水分が，北半球高緯度

5.2 N₂O の変動と循環

では土壌温度が N_2O 発生にとって重要であり，発生量と正の相関があることも示している．なお，N_2O 濃度の年々変動にとって土壌起源 N_2O が重要であるということは，太平洋での船舶観測の結果をもとにして，石島らによっても指摘されている（Ishijima et al., 2009）．

エルニーニョ現象やラニーニャ現象と同期した N_2O フラックスの変動は，ロナ・トンプソン（Rona L. Thompson）らが行った大気化学輸送モデルによる大気中の N_2O 濃度データの逆解析からも見いだされている（Thompson et al., 2014）．1999～2009 年の期間について得られた彼らの結果は，N_2O フラックスの年々変動は南アメリカ，熱帯南アメリカ，アフリカといった熱帯や亜熱帯の陸域でとくに大きく，またフラックスは 2002 年と 2007 年にエルニーニョ現象が発生した際に減少し，ラニーニャ現象の期間には一般的に増加することを示している．とくに熱帯や亜熱帯の南アメリカとアフリカでは，降水量と土壌水分が減少した 2002 年に N_2O フラックスも顕著に減少していることが見られる．N_2O フラックスの年々変動は，熱帯や亜熱帯域と比べると小さいが，北アメリカや北方アジア，ヨーロッパでも生じており，このような年々変動は降水量や土壌水分と密接に関係していると指摘されている．また，トンプソンらは，海洋からの N_2O フラックスの年々変動は北半球（20～90°N）では小さいが，熱帯（20°N～20°S）と南半球（20～90°S）で大きく，熱帯・亜熱帯域の土壌起源の N_2O フラックスと同じように，2002 年と 2007 年のエルニーニョ現象時にフラックスが減少し，2000 年と 2006 年，2008 年のラニーニャ現象時にフラックスが増加していることを見いだしている．4.2.2 項で述べたように，エルニーニョ現象が発生するとペルー沖の湧昇は弱まって西部太平洋の温かい表層水が東側に移動し，ラニーニャ現象が発生すると逆のことが起こる．彼らは，このような湧昇の変化が物理的・生物的プロセスを介して大気-海洋間の N_2O 交換に影響を与えている可能性を示唆している．すなわち，湧昇が変化すると，有光層の下から表層への N_2O を豊富に含む海水の供給が変わり，結果として表層海水の N_2O 分圧を変化させる．また深層から表層への栄養塩の供給が変わるため，表層海水中でのプランクトンの一次生産が影響を受け，N_2O 生成が変化することになる．

図 5.15 の増加率をさらに詳細に見てみると，1991 年 6 月にフィリピンのピナツボ火山が噴火した後，低い増加率がしばらく持続していることに気づく．こ

第 5 章　メタンおよび一酸化二窒素の変動と循環

の期間は火山噴火に伴う低温期にあたり，土壌からの N_2O 放出が減少したことが原因として考えられ（Bouwman *et al.*, 1995），斉川らの結果も，噴火が起きた南アジアにおける N_2O 放出量が 1992 年に大きく減少していることを示している．したがって，ピナツボ火山噴火後の数年については，エルニーニョ現象と噴火に伴う低温の効果が同時に生じていたと考えられる．なお，1983 年 3 月にもメキシコのエルチチョン火山が大規模な噴火を起こし，全球の平均気温が $0.3 \sim 0.5°C$ ほど低下しており，また 1983～84 年にエルニーニョ現象が発生しているので，この時期に観測された低い N_2O 濃度の増加率にも同様なことが関係しているかもしれない．

❷ 濃度の経年増加

図 5.15 からわかるように，全球平均の N_2O 濃度は観測が開始された 1978 年代ころには約 300ppb であり，時間の経過とともにほぼ直線的に増加し，2013 年には 326ppb に達している．6.2.1 項で述べるように，大気中の N_2O 濃度は 18 世紀以前にはほぼ 270ppb であり，19 世紀中ごろから着実に増え，20 世紀中ごろ以降にその傾向が強まり，現在のレベルとなっているので，N_2O 濃度は人間活動によって 55ppb 以上も増えたことになる．また，系統的観測が開始された 1970 年代末の濃度が 300ppb であることを考えると，この 35 年間の 26ppb という濃度増加はそれ以前に増加した 30ppb とほぼ匹敵しており，近年の人間活動の影響がいかに大きいかよくわかる．図 5.15 の結果は，全期間にわたる平均的な N_2O 濃度の増加率が 0.74ppb/yr であることを示しているが，さらに詳細に検討してみると，増加率が 1978～95 年には 0.68ppb/yr，1996～2013 年には 0.79ppb/yr となっており，期間の前半より後半の値が大きいことがわかる．同様な結果は，NOAA/ESRL/GMD による全球観測からも得られており，過去 35 年間に濃度増加の傾向が時間とともに多少強まっている可能性がある．ただし，いずれの観測においても N_2O 濃度の測定精度が全期間にわたって同じではなく，期間の後半に比べると前半の精度が悪いことに注意する必要がある．

N_2O 濃度の増加原因については次節以降で詳しく述べるので，ここでは大気中の N_2O 濃度の緯度分布を検討して大まかな推測を試みることにする．図 5.17 は，東北大学が 1992～2005 年に太平洋で行った船舶観測，AGAGE が 1995～2012 年にアイルランド，米国のカリフォルニア州，バルバドス，米国領サモア，タスマニアにおいて行った観測，NOAA/ESRL/GMD が 1995～2012 年にカナダの

5.2 N₂O の変動と循環

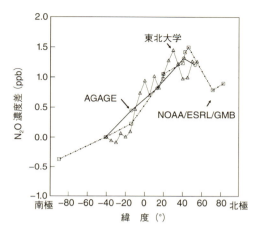

図 5.17 AGAGE,NOAA/ESRL/GMD および東北大学によって観測された最近の平均的な N_2O 濃度の緯度分布

各緯度における濃度値はタスマニア (41°S) あるいは 40°S からの偏差として表してある.
(Ishijima *et al.*, 2009; http://agage.eas.gatech.edu/index.htm; http://www.esrl.noaa.gov/gmd/hats/combined/N2O.html をもとに作成)

アラート,バーロー,米国のパークフォールズ (Park Falls; 46°N) とハーバードフォレスト (Harvard Forest; 43°N),ナイウォットリッジ (Niwot Ridge; 40°N),ハワイのマウナロアとケープクムカイ (Cape Kumukahi; 19°N),米国領サモア,タスマニア 南極点で行った観測の結果をもとにして作成した N_2O 濃度の緯度分布である (Ishijima *et al.*, 2009; http://agage.eas.gatech.edu/index.htm; http://www.esrl.noaa.gov/gmd/hats/combined/N2O.html).東北大学の結果は 40°S の観測値からの偏差として,AGAGE と NOAA/ESRL/GMD の結果はタスマニア (41°S) からの偏差として表してある.この図から,大気中の N_2O 濃度は北極域から 40°N 付近に向かって増加した後,緯度とともに減少し,南極点で最低値に達しており,南極点と比べると,タスマニアでは 0.4ppb,赤道付近で 1.1ppb,40°N で 1.8ppb,北極域で 1.2ppb ほど高いことがわかる.南半球より北半球で濃度が高いというこのような緯度分布は,N_2O が成層圏でのみ消滅されることを考えると,北半球に N_2O の放出源があるということを意味している.

N_2O の放出フラックスの緯度的な特徴を見るために,ひとつの例として,排

第 5 章　メタンおよび一酸化二窒素の変動と循環

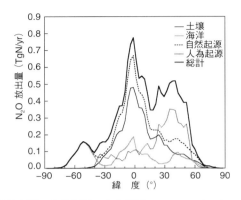

図 5.18　土壌起源，海洋起源，人為起源の N_2O フラックス，土壌と海洋を加えた自然起源の N_2O フラックスおよび人為起源と自然起源を加えた総 N_2O フラックスの緯度分布
データの出典は本文を参照のこと．

出インベントリーデータと過去の研究をもとにして，各緯度の土壌起源，海洋起源，人為起源（2006 年）のフラックス，および土壌と海洋を加えた自然起源，自然起源と人為起源を加えた総計のフラックスを求めた（図 5.18）．土壌起源と人為起源のフラックスは，それぞれ EDGAR2（http://themasites.pbl.nl/tridion/en/themasites/edgar/emission_data/edgar2-1990/greenhouse-gases/Nitrous-Oxide.html）と EDGAR v4.2 FT2010（http://edgar.jrc.ec.europa.eu/overview.php?v=42FT2010）というデータベースから採り，海洋起源のフラックスは，N_2O 発生過程を組み込んだ 3 次元海洋生物地球化学モデルによる計算と大気–海洋間の N_2O 分圧の観測から推定されたものである（Nevison *et al.*, 1995; Jin and Gruber, 2003）．土壌起源の N_2O フラックスは赤道付近で最大となり，両極に向かって減少するが，陸の多い北半球では南半球より多く放出されている．一方，海洋起源のフラックスは，南大洋と赤道海域，北半球中高緯度海域から多く放出されており，放出量は北半球より南半球のほうが多い．土壌起源と海洋起源のフラックスを加えると，北半球と南半球のフラックスはほぼ等しくなる．このことは自然起源の N_2O 放出だけであると，大気中の N_2O 濃度は赤道域で高く，北半球と南半球の濃度差は小さいことを示唆している．一方，人為起源 N_2O のフラックスの 80% 以上は北半球に存在しており，結果として人

為起源と自然起源を合わせた総放出量の 60% 以上が北半球から放出されていることになる．したがって，人為起源 N_2O の放出によって大気中の N_2O 濃度は北半球で高くなり，観測事実と定性的に一致するので，濃度の経年増加は北半球に集中する人間活動の影響を受けた結果と考えて良いだろう．

5.2.3　地球表層における N_2O の収支

前項で述べたように，近年の系統的観測の結果から，大気中の N_2O 濃度が経年的に増加していることは明らかである．このような濃度増加は人間活動によってひき起こされたものであり，その原因を定量的に理解することは，N_2O 循環の解明にとって不可欠な課題である．ここでは，トップダウン法やボトムアップ法を用いて得られた N_2O の全球収支，放出量の時空間変動，発生源別の放出量について現在の知見をまとめる．

Ⓐ　トップダウン法による収支推定

図 5.15 の結果からわかるように，大気中の N_2O 濃度は過去 35 年間にわたって 0.74ppb/yr という率でほぼ直線的に増加してきた．このような増加は，N_2O の放出量と消滅量の差がこの期間ほぼ一定であったことを意味している．大気をひとつの均質なボックスと見なすと，CH_4 に関する (5.13) 式と同様に，そこでの N_2O の収支は

$$m_{N_2O} n_{air} \frac{dC_{N_2O}}{dt} = S'_{N_2O} - m_{N_2O} n_{air} \frac{C_{N_2O}}{\tau} \tag{5.32}$$

で与えられる（IPCC AR4, 2007; Kroeze et al., 1999）．ここで，m_{N_2O} は N_2O の平均分子量 (28.0)，n_{air} は全大気のモル数 (1.765×10^{20} mol)，C_{N_2O} は大気中の N_2O 濃度（モル比），S'_{N_2O} は単位時間あたりの N_2O の放出量，τ は大気中での N_2O の寿命である．すなわち，この式は，ある期間に大気に放出された N_2O （右辺第 1 項）から消滅した N_2O （右辺第 2 項）を引いた差が，その期間の大気中の N_2O の増加（左辺）になることを示している．N_2O の大気中での寿命は光化学モデルなど多くの方法を用いて推定が行われており，代表的な研究の結果を見てみると，寿命は 114 年から 131 年の範囲，その不確かさは 10 年から 30 年の範囲にある（Volk et al. 1997; IPCC AR4, 2007; SPARC Report, 2013; Prather et al., 2012; IPCC AR5, 2014）．ここでは，これらの研究の結果をもとに大気中での N_2O の寿命を 120 年，その不確かさを ±10 年と

第 5 章　メタンおよび一酸化二窒素の変動と循環

する．また，大気中で濃度が 1ppb である N_2O の重量は，成層圏以上の大気も考慮すると 4.94 TgN（1 TgN は窒素換算で 10^{12}g）となるが，図 5.14 からわかるように，N_2O は成層圏で急激に減少するので，CH_4 の場合と同様に大気を対流圏に限定し 0.973 を掛けて 4.81 TgN とする．この変換係数を用いると，過去 35 年間の平均 N_2O 濃度である 312.5ppb は 1,500 TgN，平均増加率である 0.74±0.26ppb/yr は 3.6±1.2 TgN/yr となる．これらの数値を用いると，過去 35 年の平均的な年間消滅量は 12.5±1.0 TgN/yr（(5.32) 式の右辺第 2 項）となり，これに年増加量を加えると 16.1±1.6 TgN/yr という放出量が得られる．第 6 章で述べるように，人間活動が活発化する前（1750 年ころ）の大気中の N_2O 濃度は約 270ppb（1,296 TgN）と推定されるので，大気中での N_2O の寿命が現在と同じであると仮定すると，自然起源の N_2O の放出量は 10.8±0.9 TgN/yr となる．したがって，自然起源 N_2O の放出が時間的に変化していないとすると，上で得た 16.1±1.6 TgN/yr からこの値を引いて得られる 5.3±1.8 TgN/yr が近年の人為起源 N_2O の放出量ということになる．これらの収支を，解析期間を 1978～95 年と 1996～2013 年に分けて得られた結果とともに，表 5.4 にまとめる．

同様な解析法は IPCC 第 5 次評価報告書においても採用されており，2011 年

表 5.4　トップダウン法によって推定された 1978～2013 年，1978～95 年，1996～2013 年および 2011 年の N_2O の全球収支

西　暦（年）	AGAGE データ			NOAA/ESRL/GMD データ	
	1978～2013	1978～95	1996～2013	2011 (IPCC AR5)	2011（寿命を 120±10 年）
大気中の総重量（TgN）	1,500	1,470	1,530	1,553	1,553
大気中での消滅量（TgN/yr）	12.5±1.0	12.3±1.0	12.8±1.1	11.9±0.9	12.9±1.1
大気中での増加量（TgN/yr）	3.6±1.2	3.3±1.6	3.8±0.6	4.0±0.5	4.0±0.5
総放出量（TgN/yr）	16.1±1.6	15.6±1.9	16.6±1.3	15.8±1.0	16.9±1.2
自然起源放出量（TgN/yr）	10.8±0.9	10.8±0.9	10.8±0.9	9.1±1.0	10.8±0.9
人為起源放出量（TgN/yr）	5.3±1.8	4.8±2.1	5.8±1.6	6.7±1.3	6.1±1.5

5.2 N_2O の変動と循環

の人為起源 N_2O の収支が推定されている（IPCC AR5, 2014）．報告書においては，NOAA/ESRL/GMD による大気観測から 2011 年の平均濃度を 323ppb（1,553 TgN），増加率を 0.83 ± 0.10 ppb/yr（4.0 ± 0.5 TgN/yr），氷床コア分析から 1750 年ころの大気中濃度を 270ppb と求め，マイケル・プレーサー（Michael J. Prather）らの研究（Prather *et al.*, 2012）をもとにして，現在と 1750 年ころの N_2O の大気中寿命をそれぞれ 131 ± 10 年と 142 ± 14 年としている．推定された収支を表 5.4 に示す．また，この表には N_2O の寿命を 120 ± 10 年とした場合の結果も示してある．

AGAGE データの解析結果を見てみると，大気に放出された N_2O の 70% 近くが自然起源であり，人間活動に起源をもつ N_2O は 30% 程度である．また，大気に放出された N_2O のうち，約 80% に相当する量が消滅し，残りの 20% が大気に残留していることを示している．期間別に収支を検討すると，放出量と消滅量，大気中での増加量が前半より後半に多いことがわかる．このような傾向は，人為起源 N_2O の放出が時間とともに増加しており（この解析では前半が 4.8 TgN/yr，後半が 5.8 TgN/yr であり，1.0 TgN/yr の増加となっている），それに伴って大気中の濃度が上昇し消滅も強くなるが，消滅速度が遅いために，大気に残留する量が徐々に多くなることによって生じていると解釈できる．一方，IPCC 第 5 次評価報告書で述べられている NOAA/ESRL/GMD データをもとにした収支は，対象としている年がより最近であるために大気中の増加量が大きく，4.0 ± 0.5 TgN/yr（0.83 ± 0.1 ppb/yr）となっているが，AGAGE データと比べると，消滅量と放出量が小さい．また，自然起源の放出量も小さく，逆に人為起源の放出量が大きい．このような違いは，大気中での N_2O の寿命としてプレーサーらが提案した 120 年より長い値を採用していることによる．ちなみに，寿命を 120 年として同じデータを解析してみると，1996〜2013 年の AGAGE の結果とほぼ一致する．すなわち，ここで採用した手法による全球 N_2O 収支の推定は，採用する N_2O の寿命によって結果が大きく左右されるので，信頼できる寿命を現在および人間活動の影響が小さかったころについて求めることがとくに重要である．なお，1990 年代に計測技術の高度化が図られたため，AGAGE と NOAA/ESRL/GMD によって得られる最近の全球平均 N_2O 濃度はよく一致しており，観測データに起因した収支の違いは小さいと考えて良い．

全球大気化学輸送モデルを用いた逆解析による収支推定は N_2O についても

第 5 章　メタンおよび一酸化二窒素の変動と循環

試みられている．2 次元モデルによる解析は，ロナルド・プリンらによってすでに 1990 年に試みられている（Prinn et al., 1990）．彼らの研究では，対流圏を 8 つのボックス，成層圏を 1 つのボックスで表現したモデルを用いて 1978～88 年の ALE/GAGE の N_2O 濃度データを解析し，全球の N_2O 放出量に対する 90～30°N，30°N～0°，0～30°S，30～90°S における放出量の割合がそれぞれ 22～34，32～39，20～29，11～15％ であり，とくに低緯度からの放出が多いことを報告している．3 次元モデルによる解析は 2006 年にアダム・ヒルッシュ（Adam I. Hirsch）らによって初めて行われ，TM3（Transport Model 3）と名付けられた大気輸送モデルと NOAA/ESRL/GMD によって世界の 48 地点で取得された N_2O 濃度を用いて，1998～2001 年の平均的な N_2O フラックスを求めている（Hirsch et al., 2006）．この解析では，TransCom 3 に従って世界を 22 領域（陸域 11，海洋 11）に分割し，N_2O の大気中寿命（基本としては 122 年を仮定）や対流圏–成層圏の大気交換，先験的フラックス（基本としては GEIA データベースを利用）を変えて 11 のシナリオを作成し，それぞれのシナリオについて逆解析を適用している．ここで GEIA とは**全球排出インベントリー活動**（Global Emissions Inventory Activity）の略であり，大気化学と気候に関連する排出インベントリーの収集を目的として組織され（現在は Global Emissions InitiAtive と改名して活動している），N_2O に関しては 1990 年を基準年としたレックス・ボウマン（Lex A. F. Bouwman）らの結果（Bouwman et al., 1995）が採用されている．ヒルッシュらによる研究の後も，大気化学輸送モデルや先験的フラックス，領域分割，濃度データ，大気中寿命，成層圏–対流圏の大気交換などを変えていくつかの解析がなされている（Huang et al., 2008; Thompson et al., 2014; Saikawa et al. 2014）．図 5.19 は，3 次元大気輸送モデルを用いた逆解析により推定された全球，陸域，海洋の N_2O 放出フラックスである．全球については，上で述べた（5.32）式と AGAGE による観測濃度を用いて推定された結果，および GEIA データベースの値も示してある．また，GEIA データベースの値は，陸域と海洋についても示してある．ヒルッシュらやジン・フゥアン（Jin Huang）らが先験的フラックスとして採用した GEIA データの全球値は，他の研究による推定値より明らかに小さく，陸域と海洋に分けて推定した結果についても同様な傾向がみられる．逆解析は濃度データが充実した 1990 年代半ば以降に限られているが，この期間の結果を比較してみると，トンプソン

5.2 N$_2$O の変動と循環

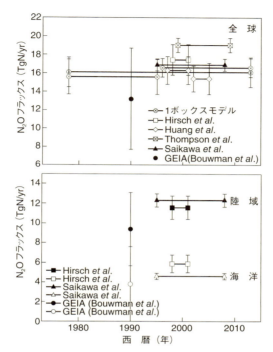

図 5.19 トップダウン法によって推定された全球，陸域，海洋の N$_2$O 放出フラックス
横棒は推定期間を，縦棒はその不確かさを示す．GEIA データベースの値も示してある．

らによる 1999～2009 年の結果が多少高いものの，ほかはおおむねよく一致しており，また (5.32) 式を用いて推定した値との一致も良い．さらに陸域と海洋の放出フラックスを見てみると，海洋からの放出は陸域より明らかに小さく，陸域の半分以下であることがわかり，その量（およそ 5 TgN/yr）は地球全体の放出量（およそ 17 TgN/yr）の約 30% に相当する．

N$_2$O の放出がどの緯度帯で生じているかを検討するために，ヒルッシュらとフゥァンら，プリンらの結果について，全球放出フラックスに対する 90～30°N，30°N～0°，0～30°S，30～90°S の各緯度帯におけるフラックスの割合を求め，図 5.20 に示す．この図には GEIA データベースから求めた結果も併せて示してある．3 次元モデルを用いたヒルッシュらとフゥァンらの結果は，0～30°N

193

第 5 章　メタンおよび一酸化二窒素の変動と循環

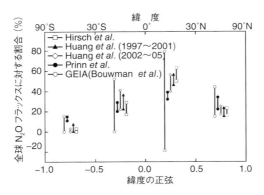

図 5.20　逆解析によって推定された全球 N_2O 放出フラックスに対する 4 つの緯度帯（90〜30°N，30°N〜0°，0〜30°S，30〜90°S）の割合
GEIA データベースの値も示してある．縦棒の長さは不確かさを示す．

での放出が最も多く（50%），0〜30°S（28%）と 30〜90°N（20%）がそれに続き，30〜90°S での放出は小さい（2%）ことを示している．2 次元モデルを用いたプリンらの結果を見てみると，全体の傾向は 3 次元モデルと似ているが，放出フラックスの割合は 90〜30°N でわずかに大きく，30°N〜0° で小さく，0〜30°S ではほぼ等しく，30〜90°S で大きい．このような違いは，解析した年代が異なっているので，この間に N_2O の放出が変化した可能性がある，あるいはプリンらの解析では簡略化されたモデルと限られた地点で観測された N_2O 濃度データが使用されているので，結果の信頼性が低い，といったことが考えられる．ちなみに，図 5.18 に参考として示したボトムアップ法をもとにした分布は，90〜30°N，30°N〜0°，0〜30°S，30〜90°S の各緯度帯におけるそれぞれのフラックスの割合が 28%，33%，29%，10% であることを示しており，2 次元モデルを用いたプリンらの結果に近くなっている．GEIA データベースの結果は大きな不確かさをもっているが，平均的な値を 3 次元モデルの結果と比べると，30°N〜0° で明らかに小さく，30〜90°S で大きい．

　3 次元モデルを用いた逆解析の結果をもとに，さらに人為起源 N_2O の放出を推定してみることにする．上でも述べたように，1750 年ころの大気中の N_2O 濃度を 270ppb，大気中寿命を 120 年とすると，自然起源 N_2O の放出量は 10.8±0.9 TgN/yr と推定される．また，ヒルッシュらは 1998〜2001 年の陸域

5.2 N$_2$O の変動と循環

と海洋からの放出量をそれぞれ $11.6\pm1.2\,\mathrm{TgN/yr}$ と $5.9\pm0.9\,\mathrm{TgN/yr}$ と推定し，斉川らは 1995〜2008 年の陸域と海洋からの放出量をそれぞれ $12.3\pm0.6\,\mathrm{TgN/yr}$ と $4.6\pm0.3\,\mathrm{TgN/yr}$ と推定している．もし海洋起源 N$_2$O の放出が産業革命前から今日まで不変であったとすると，1750 年ころの陸域からの放出は，ヒルッシュらについては $4.9\pm1.3\,\mathrm{TgN/yr}$（$(10.8\pm0.9)-(5.9\pm0.9)$），斉川らについては $6.2\pm0.9\,\mathrm{TgN/yr}$（$(10.8\pm0.9)-(4.6\pm0.3)$）となる．現在の陸域からの放出量から 1750 年ころの放出を引くと，残りは現在における人為起源 N$_2$O の放出ということになる．このような計算を行うと，ヒルッシュらの結果からは $6.7\pm1.9\,\mathrm{TgN/yr}$，斉川らの結果からは $6.1\pm1.1\,\mathrm{TgN/yr}$ という値が得られる．これらの値は，表 5.4 に示した AGAGE 濃度データから求めた 1996〜2013 年の $5.8\pm1.6\,\mathrm{TgN/yr}$ や NOAA/ESRL/GMD 濃度データから求めた $6.7\pm1.3\,\mathrm{TgN/yr}$ あるいは $6.1\pm1.5\,\mathrm{TgN/yr}$ とおおむね一致しており，次項で述べるボトムアップ法による推定値とも一致する．

以上で述べたトップダウン法による N$_2$O 収支の推定においては，大気中での N$_2$O の寿命として 114〜131 年が仮定（1750 年ころの自然起源 N$_2$O の放出量を推定する際には 141 年も仮定）されており，得られたそれぞれの結果は大きな不確かさを含んでいるものの，平均的にみると全球収支はおおむね一致している．さらに，3 次元大気輸送モデルによる逆解析はいずれも，N$_2$O 放出フラックスは北半球低緯度で最も大きく，それに南半球低緯度，北半球中高緯度，南半球中高緯度が続くことを示しており，また，とくにアジアにおける窒素肥料の使用量の増加と南アメリカでの森林破壊の進行によって人為起源 N$_2$O の放出が近年増加していることを示唆している．しかし，大気中の N$_2$O 濃度の時空間変動は小さく，逆解析の結果は採用する大気中寿命や大気輸送化学モデル，対流圏-成層圏の大気交換などに強く影響されるので，全球および領域別の N$_2$O フラックスの変動をより定量的に理解するためには，これらの要素についてさらに精緻化，高度化を図る必要がある．

❸ ボトムアップ法による収支推定

トップダウン法は，大気中の N$_2$O 濃度の測定データがあると，当該期間における全球および領域別の N$_2$O 収支とその時間変動を推定することができるが，放出源や消滅源の項目別のフラックスを直接的に推定することは困難である．このような情報は，関係するそれぞれの過程についてフラックスを測定またはプ

第 5 章　メタンおよび一酸化二窒素の変動と循環

ロセスモデルを用いて計算し，その結果を時間的，空間的に拡張する，あるいは産業統計データと経験的に決定された N_2O 排出係数をもとにして人為起源ごとの排出インベントリーを作成する，というボトムアップ法を用いることによって得られる．実際，この手法を用いた研究はこれまでに数多く行われており，またそれらの結果をまとめて N_2O 収支を推定する努力もなされている（たとえば Syakila and Kroeze, 2011; EPA Report, 2010; IPCC AR5, 2014; Davidson and Kanter, 2014; EDGAR version 4.0 (http://edgar.jrc.ec.europa.eu)）．N_2O の放出源は地球表層に数多く存在しかつ複雑に分布しているために，推定されたフラックスには大きな不確かさがあり，一致した結果が得られているわけではないが，推定の代表的な例として，IPCC 第 5 次評価報告書がまとめた N_2O の項目別収支を表 5.5 に示す（IPCC AR5, 2014）．この表には，報告書で新たに推定された 2006 年と 1990 年代中ごろの収支とともに，IPCC 第 4 次評価報

表 5.5　IPCC 第 5 次評価報告書によってまとめられた最近の N_2O 収支（単位は TgN/yr）

	AR5（2006 年）	AR5（1990 年代中ごろ）	AR4（1990 年代）
人為起源放出			
化石燃料燃焼・工業活動	0.7（0.2～1.8）	0.7（0.2～1.8）	0.7（0.2～1.8）
農　業	4.1（1.7～4.8）	3.7（1.7～4.8）	2.8（1.7～4.8）
バイオマス・薪炭燃焼	0.7（0.2～1.0）	0.7（0.2～1.0）	0.7（0.2～1.0）
下水・し尿処理	0.2（0.1～0.3）	0.2（0.1～0.3）	0.2（0.1～0.3）
河川・河口・沿岸域	0.6（0.1～2.9）	0.6（0.1～2.9）	1.7（0.5～2.9）
陸への大気沈着	0.4（0.3～0.9）	0.4（0.3～0.9）	0.6（0.3～0.9）
海洋への大気沈着	0.2（0.1～0.4）	0.2（0.1～0.4）	－
小　計	6.9（2.7～11.1）	6.5（2.7～11.1）	6.7（2.7～11.1）
自然起源放出			
自然土壌	6.6（3.3～9.0）	6.6（3.3～9.0）	6.6（3.3～9.0）
海　洋	3.8（1.8～9.4）	3.8（1.8～9.4）	3.8（1.8～5.8）
大気化学	0.6（0.3～1.2）	0.6（0.3～1.2）	0.6（0.3～1.2）
地表消滅	−0.01（0～−1.0）	−0.01（0～−1.0）	－
小　計	11.0（5.4～19.6）	11.0（5.4～19.6）	11.0（5.4～19.6）
人為起源放出 + 自然起源放出	17.9（8.1～30.7）	17.5（8.1～30.7）	17.7（8.5～27.7）
成層圏での消滅	14.3（4.3～27.2）		
大気残留	3.6（3.5～3.8）		

（IPCC AR5（2014）をもとに作成）

5.2 N_2O の変動と循環

告書による 1990 年代の平均的収支も参考のために示してある．2006 年の収支を見てみると，人為起源のなかでは窒素肥料や有機肥料の使用といった農業活動による放出が最も多いことがわかり，人間活動による全放出量の 60% を占めている．また，農業や化石燃料燃焼，工業活動に起源をもつ活性窒素種が河川や河口，沿岸域に流出したり，大気を通して陸あるいは海洋に輸送されたりすることによって生ずる N_2O も多く（合計すると 1.2 TgN/yr），それに化石燃料燃焼・工業活動とバイオマス・薪炭燃焼が続き，下水・し尿処理が最も少ない．1990 年代中ごろの結果と比べると，農業に関連する放出が 3.7 TgN/yr から 4.1 TgN/yr へと増加しており，結果として人為起源 N_2O の全放出量を 6% ほど押し上げている．IPCC 第 5 次評価報告書による 1990 年代中ごろの結果と比較すると，IPCC 第 4 次評価報告書による 1990 年代の結果は，農業活動による放出を少なく，逆に河川，河口，沿岸域の放出を多く評価している．このような放出量の変化は，窒素肥料を施肥した土壌や家畜といった農業活動に関係した N_2O 放出量を推定するために使用されていた排出係数が 2006 年に改訂された（De Klein et al., 2006）ことによって生じており，この改訂によって農業活動から直接に発生する量が増え，河川などで間接的に発生する量が減少している．また，IPCC 第 5 次評価報告書では，大気を通した陸域からの活性窒素種の供給による海洋での N_2O 生産が初めて定量化されている．

一方，自然起源の放出については，IPCC 第 5 次評価報告書と IPCC 第 4 次評価報告書による推定は一致しており，放出量は自然土壌，海洋，大気化学（おもに NH_3 の酸化）の順となっており，自然起源の全放出量に対するそれぞれの寄与は 60%，35%，5% である．地表における消滅は非常に少なく，全球の N_2O 収支にとっては無視しうる量であるが，地域的な収支にとっては重要であると主張されている．なお，この消滅は，森林土壌や農耕地，川岸などで行われた N_2O フラックス観測から最近主張されるようになったものであり（Chapuis-Lardy et al., 2007; Syakila and Kroeze, 2011），そのプロセスの解明はまだ十分に行われてはいないが，微生物活動によるものとされている．5.2.1 項で述べたように，微生物は N_2O を発生させるが，利用できる窒素の量や pH，温度，土壌水分などに依存して消滅にもはたらくと考えられている．

5.2.1 項で述べたように，N_2O は対流圏では安定であり，成層圏に輸送された後に光解離と $O(^1D)$ との反応によって消滅される．これらの過程による消滅量

第 5 章　メタンおよび一酸化二窒素の変動と循環

は，一般的には実験室で決められた吸収断面積や反応係数を組み込んだ大気化学輸送モデルによって計算される（Minschwaner et al., 1993）．また，N_2O と同様に成層圏で消滅され，寿命がわかっている CFC-11 を比較対象として用い，それと N_2O との相関を調べる，あるいは長寿命である SF_6 によって決めた成層圏大気の年齢の鉛直勾配を利用する，といった方法で N_2O の寿命を推定し（Volk et al., 1997; Brown et al., 2013），大気中の N_2O の総量から消滅量を求めるという方法も採用されている．IPCC 第 5 次評価報告書における 2006 年の消滅量は，成層圏での光解離および $O(^1D)$ との反応の寄与をそれぞれ 90% と 10% とし（Minschwaner et al., 1993），さらに人為起源と自然起源を合わせた総放出量から大気残留量を差し引いた値になるように調整して決められている．AGAGE および NOAA/ESRL/GMD の大気観測によると，2006 年の大気中における N_2O の総量は 1,535 TgN であるので，この消滅量（14.3 TgN/yr）を使うと大気中の N_2O の寿命は 107 年となる．得られた 107 年という寿命は，他の研究による 114 年から 131 年という寿命より多少短いので，推定された人為起源あるいは自然起源の放出量が過大である可能性はあるが，年齢の不確かさの範囲では両者は一致している．たとえば，上で述べた CFC-11 や SF_6 を用いて推定された寿命（平均値は 122 年）の不確かさは ±24 年と評価されている（Volk et al., 1997）．

　IPCC 第 5 次評価報告書によると，近年，人間活動によって 6.5〜6.9 TgN/yr，自然的要因によって 11.0 TgN/yr，合計で 17.5〜17.9 TgN/yr の N_2O が大気に放出されていることになっている．AGAGE 濃度データと (5.32) 式を用いて推定した 1996〜2013 年の収支と比較すると（表 5.4），自然起源の放出はほぼ一致しているが，人為起源の放出と消滅が多少大きい．一方，大気中寿命を 131 年と仮定して NOAA/ESRL/GMD 濃度データから推定された 2011 年の結果と比較すると，人為起源の放出はほぼ一致しているが，自然起源の放出と消滅が大きい．もし大気中寿命を 120 年とすると，自然起源の放出と消滅の違いは縮小するが，人為起源の違いが大きくなる．3 次元大気輸送モデルによる逆解析の結果と比較すると，全放出量はトンプソンらより少なく，ヒルッシュらに近く，フゥァンらと斉川らよりわずかに多い．また，陸域（人為起源と自然土壌を加えた値）と海洋から放出される N_2O はそれぞれ 13.5〜13.1 TgN/yr と 3.8 TgN/yr であり，ヒルッシュらと斉川らの結果と比べると，陸域は多少多く，

逆に海洋は少ない．しかしながら，トップダウン法およびボトムアップ法による結果の不確かさを考えると，さらに踏み込んだ考察を行うことは困難である．

表5.5からわかるように，ボトムアップ法によって推定された項目別およびそれをもとにした全球の放出・消滅フラックスの不確かさはきわめて大きく，このことは N_2O 循環に関するわれわれの現状の理解がいまだ不十分であることを意味しており，今後，推定の確度を向上させる必要がある．

第6章 氷床コアから復元された二酸化炭素，メタン，一酸化二窒素の変動

　大気中の温室効果気体の系統的観測は CO_2 が最も早く，1950 年代末に開始され，その他の気体については 1980 年代になって本格的に実施されるようになった．これらの観測から，温室効果気体の時間的・空間的変動の実態が明らかにされ，得られた結果は大気化学輸送モデルなどによる循環の解析に利用されている．同時に，系統的観測の結果を用いた循環の研究が進展するにつれて，循環をさらに詳細に解明し，また温室効果気体と気候との関係を深く理解するために，より長期にわたる濃度変動の情報が必要となった．過去の温室効果気体濃度の復元は，最も重要な温室効果気体である CO_2 について，とくに 1980 年代にさまざまな方法を用いて活発に試みられた．代表的な方法としては，(1) 19 世紀から 20 世紀中ごろにかけて行われた化学的分析手法による大気中濃度の観測結果の再検討，(2) 太陽を光源としてとられた過去の大気スペクトルの解析，(3) 海水中の溶存無機炭素濃度の鉛直分布の解析，(4) 樹木年輪中の炭素同位体比変動の解析，(5) 過去に採取され保存されていた空気の分析，(6) 全球炭素循環モデルを用いた計算，(7) 化石燃料消費統計と大気残量率をもとにした計算，(8) 極域で掘削された氷床コアの分析，などが挙げられる．図 6.1 に見られるように（Gammon *et al.*, 1985），これらの方法によって得られた結果はかなりばらついており，一致した結論を導き出したわけではないが，南極のサイプル（Siple）基地で掘削された氷床コアの分析結果は，マウナロアでの大気の直接測定とよく一致しており，最も信頼性が高いと考えられた．

　本章では，氷床コア分析による温室効果気体濃度の復元の原理と特徴，方法

6.1 氷床コア分析

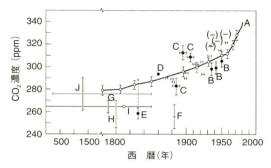

図 6.1 さまざまな方法によって推定された過去 2000 年間の CO_2 濃度
1958 年以降の太い実線 A はマウナロアでの大気の直接観測の結果，太い実線で繋がれた○は南極サイプル基地で掘削された氷床コアの分析結果である．また，I と記された□は初期の氷床コア分析から得られた結果（横に引かれた線は分析されたコア空気の年代幅）を示しており，●をはじめとする他のシンボルは，過去にとられた大気スペクトルの解析など，上記以外の方法によって推定された結果を表している．(Gammon et al., 1985)

について述べた後，これまでに行われたコア分析の結果をもとにして，過去における温室効果気体濃度の変動とその原因を考察する．

6.1 氷床コア分析

6.1.1 氷床コア

　南極やグリーンランドのような極寒の地では，降った雪は解けることなく堆積して氷床を形成する．その最大の厚さは南極において 4,000 m 以上，グリーンランドにおいて 3,400 m 以上にも及ぶ．図 6.2 は極域の氷床上部の断面を模式的に表している．氷床の表面付近は雪（密度は 270〜550 kg/m³）であるが，下層に向かうにつれて雪は上部の重みで圧密されるとともに，雪結晶の昇華と水蒸気の再凝結が起こるためにザラメ雪となり，さらに深くなって密度がおよそ 820〜850 kg/m³ となる深度でザラメ雪どうしが結合して氷となる．雪とザラメ雪の層は**フィルン**（firn）とよばれており，通気性があり，表層では対流や**熱拡散**（thermal diffusion）が卓越するが，その大部分の層では空気成分は分子拡散によって移動する．フィルンの厚さは気温や降雪量などによって変わるが，40〜120 m くらいである．また，同じ場所でも氷期と間氷期では異なり，氷期

第 6 章　氷床コアから復元された二酸化炭素，メタン，一酸化二窒素の変動

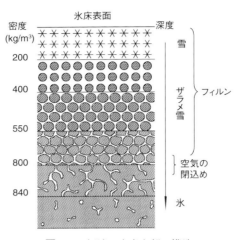

図 6.2　極域の氷床上部の構造

のほうが深くなると考えられている．氷となる深さ（氷化深度）での雪は，過去に氷床表面に降ったものであるので，表面の雪より古い．両者の時間差も気温や降雪量と密接に関係しており，フィルンの厚さと同様に場所と時間に依存するが，およそ 30〜5,000 年である．

図 6.2 からわかるように，氷化深度でザラメ雪どうしが結合して氷になる際に周囲の空気を中に取り込み，その氷は上部の雪の重みで下方に沈降していくので，深度が増すにつれて氷に含まれる空気はより古いものとなる．したがって，氷床を鉛直下方に向かってドリルで掘削し，採取されたコアから空気を取り出して分析することによって，大気成分の変動の時系列が復元できる．参考のために，南極ドームふじ基地（77°19'S，39°42'E，標高 3,810 m）での氷床コア掘削の様子を図 6.3 に，掘削された氷床コアを図 6.4 に示す．

氷化深度付近を詳しく見ると，その上部ではザラメ雪どうしが圧密によって結合し始め，それらの間隙は針状となってまだフィルン空気とつながっているが，下部ではフィルン空気と隔絶されて気泡として氷に完全に閉じ込められる．氷床コアに含まれる空気の量は，気温や気圧，積雪堆積率が異なる多くの場所で掘削された氷床コアについて測定されており，空隙が閉じて気泡となる深度での空隙の体積（V_c），温度（T_c），気圧（P_c）と密接に関係していることがわ

6.1 氷床コア分析

図 6.3 南極ドームふじ基地で氷床コアを掘削している様子（北見工業大学亀田貴雄提供）

図 6.4 南極ドームふじ基地で掘削された氷床コア
コアの直径は 9.5 cm である．（国立極地研究所本山秀明提供）

かっている．標準状態に換算して mL で表した 1 g の氷の含有空気量（V_{STP}）は，P_0 を大気圧（1,013 hPa），T_0 を 0°C（273.15 K）とすると，

$$V_{\text{STP}}(\text{mL}) = V_c \frac{P_c}{T_c} \frac{T_0}{P_0} \tag{6.1}$$

$$V_c = (6.95 \times 10^{-4} T_c) - 0.043 \tag{6.2}$$

で与えられる（Raynaud *et al.*, 1997）．したがって，氷床コアに含まれる空気量は，コアを掘削した場所の環境に支配されており，どのコアでも同じというわけではない．また，気温が比較的高く，降雪量が多い沿岸部で掘削された氷床コアは，氷化深度が浅く，単位長さあたりの雪の堆積量が多いので，さかのぼることができる時間は 100〜10,000 年程度と短いが，現在に近い年代から高時間分解能で変動を復元するために用いられる．一方，内陸部では気温が低く，氷床の涵養が少ないために，そこで掘削された氷床コアからは時間分解能は低下するが，数十万年以上に及ぶ変動を復元できる．したがって，目的によって

第 6 章　氷床コアから復元された二酸化炭素，メタン，一酸化二窒素の変動

掘削する場所を変え，分析に用いる氷床コアを使い分ける必要がある．

　なお，上で述べたように，フィルンの中では空気成分は分子拡散によって移動するため，下部の空気成分は上部に比べて数十〜100 年ほど古いことが最近知られるようになった．そのため，ドリルでフィルンを掘削して深度別に空気を採取し，それを分析することによって大気の系統的観測が行われる前の時間変動を復元することも行われている．

6.1.2　氷床コア分析の特徴

　氷床コア分析は，氷に取り込まれて保存されていた過去の空気を取り出して濃度を測定するので，直接的な方法であり，数十年〜数十万年に及ぶ多くの大気成分の変動を復元できるという大きな特徴をもつ．さらに，氷床コアを分析することによって過去の気温や海水温，海水準，多くの化学成分，固体微粒子などの変動も知ることができるので，復元した温室効果気体の変動をこれらの要素と比較し，環境や気候との関わりを検討できるという利点もある．このように，氷床コア分析は過去の温室効果気体の変動を復元し，それを解釈するためにはたいへん優れた手法であるが，多くの困難な点もある．たとえば，氷の含有空気量は少なく（1 kg の氷に含まれる空気はせいぜい 100 mL 程度），実際の気体分析に使用できる氷試料量は限られるので，現代の空気によって汚染されることなく少量の氷から空気を効率よく抽出し，高精度の濃度や同位体比の分析を行わなければならないため，きわめて高度な技術を必要とする．そのため，高精度の氷床コア分析を行うことができる研究機関は世界的に見ても限られており，スイスのベルン大学，フランスの氷河学・環境地球物理学研究所（Laboratoire de Glaciologie et Géophysique de l'Environnement; LGGE），オーストラリア連邦科学産業研究機構，米国のオレゴン州立大学，東北大学，国立極地研究所などを代表的な機関として挙げることができる．また，氷床コアおよび氷に含まれる空気の年代決定が容易でないことや，コアに含まれる空気が過去の大気組成と必ずしも一致していないことなども，大きな困難となっている．氷床コアの分析技術に関しては次の項で述べることにして，ここでは氷床コア分析による大気成分の変動の復元や解釈に必要ないくつかの基礎知識を簡単にまとめる．

Ⓐ 氷床コア分析による気温の推定

　氷期–間氷期サイクルのような，自然的要因による温室効果気体の変動を解釈

6.1 氷床コア分析

する際には気温は重要な要素となるので，氷床コア（H_2O）の $\delta^{18}O$ あるいは δD を分析することによって推定されている．基本的に海水は暖かい低緯度で蒸発し，生じた水蒸気は凝結（降水）と蒸発を繰り返しながら寒い極域に輸送され，降雪となって氷河や氷床を形成し，長い時間をかけてふたたび海に戻る．水の飽和水蒸気圧が同位体によって異なることを反映して，海水が蒸発する際には同位体的に軽い $H_2^{16}O$ や ^1H_2O が優先し，輸送中に降水となって降下する際には重い $H_2^{18}O$ や DHO が優先するので，極域に降る雪の H_2O は同位体的に軽くなる．そのため，図 6.5 に例示するように降雨や降雪の $\delta^{18}O$ と δD は気温と良い相関があり（Dansgaard, 1964; Masson-Delmotte et al., 2008），また蒸発および凝結の際の同位体分別は低温になると強まるので，図 6.6 のように氷期には極域の雪の $\delta^{18}O$ や δD は下がる（Watanabe et al., 2003）．したがって，

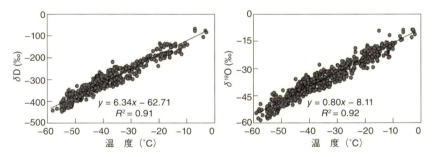

図 6.5 南極域における雪の $\delta^{18}O$ および δD と気温の関係
(Masson-Delmotte et al., 2008)

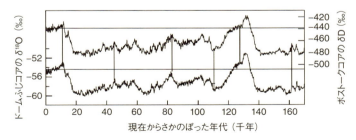

図 6.6 ドームふじコアおよびボストークコアを分析することによって得られた氷の $\delta^{18}O$ と δD の変動
(Watanabe et al., 2003)

第 6 章　氷床コアから復元された二酸化炭素，メタン，一酸化二窒素の変動

　深度ごとに氷床コアを分析して $\delta^{18}O$ や δD の時間変動を求めることによって，間接的ではあるが過去の気温変動を推定できる．一般的には古気候の気温推定には，$\delta^{18}O$ について 0.7‰/°C あるいは 0.8‰/°C，δD について 6‰/°C が用いられている．ちなみに，上の説明から，海水の同位体比の変動は極域の氷床コアから求められる結果とは逆位相の関係にあると想像されるが，実際に海底コアの中に保存されている**底生有孔虫**（benthic foraminifera）の分析から得られた $\delta^{18}O$ は氷床コアとは逆の時間変動を示している（Shackleton, 2000）．なお，海洋の表層付近に生息する**浮遊性有孔虫**（planktonic foraminifera）の $\delta^{18}O$ は，海水の $\delta^{18}O$ に加え，海水温の変化による同位体分別の影響を強く受けるので，海水の $\delta^{18}O$ の復元には，水温の変化が小さい海底付近に生息する有孔虫が用いられる．

　気温に加え，氷床コアを分析することによって海水準や海水温といった環境要素も推定できる．すなわち，氷期には氷床が拡大し，同位体的に軽い H_2O が蓄積されるので，海水準が低下し，海水の H_2O の $\delta^{18}O$ は高くなるはずであり，そのような海水と同位体的に平衡になった大気の O_2 は氷床コアの中に気泡として保存されている．また，海水に対する溶解度の温度依存性は Kr や N_2，キセノン（Xe）で異なるので，氷床コアに含まれる空気を分析して得られる Kr/N_2 や Xe/N_2 の比の変動は，海水温の変化と密接に関係している（Headly and Severinghaus, 2007）．

❸ 氷床コアと含有空気の年代決定

　氷床コアを深度別に分析して求められた結果を時間軸に並べるためには，氷から抽出した空気がいつごろのものであるか推定しなければならない．そのためには，まずそれぞれの深度における氷の年代を推定し，次に氷と氷に含まれる空気の間の時間差を補正する必要がある．氷床コアの年代を推定することは難しい課題であるが，基本的には年代がわかった信頼のおけるタイムマーカーを氷床コアから見つけ出し，タイムマーカー間の氷年代を**氷床流動モデル**（ice sheet flow model）などで内挿することによって求められる．よく用いられるタイムマーカーとしては，火山噴火の痕跡，核実験によるトリチウム（^3H）の高濃度，宇宙線起源の同位体核種であるベリリウム（^{10}Be）の変動，氷期の終了といった特徴的な気候変動シグナルなどが挙げられる．そのほか，積雪の多い地域で掘削されたコアの場合，氷の電気伝導度や $\delta^{18}O$ に見られる季節変動シ

グナル,あるいは年層縞を数えて年代を決めるということも行われている.また,深くまで掘削した深層コアについては,最近,氷に含まれる空気の O_2/N_2 比を測定することによって年代を決定するという,これまでとまったく異なる新たな方法が開発された(Kawamura et al., 2007).すなわち,川村賢二らは南極ドームふじ基地で掘削された全長 2,504 m の氷床コアを分析して,図 6.7 のように,O_2/N_2 比が,地球の軌道要素から正確に計算できる掘削地点での夏季の日射量とよく相関して変動していることを見いだし,両者の変動を比較することによって数十万年に及ぶコア年代が 2,000 年以内の不確かさで決定できることを示した.

氷と空気の年代差は気温や積雪量によって異なるため,その正確な推定も難しい課題である.深層氷床コアに関しては,まずコアについて $\delta^{18}O$ を測定し,その結果をもとにして過去の氷化密度を計算し,次に雪の圧密過程を取り扱うモデルを用いて氷化密度での氷年代を求める方法が一般的に採用されている.一方,積雪量が多い地域で掘削された浅層コアを用いて数十年から数百年程度の期間の温室効果気体の変動を高分解能で復元する場合には,さらにていねいな方法が採用される.積雪量が多い地域では,冬に形成される比較的密度の大きい層と夏に形成される比較的密度の小さい層が互層構造となってフィルン中に保存されており,空気の閉込めが始まる平均密度である 795 kg/m³ 付近

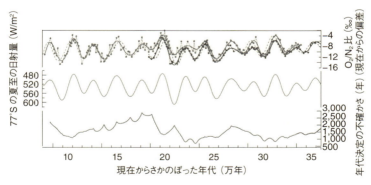

図 6.7 氷床コア分析から得られた O_2/N_2 比と夏季の日射量の変動および氷の年代決定の不確かさ
7 万~34 万年前までの O_2/N_2 比はドームふじコアから,18 万~36 万年前までの O_2/N_2 比はボストークコアから得られたものである.(Kawamura et al., 2007)

第 6 章　氷床コアから復元された二酸化炭素，メタン，一酸化二窒素の変動

ですでに冬の層は氷化している．したがって，冬の層が氷化する深度では，氷化していない夏の層も地上の大気とは隔絶されている可能性が高く，平均密度としては 795〜800 kg/m^3 で実質的な空気の閉込めが起きていると考えられる（Schwander, 1989）．また，フィルンの大部分の層では空気は分子拡散で移動するので，フィルン内部の空気は地上の大気と比べて古く，ある年代幅をもつ．そこで，まず密度が 795〜800 kg/m^3 となる深度の氷年代（τ_{ic}）を求め，次に鉛直 1 次元のフィルン空気輸送モデルを用いてフィルン底部での空気の年代分布を計算し，それから平均的な空気年代（τ_{ac}）を求め，τ_{ic} から引くことによって年代差を求める（Schwander, 1989; Buizert, 2013）．なお，分子拡散の影響は場所によって異なり，積雪量の多い地域で掘削された氷床コアから高時間分解能の濃度変動を復元する際には，この効果の補正は不可欠であるが，積雪量の少ない地域で掘削された氷床コアについては，氷と空気の年代差に比べて十分に小さいので，無視しても差し支えない．

● 氷床コアに含まれる空気の変質

大気はフィルンを通して氷に取り込まれるが，フィルンでは分子拡散が支配的であるため**重力分離**（gravitational separation）によってその成分が変化したり，空気が氷の中に保存されている間に成分が変質したりすることもあるので，これらについても注意を払う必要がある．フィルンでは空気成分が分子拡散によってのみ移動し，氷床上の大気組成が時間変化しなかったと仮定すると，フィルン内のある深度における空気成分 i の分圧は，静水圧の式と状態方程式を用いて

$$p_{iz} = p_{i0} \times \exp\left(\frac{m_i g z}{RT}\right) \tag{6.3}$$

と表現される．z は深度，p_{iz} は深度 z での分圧，p_{i0} は氷床表面の大気中における分圧，m_i は分子量，g は重力加速度，R は気体定数，T は温度である．ここで，任意の 2 成分の大気中での存在比（R_0）に対する深度 z での存在比（R_z）を，同位体比と同じように

$$\Delta = \left(\frac{R_z}{R_0} - 1\right) \times 1{,}000 \tag{6.4}$$

と記述する．Δm を 2 成分の分子量の差とすると，(6.3) と (6.4) 式から近似的に

208

6.1 氷床コア分析

$$\Delta \approx \frac{\Delta m g z}{RT} \times 1{,}000 \tag{6.5}$$

という関係が求まる（Craig *et al.*, 1988）．この式は，重力分離効果を δ 値で表現すると，その大きさが 2 成分の分子量の差と深度に比例することを示している．たとえば，δ^{15}N の場合には $\Delta m = 1$ であるので

$$\delta^{15}\text{N} \approx \left(\frac{gz}{RT}\right) \times 1{,}000 \tag{6.6}$$

となる．

3.3.1 項で述べたように，大気中の N_2 の同位体比は一定と見なすことができるので，フィルンにおける重力分離効果を調べるうえで好都合な成分である．実際にフィルンを掘削して各深度で空気を採取し（Buizert, 2013），質量分析を行って δ^{15}N の鉛直分布を求めると，値は表層の数～15 m（場所による）において大きくばらつき，ばらつきの程度も時間的に変化するが，その下の層では (6.6) 式によって与えられる勾配で増加し，氷化深度付近で一定の値となる．このような鉛直分布はフィルンの構造によって生じた結果である．フィルンを鉛直方向に見てみると，表層の空気は高・低気圧の通過による気圧変化や強風，気温の季節変化に伴ってひき起こされる対流や熱拡散によって比較的よく混ぜられており（**対流層**（convective layer）），その下では分子拡散によって空気は移動し（**拡散層**（diffusive layer）），底部では上部の雪の重みで空気が移動することなく周囲の雪とともに沈降し（**非拡散層**（non-diffusive layer）），その層の下で氷への気泡の閉込めが起こっていると考えられる（Sowers *et al.*, 1992; Kawamura *et al.*, 2006; 2013; Buizert, 2013）．すなわち，氷床コア分析によって過去の温室効果気体の変動を復元する際には，拡散層で生ずる重力分離効果を補正する必要がある．この目的のためには δ^{15}N がよく用いられ，それぞれのコア試料について濃度と同時に δ^{15}N も測定し，(6.5) と (6.6) 式から得られる

$$C \times \frac{\delta^{15}\text{N}}{1{,}000}(m - 29)$$

を測定濃度 C から引くことによって補正される．ここで，m は目的としている気体の分子量，29 は空気の平均分子量である．また，質量差が Δm である同位体についての補正は，測定された同位体比 δ から

$$\delta^{15}\text{N} \times \Delta m$$

第 6 章　氷床コアから復元された二酸化炭素，メタン，一酸化二窒素の変動

を引くことによってなされる．

　氷床コアを用いて過去の温室効果気体の変動を復元する際にさらに注意しなければならない点は，空気が氷床に閉じ込められている間に変質し，もとの大気の成分とは異なる場合があることである．たとえば CO_2 については，酸性の環境下に $CaCO_3$ が存在すると $CaCO_3+2H^+ \to Ca^{2+}+CO_2+H_2O$ という反応が起こり，また有機物が存在するとその酸化によって（たとえばホルムアルデヒドの場合には $HCHO+2H_2O_2 \to CO_2+3H_2O$ という反応），CO_2 が生成される．一方，アルカリ性の環境下では $CO_2+CO_3^{2-}+H_2O \to 2HCO_3$ という反応で CO_2 が消滅する．これまでの研究から，グリーンランドで掘削されたコアにおいては $CaCO_3$ や有機物からの CO_2 生成の影響が強く，過去の CO_2 濃度の復元には適していないことがわかっている．そのため，CO_2 濃度の復元には，これらの不純物が少ない南極のコアが用いられる．N_2O の復元には，南極やグリーンランドのコアが用いられるが，南極内陸で掘削された深層氷床コアの中には氷期に異常に高い N_2O 濃度を示すものがあるので注意が必要である．このような高い濃度が現れる理由はまだよく理解されてはいないが，何らかの化学反応，あるいは好気的環境下における微生物による硝化反応（(5.25) 式）によるものと考えられている．CH_4 については氷床中での生成や消滅がないので，南極とグリーンランドのいずれのコアからも良好な結果が得られている．

　氷床コアから取り出した空気が，過去の大気の成分を忠実に保存しているか否かを見極めることは容易でないが，環境の異なった多くの場所で氷床コアを掘削し，それらから得られる結果を相互に比較することが最も有効な検討方法と考えられる．

6.1.3　氷床コアの分析方法

　氷床コアを用いて過去の大気成分を復元するためには，まずコア試料から空気を取り出す必要があり，その方法としては**融解法**（wet extraction method）と**非融解法**（dry extraction method）が採用される．融解法は原理的には非常に簡単であり，冷却した真空容器にコア試料を入れ，排気した後に容器を外から暖めて中のコア試料を溶かし，放出された空気を除湿して試料採集管に回収するものである．この方法は，コア試料が溶けて生じた水と放出された空気が混在するために，融解水に対する溶解度が小さい CH_4 などの分析や含有空気量

の測定のための空気抽出に適している．しかし，融解水に対する溶解度が大きい気体や，融解水と氷に含まれる不純物との反応によって新たな生成が起こる気体の分析のためには通常使用することができない．例外的に，東北大学の融解法によるドームふじ氷床コアの CO_2 濃度データには信頼性が認められているが，これは装置の清浄性がきわめて高いことや，抽出空気の転送が速やかであり融解の影響が小さいこと，同コアの不純物濃度が低く化学反応が起こりにくいことによると考えられている（Kawamura *et al.*, 2003）．

　これまでの多くの研究によると，CO_2 濃度の正確な測定のためにはコア試料を溶かすことなく空気を抽出する必要があり，そのような方法を実現するために多くの努力がなされてきた．図 6.8 は，東北大学が開発し使用している非融解法を採用した空気抽出装置である（Nakazawa *et al.*, 1993b）．この装置は，真空排気系や除湿トラップ，空気試料捕集部などとともに冷凍室の中に設置されている．原理としては，ステンレススチールのブロック（重石の役割）と磁気カップラー 1 を用いてコア試料を鋭い刃が取り付けられた台に押し付け，外部から磁気カップラー 2 を介して台を回転させることによって細かく削り，放出された空気を試料採集管に回収するものである．

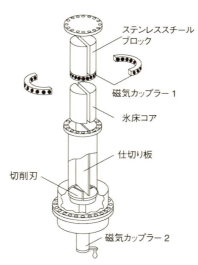

図 6.8　非融解法を採用したコア空気抽出装置

第 6 章　氷床コアから復元された二酸化炭素，メタン，一酸化二窒素の変動

　非融解法を採用した空気抽出装置は，これ以外にもいくつか開発されている．スイスのベルン大学は，マッチ棒程度の太さの金属棒を生け花で使う剣山のように密に配置し，それでコア試料を叩いて粉砕するニードルクラッシャー法や，コア試料を入れたガラス容器に外部から赤外線を当てて昇華させ，空気を放出させる昇華法を利用している．また，オーストラリア連邦科学産業研究機構は，おろし金状の金属板を丸め，その中にコア試料を入れ，全体を揺することによって氷を削るチーズミラー法を，フランスの氷河学・環境地球物理学研究所は，小さな金属容器に金属球とコア試料を入れ，激しく振動させることによって金属球と衝突させてコア試料を崩すメタルボールクラッシャー法を用いている．それぞれの抽出装置には利点と欠点があるが，物理的にコア試料を壊す方法は，空気の抽出効率が 60％ 程度と低く，最も効率の良い東北大学の装置でも 90～98％ くらいである．そのため，削り屑や壊れ屑の中に空気が残ってしまうという大きな欠点がある．とくに 1,000 m を超す深度では，空気は気泡ではなく，直径 0.05 mm ほどの小さなクラスレート・ハイドレート結晶（水分子がつくるかご状構造の中に空気分子を取り込んだ独特な構造をもつ結晶）として存在しており，またそれを破壊して気体を解離させるために数分の時間を要するうえに，解離時間が気体によって異なる．そのため，この方法を採用した装置で抽出された空気は，コア試料に含まれる空気の組成と一致しないことが起こる．クラスレート・ハイドレートや融解水に関わる問題は昇華法を用いることによって解決されるが，空気抽出に非常に長い時間を必要とするという欠点をもつ．

　氷床コアは掘削に労力と経費を要するために，分析に供することができる試料量は自ずと限られるので，上で述べた方法を用いて個々のコア試料から抽出される空気の量はせいぜい数～数十 mL となる．そのため，抽出された空気の温室効果気体の濃度は，一般的にはガスクロマトグラフを用いて測定されるが，ベルン大学では，ガスクロマトグラフと比べると測定精度は劣るが，さらに少ない試料空気でも濃度が定量できるレーザー分光光度計も使われている．ちなみに，東北大学では融解法と非融解法を用いて空気抽出を行い，ガスクロマトグラフで濃度測定を行っているが，総合的な分析精度は，CO_2 については 0.4ppm，CH_4 については 3ppb，N_2O については 1ppb と評価されている．

6.2 人間活動による温室効果気体の増加

英国のガイ・カレンダーは，19～20世紀中ごろにかけて欧米で行われた化学分析法による測定結果をまとめて1938年から一連の論文を発表し（たとえばCallendar, 1958），産業革命前の大気中のCO_2濃度はおおよそ290ppmであり，その後，人間が化石燃料を大量に消費したため増加したと報告している．しかし，化学分析法による20世紀中ごろのCO_2濃度は，近代的な非分散型赤外分析計を用いた系統的観測の結果より明らかに高いことが判明したため，1980年代になって多くの研究者が化学分析法による観測データの信頼性を検討し，さらに系統的観測が行われる前の濃度変動を明らかにするために，この章の冒頭で述べたようなさまざまな方法を試みた．そのなかでも，ベルン大学が，西南極の沿岸部に位置するサイプル基地で掘削された浅層氷床コアを分析することによって過去240年に及ぶ高時間分解の濃度変動を復元し（図6.1を参照）（Neftel et al., 1985），大きな注目を集めた．その後，東北大学と国立極地研究所が南極昭和基地から70kmほど内陸に入ったH15地点で掘削したコアを，オーストラリア連邦科学産業研究機構が東南極沿岸部のロードーム基地で掘削したコアを分析し，人間活動による温室効果気体の増加の実態を明らかにした（Nakazawa et al., 1993c; Machida et al., 1994; 1995; Etheridge et al., 1996; 1998）．

6.2.1 氷床コアから復元された濃度変動

人間活動による温室効果気体の増加の様子をさらに詳しく見るために，東北大学がH15氷床コアを分析して得たCO_2とCH_4，N_2Oの濃度変動を図6.9に示す．この図には，南極点で大気を直接観測して得られた年平均濃度もあわせて示してある．この図からわかるように，氷床コア分析の結果は大気の直接観測の結果と滑らかに繋がっており，過去の濃度変動の復元にとって氷床コア分析が有効であることを示している．また，産業革命以前である18世紀前半のCO_2濃度は約280ppm，CH_4濃度は約700ppb，N_2O濃度は約275ppbであり，人間活動の活発化に伴って徐々に増加し始め，その傾向はとくに20世紀中ごろより顕著になっていることが見られる．さらに，第5章で述べた近年におけるCH_4濃度の増加の鈍化は1980年ころを境に生じたこともわかる．一方，オーストラリア

第 6 章　氷床コアから復元された二酸化炭素，メタン，一酸化二窒素の変動

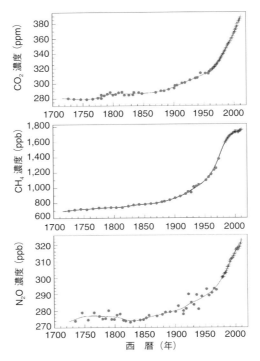

図 6.9　南極 H15 氷床コアから復元された CO_2，CH_4，N_2O の濃度（●）
+ は南極点での大気の直接観測から得られた年平均濃度を表している．

連邦科学産業研究機構がロードーム氷床コアを分析して得た過去 2,000 年間の結果を見てみると，産業革命前の CO_2 濃度はおおむね一定であるが，1〜5 世紀ころの CH_4 濃度と N_2O 濃度はそれぞれ 640ppb と 265ppb であり，その後徐々に増加して 700ppb と 275ppb に到達したことを示しているので（MacFarling Meure et al., 2006），人間活動に伴う CH_4 と N_2O の放出は，食糧確保のための農業活動などによって産業革命以前にすでに起こっていたと考えられる．なお，2013 年時点での CO_2，CH_4，N_2O の地上付近での全球平均濃度はおよそ 395ppm，1,815ppb，326ppb であるので，人間活動によって CO_2 は 115ppm，CH_4 は 1,180ppb，N_2O は 60ppb も増加したことになる．

H15 コアの結果は南極域の濃度を表しているが，グリーンランドで掘削され

たコアの分析から，産業革命以前の北極域における CH_4 濃度は，南極より 30〜50ppb ほど高かったことがわかっている（Nakazawa et al., 1993d; Chappellaz et al., 1997: Sowers, 2010）．このような濃度の南北差は，CH_4 の主たる自然放出源である湿地が北半球に偏在しているために生じていたと考えられる．ちなみに，現在行われている大気観測の結果を見てみると，南北差は 140ppb まで拡大しており，北半球に集中している人間活動の影響を受けた結果である．なお，上で述べたように，グリーンランドはユーラシア大陸や北アメリカ大陸に近いために，そこで掘削された氷床コアは不純物を多く含んでおり，CO_2 濃度を正しく復元することができないので，氷床コア分析によって産業革命以前における濃度の南北差を推定することは不可能である．また，N_2O の南北差は現在でも 1ppb 程度ときわめて小さいので，氷床コア分析によってその差を検出することは困難である．

6.2.2　CO_2 濃度の増加原因

図 6.9 に見られる CO_2 濃度の増加はどのようにして生じたのであろうか．この原因について，4.3.5 ❹ 項で述べたボックス拡散モデルを用いて次のような解析を行い，検討してみる．まずモデルから陸上生物圏を取り除いて大気と海洋のみとした後，産業革命前を起点として，大気に適当な量の CO_2 を加えて大気中の CO_2 濃度と海洋による CO_2 吸収量を計算し，コア分析によって復元された濃度値と比較する．もし両者に差が見られたときには，大気に加える CO_2 量を変えて再度 CO_2 濃度を計算し，両者が一致するまでこの手順を繰り返す．一致が得られたら時間を少しずつ進めながら同様の計算を行い，図 6.9 に示した CO_2 濃度の変動を忠実に再現する CO_2 放出量の時間変化を求める．このようにして得られる放出量には，化石燃料燃焼およびセメント製造の寄与と陸上生物圏の寄与が含まれるので，統計データから推定された化石燃料燃焼とセメント製造による CO_2 放出量を差し引き，陸上生物圏による正味の放出量を求める．

このような解析から得られた結果を図 6.10 に示す．この図から，化石燃料燃焼による CO_2 放出はとくに 20 世紀中ごろから急増しており，それに伴って大気中の CO_2 増加と海洋による吸収が強まっていることがわかる．また，陸上生物圏について見ると，20 世紀中ごろまでは正味の放出源として，その後は吸収

第 6 章　氷床コアから復元された二酸化炭素，メタン，一酸化二窒素の変動

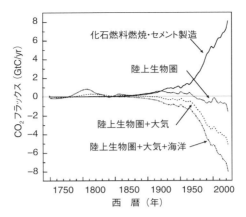

図 6.10　大気中の CO_2 濃度の変動をボックス拡散炭素循環モデルで解析して推定された全球平均 CO_2 収支

「化石燃料燃焼・セメント製造」は統計から求められた放出量，「陸上生物圏」は正味の放出・吸収量，「陸上生物圏 + 大気」は「陸上生物圏」から大気残留量を引いた値，「陸上生物圏 + 大気 + 海洋」はさらに海洋吸収を引いた値を表す．

源として振る舞っていることがわかる．すなわち，20 世紀半ばまでは陸上生物圏と化石燃料が大気中の CO_2 を増加させていたが，それ以降は化石燃料燃焼が主因となっていることを示している．近年の大気中の CO_2 増加の速度が以前よりも多少鈍っていることが見られるが，1980〜90 年代にオイルショックや米国の経済不況，旧ソビエト連邦の崩壊によって化石燃料起源 CO_2 の大気への放出の伸びが低下したこと，1991 年にフィリピンのピナツボ火山が噴火した際に気温や日射量が変化し，数年にわたって陸上生物圏による CO_2 吸収が強まったこと，陸上生物圏と海洋による CO_2 吸収が強まっていることなどのためである．20 世紀中ごろ以前の陸上生物圏からの CO_2 放出は，おもにヨーロッパや北アメリカでの森林の耕地化によるものと考えられる．一方，近年，赤道域での森林破壊によって大量の CO_2 が放出されているにもかかわらず，陸上生物圏が正味の吸収源としてはたらいているという結果は，4.3.5 項で述べたように，CO_2 施肥効果，気候効果，森林再成長効果，窒素施肥効果，森林管理効果などによって北半球中高緯度の森林が赤道域の放出量を上回る CO_2 を吸収しているためである．なお，図 6.9 から 18 世紀後半に CO_2 濃度の急増が見られるが，図 6.10 の結果によると，これは陸上生物圏からの CO_2 放出によって生じたものであ

り，この時期に気温が上昇したことと関係していると推測される．

図 6.10 に示した結果は，人為起源 CO_2 の収支の大まかな特徴をよく表現していると考えられるが，使用したボックス拡散モデルは簡易型の炭素循環モデルであり，より詳細な情報を得るためにはさらに高度なモデルを使用する必要がある．また，CO_2 濃度のみならず $\delta^{13}C$ も復元し，それらの変動を同時に解析することによって，より信頼性の高い収支が推定できると考えられる．実際，最近，南極コードーム基地で掘削された氷床コアとロードーム基地および南極点で採取されたフィルン空気を分析して CO_2 濃度と $\delta^{13}C$ の変動を復元し，両者の変動を解析することによって，過去 1,000 年にわたる大気-海洋間および大気-陸上生物圏間の CO_2 フラックスが求められている（Rubino *et al.*, 2013）．

6.2.3 CH_4 濃度の増加原因

H15 コアについては CH_4 濃度しか測定されていないが，ドミニク・フェレッティー（Dominic Ferretti）らは，南極ロードーム基地からの氷床コアとフィルン空気，オーストラリアのタスマニアで過去に採取し保存されていた空気，ニュージーランドにおける現在の大気を分析し，過去 2,000 年にわたる CH_4 濃度と $\delta^{13}C$ の変動を復元している（Ferretti *et al.*, 2005）．彼らの結果を図 6.11 に示す．この図から，CH_4 濃度は西暦 1700 年までゆっくりと，その後は急速に増加していることがわかる．産業革命以降の濃度増加の様子は図 6.9 に示した H15 コアの結果とよく一致している．一方，$\delta^{13}C$ は 1,000 年までは高い値をとり，次の 700 年の間に 2‰ ほど低下し，その後は現在のレベルへと急上昇している．このように CH_4 濃度と $\delta^{13}C$ の時間変動パターンは明らかに異なっており，フェレッティーらは両者の変動を矛盾なく説明するために必要な各発生源からの CH_4 放出強度を検討した．5.1.3 **A** 項で述べたように，CH_4 の $\delta^{13}C$ は放出源によって異なった値をとることが知られており，同位体比の観点からは，微生物起源と化石燃料起源，バイオマス燃焼起源の 3 つのカテゴリーに分けることができる．微生物起源と化石燃料起源からの CH_4 はおよそ $-60‰$ と $-40‰$ の $\delta^{13}C$ を示し，バイオマス燃焼起源の CH_4 については，燃焼するものが C3 植物であると約 $-25‰$，C4 植物であると約 $-12‰$ となる．したがって，大気中の CH_4 の $\delta^{13}C$ の変動を解析すると，それぞれの放出源の CH_4 濃度の変動への寄与を分離して評価することができる．

第 6 章　氷床コアから復元された二酸化炭素，メタン，一酸化二窒素の変動

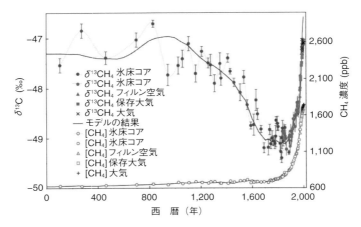

図 6.11　南極ロードーム基地で採取された氷床コアとフィルン空気，オーストラリアおよびニュージーランドの大気を分析することによって復元された過去 2,000 年間の CH_4 濃度と $\delta^{13}C$ の変動

彼らの解析においては，地球全体の対流圏大気をひとつの均質なボックスと見なし，ジョン・ミラーらによる解析と同様に（Miller et al., 2002），CH_4 と $^{13}CH_4$ の収支はそれぞれ（5.17）と（5.18）式で表されている．式に現れる M（大気中の CH_4 重量）と δ^{13}（大気中 CH_4 の $\delta^{13}C$）は氷床コア分析の結果から与えることができ，k は大気中の寿命を 7.6 年と仮定して求め（5.1 節で述べた寿命より短いことに注意），α_{13} や δ_f^{13}，δ_b^{13}，δ_p^{13} はこれまでの研究をもとに推定できるので，未知数は F_f，F_b，F_p となる．しかし，（5.17）と（5.18）式から 3 つの未知数を求めることはできないので，彼らはこれまでの研究を踏まえて比較的信頼できる F_f を先験的に与えている．すなわち，CH_4 濃度の時間変化から全放出量を推定し，それから F_f を差し引いた残りの放出量を $\delta^{13}C$ によって F_b と F_p に配分し，評価している．

このようにして得られた F_b，F_p，F_f を図 6.12 に示す．この解析ではバイオマス燃焼への C3 植物と C4 植物の寄与をそれぞれ 60% と 40% と仮定しているが，その比を 70：30 と 30：70 にした場合の解析も行われており，両者の寄与を大きく変えても最終的な結果はほぼ同じである．図 6.12 を見てみると，西暦 0〜1000 年における平均的なバイオマス燃焼起源と微生物起源の CH_4 放出量はおよそ

6.2 人間活動による温室効果気体の増加

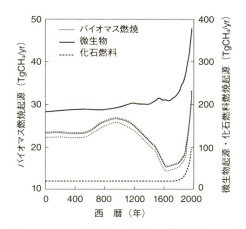

図 6.12 復元された大気中の CH_4 濃度と $\delta^{13}C$ の変動から推定された微生物起源およびバイオマス燃焼起源の CH_4 放出量
化石燃料燃焼起源 CH_4 の放出量は先験的に与えられたものである．2本の細い破線で示したバイオマス燃焼起源放出量は C3 植物と C4 植物の割合を変化させた結果である．

25 $TgCH_4/yr$ と 194 $TgCH_4/yr$ となっている．微生物起源 CH_4 の放出はその後徐々に増え，1700 年ころに約 210 $TgCH_4/yr$（1000 年に比べて 8% ほど増加）へ到達し，産業革命以降に急増している．一方，バイオマス燃焼起源 CH_4 の放出は 1700 年ころまでに約 40% も減少し（0〜1000 年に比べて 10 $TgCH_4/yr$ の減少），産業革命以降は微生物起源 CH_4 と同様に急増していることが見られる．産業革命以降の微生物起源とバイオマス燃焼起源，化石燃料燃焼起源の CH_4 放出は人間活動によるものであり，それ以前にも水田の拡大や反芻動物の飼育頭数の増加といった食糧確保に関係した農業活動によって微生物起源 CH_4 の放出が行われていたことは間違いないだろう．1000〜1700 年に見られる微生物起源 CH_4 の漸増とバイオマス燃焼起源 CH_4 の急減については，フェレッティーらは期間を2つに分けて次のように考察している．すなわち，1000〜1500 年にかけては低温かつ湿潤であったので，野火の発生が少なく，湿地面積が拡大しており，それに伴ってバイオマス燃焼による CH_4 放出が減少し，湿地からの生物起源 CH_4 の放出が増えたと推測している．また，1500〜1700 年の期間については，ヨーロッパの移住者が持ち込んだ病原菌によって南アメリカの先住民の人口が大幅に減少したため，この地域で活発に行われていた焼き畑に由来する

第 6 章　氷床コアから復元された二酸化炭素，メタン，一酸化二窒素の変動

CH_4 発生が著しく減少した可能性を示唆している．

6.2.4　N_2O 濃度の増加原因

　上でも述べたように，極域の氷床上部にはフィルンとよばれる層があり，その中では空気成分は分子拡散によって移動する．そのため，フィルンの底部に向かって空気成分が徐々に古くなるので，フィルンを掘削して深度ごとに空気を採取し，それを分析することにより過去数十年から 100 年程度にわたる温室効果気体の変動を復元することができる．図 6.13 は，南極やグリーンランドで採取されたフィルン空気を分析することによって得られた N_2O の濃度および $\delta^{18}O$ と $\delta^{15}N$ である（Ishijima et al., 2007）．この図には，氷床コア分析や現在の大気観測から得られた結果も併せて示してある．フィルン空気，大気，氷床コアから得られた N_2O 濃度は互いによく一致しており，1900 年の 280ppb から 2003 年の 318ppb へと増加したことがわかる．これらのデータをさらに詳しく解析してみると，濃度の増加率は 1950 年代に 0.2ppb/yr，1970 年代に 0.6ppb/yr，1990 年代に 0.8ppb/yr となっており，増加傾向が 20 世紀中ごろ以降に強まったことを示している．また，$\delta^{18}O$ と $\delta^{15}N$ はいずれも経年的に減少しており，1952 年に 21.4‰ と 8.9‰ であったそれぞれの値は，2001 年に 20.4‰ と 7.0‰ となっている．なお，これらの $\delta^{18}O$ と $\delta^{15}N$ は，大気の O_2 と N_2 を基準として定義された数値である．

　このような N_2O 濃度の増加は，人間活動によってひき起こされたものと考えられる．石島健太郎ら（Ishijima et al., 2007）は，成層圏での N_2O 消滅を考慮し，対流圏における N_2O の同位体に関する収支を

$$N_{Tr}\frac{d(C_{Tr}\delta_{Tr})}{dt} = F_{Nat}\delta_{Nat} + F_{Anth}\delta_{Anth} - M_{Ex}(C_{Tr}\delta_{Tr} - C_{St}\delta_{St}) \tag{6.7}$$

のように表現し，復元した N_2O 濃度と $\delta^{18}O$，$\delta^{15}N$ の変動を用いて次のようにして解き，その原因を検討している．ここで，δ は $\delta^{15}N$ または $\delta^{18}O$（‰），C は濃度（ppb），N は濃度-重量変換係数（TgN/ppb），F は N_2O フラックス（TgN/yr），M_{Ex} は対流圏-成層圏間の N_2O 交換率（TgN/yr/ppb），Tr は対流圏，St は成層圏，Nat は自然起源，Anth は人為起源を表している．すなわち，彼らは自然起源の N_2O フラックス，人為起源と自然起源の N_2O の同位体比および成層圏での消滅は時間によらず一定と仮定して，2001 年と 1952 年におけ

6.2 人間活動による温室効果気体の増加

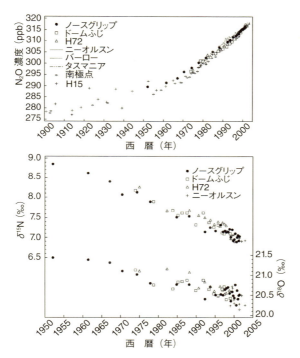

図 6.13 氷床コア，フィルン空気，現在の大気を分析することによって得られた N_2O 濃度と $\delta^{18}O$, $\delta^{15}N$ の変動
ノースグリップ，ドームふじ，H72，南極点はフィルン空気，H15 は氷床コア，ニーオルスン，バーロー，タスマニアは現在の大気の結果を表す．(Ishijima et al., 2007)

る収支の差

$$\delta_{\text{Anth}} = \frac{N_{\text{Tr}}}{\Delta F_{\text{Anth}}} \Delta \frac{d(C_{\text{Tr}} \delta_{\text{Tr}})}{dt} + \frac{M_{\text{Ex}}}{\Delta F_{\text{Anth}}} (\Delta C_{\text{Tr}} \delta_{\text{Tr}} - \Delta C_{\text{St}} \delta_{\text{St}}) \tag{6.8}$$

をとることによって，N_2O 濃度の増加をもたらした放出源の同位体比 δ_{Anth} を求めている．その結果，1952 年から 2001 年に生じた濃度増加は，$\delta^{18}O$ が 5.5‰，$\delta^{15}N$ が -11.6‰ である N_2O が大気に放出されたため生じたと推定している．なお，論文中では $\delta^{18}O$ は大気の O_2 を基準にして定義されており，5.5‰ ($\delta^{18}O_{\text{air-}O_2}$) となっているが，$\delta^{18}O_{\text{VSMOW}} = 1.0235 \, (\delta^{18}O_{\text{air-}O_2} + 23)$ という関係式を用いて VSMOW スケールでの値に変換することができる（VSMOW スケールに変換すると 29.3‰ になる）．

第 6 章　氷床コアから復元された二酸化炭素，メタン，一酸化二窒素の変動

　これらの結果を，これまでの研究から得られた起源別の $\delta^{15}N$ と $\delta^{18}O$ とともに図 6.14 に示す（Ishijima et al., 2007）．石島らが推定した $\delta^{18}O$（5.5‰）と $\delta^{15}N$（−11.6‰）の値は大気より低く，同様な手法を用いた先行研究の結果と不確かさの範囲内で一致している（Sowers et al., 2002; Röckmann et al., 2003）．また，石島らの値は，海洋起源 N_2O について報告された同位体比の範囲から外れており，土壌起源 N_2O の報告値の中心付近に位置している．しかし，彼らは自然起源からの N_2O の放出量は時間によらず一定と仮定して解析を行っているので，$\delta^{18}O$ と $\delta^{15}N$ の経年的な低下は，自然土壌と同位体比の範囲が重なった人為起源 N_2O の放出によって生じたものと考えることが妥当である．実際に EDGAR-HYDE 1.4 という人為起源 N_2O の排出インベントリー（http://themasites.pbl.nl/tridion/en/themasites/edgar/emission_data/edgar-hyde-100yr/edgar-hyde-1-4.html）を見てみると，とくに施肥や耕作といった農業活動による N_2O 放出がこの期間に大きかったことがわかる．さらに石島らは，この期間に放出された N_2O の $\delta^{18}O$ と $\delta^{15}N$ の値が時間の経過とともに低下していることも見いだしており，農業で使用する窒素肥料が増大し，同位体的に軽い N_2O が

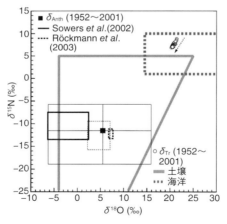

図 6.14　対流圏 N_2O（δ_{Tr}），土壌起源と海洋起源 N_2O（太い灰色線と破線），および対流圏の N_2O 増加をもたらした発生源の $\delta^{15}N$ と $\delta^{18}O$（■）
　　　■の周囲の実線と破線の四角は推定の不確かさを表しており，過去における対流圏の同位体比変動の不確定性を考慮するかしないかの違いである．Sowers et al.（2000）と Röckmann et al.（2003）の結果も示してある．

大量に放出されたためと推測している．

ここで紹介した解析の結果から，1952〜2001年のN$_2$O濃度の増加が人為起源N$_2$Oの放出によるものであることはまず間違いない．しかし，N$_2$O放出源の同位体比に関する研究が限られているために，信頼できる値がいまだ得られていないのが現状であり，その改善を図る研究がさらに必要である．また，上で述べた解析においては自然起源N$_2$Oの放出は時間によらず一定と仮定しているが，温暖化に伴って自然土壌や海洋からのN$_2$O放出が影響を受けている可能性もあるので，この点についても検討する必要がある．

6.3 自然的要因による温室効果気体の変動

積雪量が多い内陸域において深層まで掘削して得られる氷床コアからは，数万〜数十万年前までの温室効果気体の変動を復元することができる．この目的のために使われる代表的な深層氷床コアとしては，南極については旧ソビエト連邦が開設したボストーク基地（Vostok; 78°28'S, 106°52'E），日本が開設したドームふじ基地，フランスとイタリアが開設したドームC基地（Dome C; 74°39'S, 124°10'E）で掘削されたコアを挙げることができ，グリーンランドについてはギスプ（Greenland Ice Sheet Project; GISP），ギスプツー（GISP II），グリップ（Greenland Ice Core Project; GRIP），ノースグリップ（North Greenland Ice Core Project; NGRIP），ニーム（North Greenland Eemian Ice Drilling; NEEM）と名付けられたプロジェクトによって，頂上部や尾根上あるいはその近傍で掘削されたコアを挙げることができる．なお，グリーンランドの頂上部付近の氷床は南極内陸部と同程度の厚さをもつが，積雪量が多いために，岩盤寸付近の氷でも最終間氷期（約11.5万〜約13万年前のイーミアン間氷期）に形成されたものとなる．すなわち，グリーンランドコアからは，南極コアほど古くまでさかのぼって温室効果気体の変動を復元することはできないが，得られる変動の時間分解能は高いものとなる．

6.3.1 完新世における CO$_2$, CH$_4$ および N$_2$O の変動

最後の氷期が終わった約1万年前から現在までを完新世とよぶが，ドームＣコアから復元されたこの期間のCO$_2$，CH$_4$およびN$_2$Oの濃度変動を図6.15に示

第 6 章　氷床コアから復元された二酸化炭素，メタン，一酸化二窒素の変動

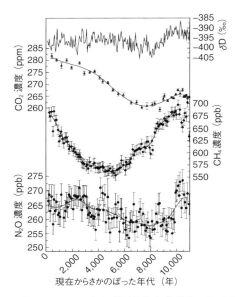

図 6.15　ドーム C コアから復元された完新世における CO_2，CH_4，N_2O 濃度と氷の δD の変動
(Flückiger *et al.*, 2002)

す (Flückiger *et al.*, 2002)．CO_2 濃度を見ると，完新世初期に 265 ppm という比較的高い値をとり，いったん低くなり (260 ppm)，その後上昇して工業化以前の 280 ppm に到達していることがわかる．このような濃度変動がなぜ起きたかを明らかにするために，アンドレアス・インデアミューレ (Andreas Indermühle) らは南極のテイラードーム (Taylor Dome) コア (77°48'S, 158°43'E) を分析し，CO_2 濃度とともに $\delta^{13}C$ の変動を復元した (Indermühle *et al.*, 1999)．彼らが復元した CO_2 濃度の変動は図 6.15 の結果と一致しており，また $\delta^{13}C$ は濃度とほぼ逆の変化，すなわち 1.1 万年前に -6.6‰，約 8,000 年前に -6.3‰，約 1,000 年前に -6.5‰ を示している．彼らは，これらの結果を簡易型全球炭素循環モデルで解析し，完新世初期の高い CO_2 濃度は氷期から回復する際に海洋から大量の CO_2 が放出されたため，7,000 年前ころの低濃度は氷期からの回復に伴う陸上生物圏の拡大によって大気から CO_2 が吸収されたため，その後の濃度上昇は高温・多湿な気候から低温・乾燥な気候へ変化したことにより，およ

6.3 自然的要因による温室効果気体の変動

そ 200 GtC もの CO_2 が陸上生物圏から放出されたため、と推測した。また、彼らは、9,000〜6,000 年前に海面水温が 0.5°C ほど上昇したことも、この期間の CO_2 濃度の増加に影響を与えたと指摘している。

インデアミューレらの論文が発表されてから 10 年後に、ヨアヒム・エルジッヒ（Joachim Elsig）らがドーム C コアを分析し、テイラードームコアとは異なった $\delta^{13}C$ の変動を復元した（Elsig *et al.*, 2009）。図 6.16 に示した彼らの結果を見ると、1.1 万年前に $-6.58‰$ であった $\delta^{13}C$ はほぼ直線的に増加して 6,000 年前に $-6.33‰$ となり、その後時間をかけて 0.05‰ だけ減少して産業革命以前の値である $-6.38‰$ に達している。すなわち、両コアは完新世の前半にはほぼ同じ $\delta^{13}C$ 値を示してしているが、後半になるとドーム C コアの値がテイラードームコアより明らかに高くなっている。エルジッヒらは、インデアミューレらと同様な全球炭素循環モデルを用いて、ドーム C コアから得た CO_2 濃度と $\delta^{13}C$ の変動を解析し、インデアミューレらが主張した陸上生物圏による CO_2 の吸収と放出および海面水温の変化では、両要素の変動を統一的に説明できないことを示している。また同時にエルジッヒらは、完新世における CO_2 濃度の変動には、氷期からの回復に伴う陸上生物圏の拡大による CO_2 吸収およびその後

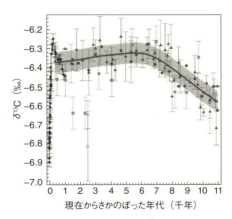

図 6.16 ドーム C コア（▲と●）、テイラードームコア（■）、ロードームコア（◆）から復元された完新世における CO_2 の $\delta^{13}C$ の変動

(Elsig *et al.*, 2009)

第 6 章　氷床コアから復元された二酸化炭素，メタン，一酸化二窒素の変動

のサハラの砂漠化や人為的な土地利用変化による CO_2 放出に加え，海洋からの CO_2 放出も重要な役割を果たしていると主張している．海洋からの CO_2 放出は次のようなメカニズムによるものと説明されている．第 4 章で述べたように，海洋にはカルサイトとアラゴナイトという結晶形の異なる 2 つの $CaCO_3$ が存在する．アラゴナイトの殻をつくる代表的な海の生物はサンゴであり，多くの貝殻や有孔虫，円石藻はカルサイトである．カルサイトのほうがアラゴナイトより化学的に安定であり，より深い所で溶解する．氷期が終了すると，それまで氷に覆われていた陸上で森林が再生し，大気中の CO_2 を大量に固定するために，それまで海洋に蓄えられていた CO_2 の一部が大気に移動する．その結果，海水中で CO_3^{2-} が増えるため，カルサイトの飽和深度が深くなり，溶解する $CaCO_3$ を上回る量の $CaCO_3$ が海底に堆積される．このような $CaCO_3$ の堆積が起こると海水中の CO_3^{2-} は減少し，アルカリ度を下げて CO_2 分圧を上昇させるので，その水塊が表層に輸送されると大気に向かって CO_2 を放出する．炭酸塩補償（carbonate compensation）とよばれるこのメカニズムのタイムスケールは大雑把には 5,000 年のオーダーと考えられている（Broecker et al., 2001）．炭酸塩補償によって完新世における 260ppm から 280ppm への CO_2 濃度上昇を最初に説明しようとしたのは，ウォーレス・ブロッカー（Wallace Broecker）ら（Broecker et al., 2001）であるが（図 6.17），エルジッヒらはその効果を約 15ppm と推定している．完新世における 20ppm の CO_2 濃度の上昇を説明するためにはまだ 5ppm ほど不足しており，エルジッヒらはその主たる原因をサンゴ礁の形成に求めている．すなわち，氷期が終わると大陸を覆っていた氷河や

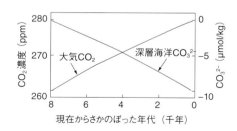

図 6.17　完新世における大気中の CO_2 濃度と深層海洋の CO_3^{2-} の変動
（Broecker et al., 2001）

6.3 自然的要因による温室効果気体の変動

氷床が解けて海水位を上昇させ，それに伴って沿岸部でサンゴ礁が発達したが，サンゴが $CaCO_3$ の骨格をつくる際には海水のアルカリ度を下げて CO_2 分圧を高めるので（Berger, 1982），サンゴ礁の発達は海洋から大気へ CO_2 を放出することを意味する．なお，炭酸塩補償については 6.3.2❸ 項でもう少し詳しく触れるので，そちらも参考にされたい．

図 6.15 から，ドーム C コアから復元された CH_4 濃度は，完新世初期の 1.1 万年前に約 690ppb を示しており，5,000 年前の 560ppb に向かって減少し，ふたたび上昇して 500 年前の 685ppb に達していることがわかる．このような時間変動は，上で述べたグリップコア，ギスプコア，テイラードームコアに加え，南極のバード（Byrd）コア（80°01'S，119°32'W）および D47 コア（67°23'S，154°03'E）などからも得られており（Chappellaz et al., 1997; Sowers, 2010），完新世における特徴である．完新世の CH_4 濃度の変動の原因について，ジェローム・シャペラ（Jérôme Chappellaz）らは，南極とグリーンランドの氷床コアから両極域における CH_4 濃度の差の時間変化を復元し，その結果をモデルで解析することによって，放出源強度の観点から考察している（Chappellaz et al., 1997）．彼らの分析結果（図 6.18）は，両極域間の CH_4 濃度差は完新世全体を平均すると 44±7ppb であることを示している．また，9,500〜1.15 万年前（図 6.18b の A）に 44±4ppb であった濃度差は，5,000〜7,000 年前（図 6.18b の B）に 33±7ppb へ縮小し，2,500〜5,000 年前（図 6.18b の C）に 50±3ppb へ拡大し，250〜1,000 年前（図 6.18b の D）に 35±7ppb へ再度縮小しており，濃度差が時代によって異なっていることを示している．このような CH_4 濃度差を解析するために，彼らは全球を 90〜30°N（N），30°N〜30°S（T），30〜90°S（S）に分割し，3 つの緯度帯の大気を均質と見なしたボックスモデルを使用している．それぞれのボックスにおける CH_4 量（M_N, M_T, M_S）の時間変化は

$$\frac{dM_N}{dt} = F_N - k_N M_N - n_N M_N + \frac{n_N}{2} M_T \tag{6.9}$$

$$\frac{dM_T}{dt} = F_T - k_T M_T - \frac{n_N + n_S}{2} M_T + n_N M_N + n_S M_S \tag{6.10}$$

$$\frac{dM_S}{dt} = F_S - k_S M_S - n_S M_S + \frac{n_S}{2} M_T \tag{6.11}$$

で表現される．ここで，F_x は各ボックス（x = N, T, S）における CH_4 放出量，n_x はボックス x（x = N, S）からボックス T への CH_4 の輸送時間の逆数

第 6 章 氷床コアから復元された二酸化炭素, メタン, 一酸化二窒素の変動

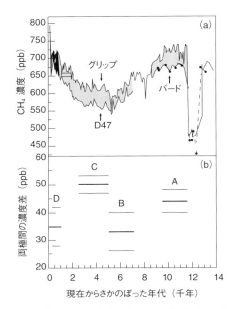

図 6.18 過去 1.4 万年にわたる北極 (グリップ) と南極 (D47 とバード) での CH_4 濃度変動 (a) および両極間の濃度差 (b)
(Chappellaz et al., 1997)

(輸送係数), k_x は各ボックスにおける CH_4 消滅に関する速度定数 (寿命の逆数) である. 輸送時間と寿命は先行研究をもとに決められ, また 30〜90°S における CH_4 の放出量は少なく, 時間変化も小さいと考えられるので, 完新世と氷期の F_S をそれぞれ $15\,TgCH_4/yr$ と $12\,TgCH_4/yr$ と仮定している.

復元された CH_4 濃度差をボックスモデルで解析することによって推定された, 最終氷期の最寒冷期 (Last Glacial Maximum; LGM) および 9,500〜1.15 万年前, 5,000〜7,000 年前, 2,500〜5,000 年前, 250〜1,000 年前の各ボックスの CH_4 放出量を図 6.19 に示す. 次項で述べるように, 最終氷期の最寒冷期には大気中の CH_4 濃度が非常に低かったことがわかっている. 図 6.19 の結果を見ると, この時期には CH_4 放出が全体として弱く, とくに多くの陸域が氷床で覆われていた北半球中高緯度からの放出量が少なくなっている. 氷期から回復した完新世の初期 (9,500〜1.15 万年前) には, 北半球中高緯度および熱帯から

6.3 自然的要因による温室効果気体の変動

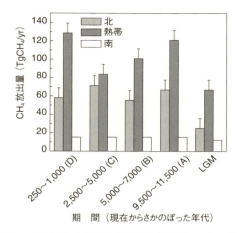

図 6.19 それぞれの期間における各緯度帯の CH_4 放出量
横軸の A,B,C,D は図 6.18b に記された期間に相当している.

の CH_4 放出が大幅に増えており，その原因として湿地の拡大を挙げることができる．すなわち，氷床の後退に伴ってカナダ北極やアラスカ，北東アメリカなどで多くの湿地がつくられ，またこの時期の熱帯は完新世のなかでも最も湿潤であったため，インドやブラジル，サハラなどで湿地面積が著しく増えたと考えられる．シャペラらは，間氷期へ移行することに伴う永久凍土や大陸棚からのハイドレート起源の CH_4 放出の可能性も検討しているが，その影響は限定的であると結論づけている．大気中の CH_4 濃度および濃度の南北格差が減少している 5,000〜7,000 年前には，完新世初期と比べると，北半球中高緯度と熱帯の放出量が多少減少している．熱帯の放出量の減少は乾燥化によるものであり，中高緯度の減少は栄養分がとくに乏しい降水栄養性湿地の拡大によるものと解釈されている．2,500〜5,000 年前は，CH_4 濃度の変化は小さいが，濃度の南北格差は最大値を示す時期であり，その前の期間と比べると，熱帯の放出が減少し，北半球中高緯度の放出が増加している．熱帯の放出量の減少は乾燥化の継続によるものであり，中高緯度の増加はロシアやスカンジナビア，カナダでの湿地の拡大によるものと考えられている．大気中の CH_4 濃度が完新世のなかで最も高く，濃度の南北格差が縮小している 250〜1,000 年前の結果を見てみると，北半球中高緯度の放出が多少減少しているが，熱帯の放出が大幅に増え

第 6 章　氷床コアから復元された二酸化炭素，メタン，一酸化二窒素の変動

ている．熱帯の放出の増大は，湿潤となったアマゾンやインドからの湿地起源の CH_4 によるものと推定されており，さらに南アメリカ，中央アメリカ，アフリカ，アジアといった熱帯域からの人為起源 CH_4 の放出も関与していると考えられている．

以上で述べたように，シャペラらの解析によると，完新世における大気中の CH_4 濃度の時間変動は，おもに熱帯域の湿地から放出される CH_4 によって支配されていたことになる．しかし，彼らの濃度データの誤差は比較的大きく，また解析に使用されたモデルは単純な仮定の下でつくられたものであり，まだ改善すべき余地があるので，定量的な理解については今後さらに変わる可能性があることに注意する必要がある．

図 6.15 に示した N_2O 濃度は，完新世全体を眺めると，おおむね安定しているといえる．しかしさらに詳細に見てみると，完新世の開始期に 270 ppb を示し，1 万年前ころから減少し始め，8,000 年前ころに 260 ppb となり，その後ゆっくりと上昇して産業革命前の濃度に達していることがわかる．

ドーム C コアの分析結果は，産業革命前の濃度として 265 ppb を示しているが，その他のコアからの結果も併せて考えると，270 ppb くらいがもっともらしいと考えられる．したがって，完新世における N_2O の大気中での寿命が現在と同じ 120 年と仮定すると，産業革命前の自然起源 N_2O の放出量は 11 TgN/yr と推定される．完新世における最低濃度は 270 ppb より 10 ppb ほど低い 260 ppb であるので，この時期（8,000 年前）には自然起源 N_2O の放出が 3.6%（0.4 TgN/yr）だけ減少していたことになる．産業革命以前には，自然起源 N_2O の 2/3 は土壌から，残りの 1/3 は海洋から放出されていたと考えられる（たとえば Kroeze *et al*, 1999）．もしいずれかひとつの放出源が 8,000 年前の最低濃度の原因であったとすると，土壌であれば 5.5%，海洋であれば 11.0% の放出の減少があったことになる．一方，自然起源 N_2O の放出が 11 TgN/yr で一定であったと仮定すると，成層圏における光解離と $O(^1D)$ との反応による N_2O の消滅が 3.6% ほど大きくなる，すなわち寿命が 4.3 年ほど短くなる必要がある．しかし，いずれであったとしても変化が小さいために，現在の科学的知識では原因を具体的に同定することは困難である．

6.3 自然的要因による温室効果気体の変動

6.3.2 氷期–間氷期における CO_2, CH_4 および N_2O の変動

氷床コアから復元された氷期–間氷期における CO_2, CH_4, N_2O 変動の代表的な例として,南極で掘削された深層コアを分析することによって得られた過去80万年間の結果を,気温の指標となる氷の δD とともに図 6.20 に示す (Schilt et al., 2010a). この図に示した変動は,おもにドーム C コアから得られたものであるが,2万〜39万年前の CO_2 濃度にはボストークコアの結果が採用されている. なお,N_2O については,氷期の濃度が高く,またばらつきも大きくなっているが,そのような現象は,氷床に空気が保存されている間に陸地起源の細菌によって新たに N_2O が生成されたためと考えられている. そのため,この図では,陸地起源の細菌の指標としてコア中のダスト(塵)濃度を用いてデータ選別を行い,バックグラウンド濃度と除外すべき非バックグラウンド濃度を区別して示してある.

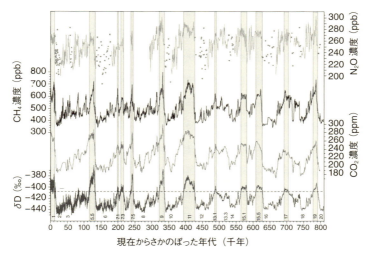

図 6.20 過去 80 万年にわたる CO_2, CH_4, N_2O の濃度と氷の δD の変動
縦に引かれた陰影部 ($\delta D > -408$‰) は間氷期を表す. N_2O についての★は,氷床中で細菌によって新たに発生した N_2O の影響を受けていると考えられるデータを,図の最下部の数字は海洋酸素同位体ステージ (Marine Isotope Stage; 現在の温暖期が 1,およそ 2 万年前の寒冷期が 2 というように,過去にさかのぼって温暖期に奇数,寒冷期に偶数の番号が順に付けられている) を表している. (Schilt et al., 2010a)

第 6 章　氷床コアから復元された二酸化炭素，メタン，一酸化二窒素の変動

Ⓐ 濃度と気温の関係

　図 6.20 を一目してわかる大きな特徴は，各気体の濃度が南極の気温（δD）とよく対応して変化していることである．すなわち，間氷期から氷期に向かって濃度は徐々に低下し，氷期最盛期から間氷期に向かって急速に上昇しており，氷期の間にも気温と対応した細かな変動が見られる．このような氷期–間氷期にわたる変動をスペクトル解析した結果は，およそ 2 万年，4 万年，10 万年の周期が卓越していることを示している（Barnola et al., 1987; Chappellaz et al., 1990; Loulergue et al., 2008）．これらの周期は，セルビアのミルティン・ミランコビッチ（Milutin Milanković）が唱えた地球の自転軸の**歳差運動**（obliquity；4.1 万年）と**傾斜角**（precession；1.9 万年と 2.3 万年），公転軌道の**離心率**（eccentricity；10 万年）に関する変動周期（**ミランコビッチサイクル**（Milankovitch cycle））と一致しており（福山，1992），3 つの要素が変化することによって地球に入射する太陽放射の強度や分布，季節性が変わり，それが引き金となって生じた気候変化と関係していると考えられる．CO_2 については，ボストークコアからの結果をもとに，濃度が南極の気温より数百〜千数百年ほど遅れていると指摘されている（Barnola et al., 1987）．また，ドーム C コアやテイラードームコアの分析から，氷期から間氷期に移行する退氷期に同様な遅れがあったことが示されている（Fischer et al., 1999; Monnin et al., 2001; Caillon et al., 2003; Siegenthaler et al., 2005）．このような気温に追従する CO_2 の変動は，地球の軌道要素に起因した気候変化に全球炭素循環が時間を要して応答したためであると考えられてきた．しかし，最近，5 つの南極氷床コアから得られた結果を見直し，少なくとも 1.15 万〜1.75 万年前の最終退氷期においては両者の間に有意な時間差はないという興味深い報告がなされいる（Parrenin et al., 2013）．もしこの報告が正しいとすると，従来の理解に大幅な見直しを迫られることになり，結果の真偽も含めて今後さらに研究を深める必要がある．

　CH_4 については，過去 45 万年に及ぶボストークコアの分析結果をもとにマルク・デルモット（Marc Delmotte）らは，5 万年から 40 万年といった長時間スケールで変動を見ると，濃度は南極の気温より 1,100$\pm$200 年ほど遅れて変化するが，それより短い数万年のスケールでは両者の前後関係は複雑であることを示している（Delmotte et al., 2004）．一方，マティアス・バウムガルトナー（Matthias Baumgartner）らは，ノースグリップコアから高時間分解能で復元

6.3 自然的要因による温室効果気体の変動

された北極域における過去 1 万～12 万年の CH_4 濃度と気温を解析し，氷期の中に見られる大きな気温の変動とよく対応して濃度が変動していたことを見いだしている（Baumgartner *et al.*, 2013）．また，彼らは，濃度と気温の変動の位相差はそれぞれのイベントによって異なるが，平均してみると，濃度が気温よりわずかに（56±19 年）遅れて変動した可能性を指摘している．このように，CH_4 濃度と気温の関係は南極域と北極域で大きく異なるが，両者の位相差が北極域で小さい理由は次のように説明されている．CH_4 の主たる自然放出源である湿地は赤道域から北半球中高緯度に集中しているが，CH_4 の大気中寿命（10 年程度）に比べて南北両半球の大気交換時間（1 年程度）は短いので，大気中の CH_4 濃度は全球でほぼ一様に変動していたと推測される．一方，湿地からの CH_4 放出には気温が重要な役割を果たしているので，大気中の CH_4 濃度は，湿地が多く分布している北半球の気温とよく対応して変動していたと考えられる．なお，上で述べた氷期中の大きな気温変動であるが，グリーンランドの深層氷床コアから得られた $\delta^{18}O$ あるいは δD を検討してみると，氷期のなかにも比較的温暖な時期（**亜間氷期**（interstadial period））と寒冷な時期（**亜氷期**（stadial period））が対になって現れ，亜間氷期に数十年間で数度といった急激な温暖化が起こり，その後の亜氷期に 500～2,000 年をかけて緩やかに寒冷化することが見られる（たとえば Blunier and Brook, 2001）．このような気温の変動は最終氷期に 20 回以上も起きていたことが知られており，発見者の名前をとって**ダンスガード-オシュガーイベント**（Dansgaard-Oeschger event）と一般によばれている．それぞれのイベントを識別するために，氷期の終了期から過去に向かって順に番号が付けられている（Braun *et al.*, 2010; Schilt *et al.*, 2010b）．

CH_4 濃度と南極の気温が必ずしも同位相で変動していない理由としては，**バイポーラシーソー**（bipolar seesaw）という現象が関係していると考えられる．ダンスガード-オシュガーイベントは，北アメリカ大陸北部に存在したローレンタイド（Laurentide）氷床から氷山や融解水が北大西洋へ大量に流出することなどによって表層の塩分が低下し，北大西洋深層水が形成されにくくなったために**熱塩循環**（thermohaline circulation；**全球海洋コンベアーベルト**（global ocean conveyor belt）とよばれている（図 6.21））が弱まり，暖流であるメキシコ湾流の北上が妨げられて北部北大西洋あるいは北半球高緯度が寒冷化し，その後，氷山や融解水の流出が止まることなどにより熱塩循環がふたたび強化さ

第 6 章　氷床コアから復元された二酸化炭素，メタン，一酸化二窒素の変動

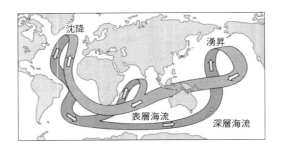

図 6.21　全球海洋コンベアーベルトの概念図

れるために温暖化する，という気候変動と解釈されている（Broecker, 1997）．このようにダンスガード-オシュガーイベントを熱塩循環の変化に伴う北向きの熱輸送の変化によるものとすると，南半球では北半球とは逆の気候変動が見られるはずであり，南北間で気温がシーソーのように変化することが期待される．実際にバードコアとギスプツーコアの δ^{18}O をもとにして，最終氷期に南極で見られる 7 つの顕著な千年スケールの温暖期が，相当するグリーンランドの温暖期より 1,500〜3,000 年ほど早く始まることが示されており（Blunier and Brook, 2001），一般的にはグリーンランドの気温が低下あるいは一定であるときに南極の気温が徐々に上昇し，南極の温暖期が終了するころにグリーンランドの急激な温暖化が始まる．

　N_2O 濃度と気温の関係は，図 6.20 からもわかるように，氷期最盛期のデータが得られていないことに加え，全体としてデータが大きくばらついているためにまだ理解が進んでおらず，アドリアン・シルト（Adrian Schilt）らが多少検討を行った程度である（Schilt *et al.*, 2010b）．彼らはノースグリップコアから復元された濃度変動を解析し，約 6 万年前にダンスガード-オシュガーイベント 17 が発生した際に，N_2O 濃度が気温および CH_4 濃度の上昇よりも数百年ほど早く増加し始めたことを見いだしている．

　温室効果気体の濃度と気温との関係を解明することは，過去における気候変動を理解し，将来の気候変動を予測するうえで不可欠である．しかし，現状の知識は必ずしも満足すべきものではなく，今後，氷とその中に含まれる空気の年代差をさらに正確に求める，あるいはより信頼できる気温の代替指標を利用

6.3 自然的要因による温室効果気体の変動

することなどを行い，気温と濃度の間に時間差があるのかないのか，あるとしたらいずれがどれだけ先行しているのか，といったことについて定量的に確認する必要がある．

❻ 濃度の変動とその原因

図 6.20 からわかるように，間氷期と氷期最盛期の濃度差はいずれの気体についてもたいへん大きく，CO_2 は間氷期に 280～240ppm，氷期最盛期に 180～200ppm となっており，CH_4 はそれぞれの期間に 700～600ppb と 350～400ppb を示している．N_2O は間氷期には 290～270ppb 程度であるが，氷期最盛期についてはこの図に有効なデータがないために具体的な数値を示すことはできないが，間氷期よりも明らかに低かったことは確かである．実際，最近，アドリアン・シルトらは南極のタロス (Talos) 基地（72°48'S，159°06'E）で掘削されたコアを分析し，ドーム C コアやノースグリップコア，グリップコア，ギスプツーコアなどの結果とともに過去 14 万年に及ぶ高時間分解能の N_2O の濃度変動を復元し，最終氷期の最盛期に N_2O 濃度が約 190ppb まで低下していたことを明らかにしている（Schilt et al., 2010b）．ドーム C コアから得られた濃度変動をさらに詳しく検討してみると，氷期最盛期の CO_2 と CH_4 の濃度はどの氷期でも同じような値を示しているが，50 万～70 万年前の間氷期の濃度は他の間氷期より明らかに低いことがわかる．δD の値を見ると，これらの間氷期は低温であったことがわかり，氷期からの回復が十分でなかったため低濃度のままであったと考えられる．なお，50 万～70 万年前の間氷期の濃度が他の氷期と比べて明らかに低いという現象は N_2O については見られないが，後で述べるように，濃度変動に寄与する放出源の地理的位置が CO_2 や CH_4 と異なるためと考えられる．

図 6.20 と図 6.9 の結果を合わせて見てみると，いずれの気体についても，最近の濃度は過去 80 万年のなかで飛び抜けて高く，人間活動の影響がいかに大きいかがよくわかる．また，濃度の増加もきわめて急速である．上でも述べたように，氷期最盛期から間氷期への濃度増加は速く，たとえば，最終氷期から現在の間氷期へは約 7,000 年をかけて回復しているが，この間に CO_2 は 90ppm，CH_4 は 300ppb ほど増加している．同じ期間の N_2O 濃度の増加は約 60ppb である（Schilt et al., 2010b）．一方，図 6.9 の結果は，過去 200 年間に CO_2 が 115ppm，CH_4 が 1,180ppb，N_2O が 60ppb ほど増加したことを示しており，自

第 6 章　氷床コアから復元された二酸化炭素，メタン，一酸化二窒素の変動

然的要因による急激な濃度増加と比べて，CO_2 については約 45 倍，CH_4 については約 140 倍，N_2O については約 35 倍も速く上昇していることになる．

図 6.20 で例示したように，温室効果気体の濃度が氷期に著しく低下していたことは明らかである．このような濃度低下の現象は多くの研究者の興味を引きつけ，その原因を究明するために広範な研究が行われてきたが，いまだ結論を得るには至っていない．そこで，ここではこれまでに提案された代表的な濃度低下プロセスを簡単に紹介することにする．

（1）CO_2 の濃度低下

氷期–間氷期サイクルという時間スケールの濃度変動に関わる炭素の貯蔵庫は，おもに大気と陸上生物圏，海洋であるので，大気中の CO_2 濃度の低下は，CO_2 が陸上生物圏か海洋あるいは両方に移動することによって生じたはずである．しかし，氷期には気温の低下や乾燥化，日射量の減少などが起こっており，また，とくに北半球中高緯度が氷床で覆われたために陸上植物の現存量が減少していたので，陸上生物圏による吸収が増大していたとは考えられない．実際，海底堆積物に含まれる底生有孔虫の同位体分析から，海洋の $\delta^{13}C$ が最終氷期に 0.03〜0.04‰ ほど低下していたことが見いだされ（たとえば Curry *et al.*, 1988），^{13}C の少ない陸上生物圏起源の炭素が 300〜700 Gt ほど海洋に流入したのではないかと推定されている．もしこの推定が正しいとすると，陸上生物圏は海洋を通して大気に CO_2 を放出していたと考えられる．他のプロセスを一定とみなして 500 Gt の炭素を海洋に加えると，大気中の CO_2 濃度は 45 ppm ほど上昇することになるが，このような大量の炭素が海洋に加えられると，海底に蓄積されている $CaCO_3$（カルサイト）が一時的に溶解しアルカリ度を増加させるので，この効果を考慮すると大気中の CO_2 濃度の上昇は 15 ppm 程度になる（Sigman and Boyle, 2000）．したがって，氷期における CO_2 濃度の低下は，陸上生物圏というよりも海洋による CO_2 吸収によって生じたことになる．

氷期に海洋による CO_2 吸収を強めるプロセスとしては，（1）海水に対する CO_2 の溶解度の増加（**溶解度ポンプ**（solubility pump）），（2）生物活動の活発化（**生物ポンプ**（biological pump）），（3）アルカリ度の変化（**アルカリポンプ**（alkalinity pump）），（4）南大洋からの CO_2 放出の抑制，といったことがおもな候補として挙げられる．これらのプロセスについてはいくつかの論文で詳しく解説されているので（たとえば Sigman and Boyle, 2000; Ridgwell and Zeebe,

6.3 自然的要因による温室効果気体の変動

2005; Kohfeld and Ridgwell, 2009; Sigman et al., 2010). ここではそれぞれの概要を説明することにする.

海水における CO_2 の溶解度は低温で大きくなるので(Zeebe and Wolf-Gladrow, 2001), 表層海水温が低下していた氷期にはより多くの CO_2 が海に溶け込み, 大気中の CO_2 濃度を低下させたと考えられる. 氷期における海水温はさまざまな方法を用いて推定されており, それらの結果をもとにして極域と低緯度での水温低下をそれぞれ 2.5°C と 5°C とすると, 溶解度の増加によって大気中の CO_2 濃度は約 30ppm 下がっていたことになる. しかし, 氷期には大陸氷床が拡大していたため, 海水準が現在よりおよそ 120m 下がっており, それに伴って海水の塩分が 3% ほど濃くなり, 大気中の CO_2 濃度を 6.5ppm ほど高めたと推定される. したがって, 陸域からの 500Gt の炭素流入に加え, 海水温の低下と塩分の上昇の効果を合わせると 8.5ppm の減少となり, それぞれの推定値にかなりの不確定性があるとしても, 氷期における 80ppm という濃度低下の説明にはさらに他のプロセスを考慮しなければならない.

海洋には生物が生息しており, その活動によって表層海洋から深層海洋に炭素が輸送されている. 生物ポンプとよばれるこの輸送には 2 つの過程がある. ひとつは, 植物プランクトンが表層海洋で光合成を行い, 生成された有機物が深海に沈降し分解されることによって溶存無機炭素を輸送する過程である (**軟組織ポンプ** (soft tissue pump) とよばれる). このプロセスによって表層海水の溶存無機炭素は減少するので, 海水の CO_2 分圧が低下し (図 6.22), CO_2 が大気から海洋に移動することになる. もうひとつは, $CaCO_3$ のかたちでの輸送である (**炭酸塩ポンプ** (carbonate pump) とよばれる). ある種の植物プランクトン (たとえば円石藻) や**動物プランクトン** (zooplankton; たとえば有孔虫) は $CaCO_3$ の殻をもっており, 表層海洋で生成され, 深層に輸送される際に圧力によって溶解する ($CaCO_3 \rightarrow Ca^{2+} + CO_3^{2-}$). このプロセスは, アルカリ度と溶存無機炭素を表層で減少させ, 深層で増加させるが, 図 6.22 からわかるように, アルカリ度の変化は溶存無機炭素より 2 倍大きく, それぞれの要素が海水の CO_2 分圧へ与える影響は逆になっている. すなわち, 炭酸塩ポンプが強まると, 軟組織ポンプとは逆に, 表層海洋の CO_2 分圧が上昇し, 大気に CO_2 を放出することになる. したがって, 生物ポンプが氷期における低い CO_2 濃度を生み出していたとしたら, 炭酸塩ポンプより軟組織ポンプのほうが効果的には

第6章 氷床コアから復元された二酸化炭素，メタン，一酸化二窒素の変動

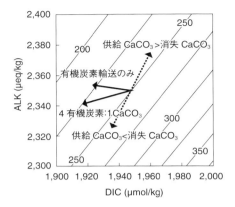

図 6.22 表層海水（水温 20°C，塩分 35）における溶存無機炭素（DIC）とアルカリ度（ALK），pCO_2（斜線上の数字（μatm））の関係
(Sigman and Boyle, 2000)

たらいていたことになる．

　生物ポンプの強まりは，氷期における CO_2 濃度低下のメカニズムとして，ウォーレス・ブロッカーが最初に提唱した（Broecker, 1982a; b）．植物プランクトンが光合成によって有機物生産を行う際には，炭素（C）以外に，窒素（N）やリン（P）といった栄養塩を必要とする．また，南大洋のように栄養塩が豊富であっても鉄（Fe）が不足していると光合成が活発に行われない（**マーチンの鉄仮説**（Martin's Iron Hypothesis）といわれている）（Martin, 1990）．したがって，氷期にこれらの物質が何らかのプロセスによって表層海洋に余剰に供給されていたら，生物ポンプ（軟組織ポンプ）が活発にはたらき，大気中の CO_2 濃度を低下させていたことが期待できる．実際，ダニエル・シグマン（Daniel M. Sigman）らは，栄養塩が30％増加していたならば大気中の CO_2 濃度は30〜45ppm 低下していたと推定している（Sigman et al., 1998）．栄養塩の供給プロセスとしてはいくつかの候補を挙げることができる．たとえば，氷床コアの解析から，氷期は乾燥しており，風が強く大量の砂塵が舞っていたことがわかっているので，大気を通して大陸から窒素やリン，鉄が海洋に供給されていたとしてもおかしくないだろう．また，海水準が120 m も低下していたために大陸棚がむき出しとなり，河川を通して運ばれてきた陸起源の栄養塩が直接に外洋

6.3 自然的要因による温室効果気体の変動

へ流入する，あるいは大陸棚に存在していた有機物が空気に触れて酸化し，生じた栄養塩が海に運ばれる，といったことも考えられる．さらに，海洋コンベアーベルトが弱まり，新たな表層–中層間の循環が形成され，栄養塩が豊富な中層水が表層に運ばれていた可能性もある．ここで例示したように，何らかのプロセスで栄養塩が表層海洋に大量に供給されていたとすると，氷期における80ppmという濃度低下は生物ポンプで説明できる可能性はあるが，栄養塩の供給プロセスについて十分な理解が得られているわけではなく，またいくつかの矛盾点もある．たとえば，大量の有機物が深海へ輸送されて分解すると無酸素状態となるはずであるが，氷期にも底生有孔虫が生きていたという証拠がある．また，生物ポンプが活発にはたらくと，海水中の溶存無機炭素の$\delta^{13}C$は高くなり，それに伴って大気中のCO_2の$\delta^{13}C$も高くなるはずであるが，氷床コア分析の結果は，最終氷期の大気中の$\delta^{13}C$が完新世と同じか，多少低いことを示している（Schmitt et al., 2012）．

海洋によるCO_2の放出，吸収にはアルカリ度も深く関係している．陸地で石灰岩などの風化が進みHCO_3^-が海洋に供給される．海水準の低下に伴いサンゴ礁が縮小しCO_3^{2-}やHCO_3^-の固定が減少する（鈴木・井上，2012），あるいは死滅したサンゴ礁が風化してHCO_3^-を海洋に供給する，といったプロセスによって表層海洋のアルカリ度が増加するとCO_2分圧が下がり，大気からCO_2を吸収するといったことが起こる．また，円石藻や有孔虫は表層海洋で石灰化によって$CaCO_3$をつくるが，死後に深海へ沈降していく際に$CaCO_3$が溶解し，海水のアルカリ度を増加させCO_2分圧を下げるので，その海水が循環して表層にもたらされると大気からCO_2を取り込む．さらに，このプロセスによるCO_3^{2-}の増加は海底に堆積しているカルサイトの溶解にも関わり，大気中のCO_2濃度に影響を与える．$CaCO_3$が海水に溶けるかどうかは（4.21）式で与えた飽和度（Ω）で決まり，$\Omega<1$なら未飽和となって$CaCO_3$が溶解し，$\Omega>1$なら過飽和となって$CaCO_3$が析出する．海水中のCa^{2+}濃度はほぼ一定であるので，ΩにとってはCO_3^{2-}濃度が重要となる．また，実際の海洋では，$CaCO_3$は未飽和となった深度ですぐに溶けるのではなく，未飽和がある程度大きくなった深度で溶け始める（この深度を**ライソクライン**（lysocline）あるいは**溶解躍層**とよぶ）．円石藻や有孔虫に起源をもつCO_3^{2-}はカルサイトの飽和深度（結果としてライソクライン）を深くし，カルサイトが堆積する海底

第 6 章　氷床コアから復元された二酸化炭素，メタン，一酸化二窒素の変動

の面積を広くする．ライソクラインが 1 km 深くなると，大気中の CO_2 濃度は 25ppm 低下すると見積もられている．しかし，海底の $CaCO_3$ 量のデータからは氷期のライソクラインの低下は 1 km 未満であったと推定され，このプロセス単独では 80ppm の濃度低下は説明できないことになる．

　上で述べたように，氷期には表層海洋で植物プランクトンの活動が活発になり，有機物が大量に深海に運ばれた可能性がある．この場合，有機物は沈降している間に酸化分解され，生じた CO_2 が海底に堆積しているカルサイトを溶解し，底層水のアルカリ度を増加させて CO_2 分圧を下げるので，アルカリポンプの効率は生物ポンプによっても高められることになる．プランクトンによる $CaCO_3$ の生成はおもに低緯度の表層海洋で行われており，死後に植物プランクトン起源の有機物とともに深海に沈降し，海底に堆積している $CaCO_3$ の供給源となっている．現在の表層から深層に輸送される有機炭素と $CaCO_3$ の比率は大雑把にいうと 4：1 であるが，氷期に有機物の生産が高まっていたとすると，この比率はもっと大きかったかもしれない．実際に比率を 2 倍にして簡易海洋炭素循環モデルで計算した研究があり，大気中の CO_2 濃度は 55ppm 低下すると報告されている（Sigman *et al.*, 1998）．しかし，このモデルの結果もカルサイトの飽和深度が 1 km 以上深くなることを示しており，$CaCO_3$ 量から推定された結果より深度低下が大きい．

　前節で示したように，大気中の CO_2 濃度の変動は南極域の気温と良い相関を示すので，氷期における濃度低下の主因は南大洋にあるとする説が多く提案されている．基本的には 3 つのメカニズムに分けることができ，そのひとつは，上で述べた大陸からの鉄の供給による植物プランクトン活動の活性化である．2 つ目は，南大洋における鉛直循環の変化に着目している．すなわち，南極大陸周辺は強い西風が吹いており，この風に誘導されて溶存無機炭素が高い深層水が表層に湧昇しているが，氷期には西風帯の位置が北に移動したために湧昇が弱まり，海洋が成層化し，海洋からの CO_2 放出が減少した，と考えるものである．3 つ目は，氷期に南大洋の海氷面積が拡大し，海氷の下に大量の溶存無機炭素を蓄積したためにこの海域からの CO_2 放出が減少した，という説である．ブリットン・スティーブンスとラルフ・キーリングは，簡易海洋ボックスモデルを用いて，このプロセスによって 67ppm の濃度低下が起こりうると推定しているが（Stephens and Keeling, 2000），他の海洋モデルの結果はもっと小さな

値を示している（Archer et al., 2003）．

以上で紹介したそれぞれのプロセスには，CO_2濃度の低下を定量的に説明できない，基礎となるメカニズムが不明である，あるいは確証が取れない，などといった困難があり，今後さらに研究を深める必要がある．しかし，これまでの研究結果を総合的に勘案すると，単独というよりもいくつかのプロセスが複合して氷期のCO_2濃度を低下させていたと考えるのが自然である．

（2）CH_4とN_2Oの濃度低下

氷期におけるCH_4の濃度低下の原因としては，発生源強度の弱まりと消滅源強度の強まりを考える必要がある．5.1.1項で述べたように，CH_4の主たる消滅源はOHとの反応であり，OHの生成にはおもに太陽紫外線，O_3，H_2Oが関係している．氷期には気温が低下し乾燥化していたので，H_2Oが少なく，したがってOHの生成量は減少しており，またCH_4との反応速度は低下していたと考えられる．このような状況下では，大気中のCH_4の寿命は長くなり，結果として大気中の濃度を上昇させると期待される．一方，氷期には北半球中高緯度が氷床で覆われたために森林が消失し，森林を起源とするイソプレン（C_5H_8）やモノテルペン（$C_{10}H_{16}$）のような**非メタン揮発性有機化合物**（non-methane volatile organic compound; NMVOC）の放出が減り，それらの消滅に利用されていたOHも減少すると指摘する研究もある．この場合，より多くのOHがCH_4の消滅に利用されるので，大気中の濃度は低下する．それぞれの効果についてモデルによる定量的な推定が行われているが，たとえば，ジェームス・レビン（James G. Levine）らは，全球3次元大気化学輸送モデルを用いて，最終氷期においては両者の寄与はほぼ相殺され，大気中のCH_4の寿命の変化は2～3%程度であると推定している（Levine et al., 2011）．また，リー・マーレイ（Lee T. Murray）らも最終氷期最盛期の対流圏OHは工業化以前とほとんど変わらない（0.5±12%）と推定している（Murray et al., 2014）．もし彼らの主張が正しいとすると，氷期における低いCH_4濃度は，放出源強度の低下によるものということになる．なお，OHの生成には，地表面反射率，雲量，成層圏オゾン，NO_xなども関係するが，レビンらはこれらの要素について検討し，不確定性は大きいものの，氷期におけるCH_4の大気中寿命への影響は小さいと推定している．また，土壌によるCH_4の消滅は，中緯度から高緯度の森林に存在する砂質土壌，および砂漠においてとくに強く生ずるが，氷期には砂漠

第 6 章　氷床コアから復元された二酸化炭素，メタン，一酸化二窒素の変動

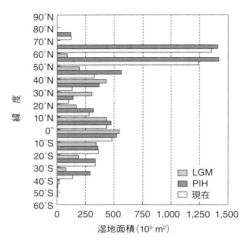

図 6.23　最終氷期最盛期（LGM），工業化以前の完新世（PIH），現在における緯度別の湿地面積
（Chappellaz et al., 1993）

は拡大していたものの，高緯度の森林が氷床に覆われて減少していたと考えられるので，土壌による消滅量はほとんど変化していなかったと推定されている（Chappellaz et al., 1993）．

　CH_4 の最大の自然放出源は湿地である．現在は，湿地起源の CH_4 の約70％は熱帯域および南半球から，残りが北半球中高緯度から放出されている（Bartlett and Harriss, 1993）．ジェローム・シャペラらによると，現在の世界の湿地面積はおよそ $5.2 \times 10^{12}\,m^2$ であり，その約60％が北半球中高緯度に，残りが熱帯から南半球に存在しているが，氷期には北半球中高緯度の湿地が失われ，世界の湿地は半分に減少したとされている（Chappellaz et al., 1993）（図 6.23）．また，湿地での CH_4 生成には温度がとくに重要であるが，氷期には低温のために CH_4 を生成する微生物の活動が大幅に低下していたと考えられる．最終氷期における湿地起源 CH_4 の放出量は，植生分布の復元やモデル解析をもとに推定されており，完新世に比べておよそ40％減少していたことが示唆されている（たとえば Chappellaz et al., 1993; Fischer et al., 2008; Weber et al., 2010）．

　対流圏の N_2O 濃度は，基本的には嫌気的あるいは好気的な環境下での微生物活動による放出と，成層圏における光解離および光酸化による消滅とで決め

6.3 自然的要因による温室効果気体の変動

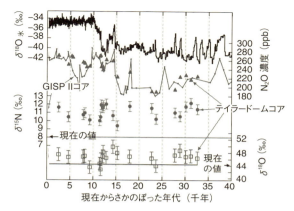

図6.24 南極テイラードームコアから復元された過去33,000年間の N_2O の濃度と $\delta^{15}N$, $\delta^{18}O$ および氷の $\delta^{18}O$ の変動
グリーンランドのギスプツー (GISP II) コアから得られた N_2O 濃度と同位体比も併せて示してある. (Sowers et al., 2003)

られている. 氷期における N_2O の大気中寿命がどうであったかを知ることは容易でないが, 最終氷期の最盛期である1.8万年前から現在まで±15%の範囲でほぼ一定であった, あるいは氷期には多少長かったことをことを示唆するモデル研究がある (Crutzen and Brühl, 1993; Martinerie et al., 1995). もしこれが正しいとすると, 氷期における低い N_2O 濃度の原因は放出源強度の低下ということになる. 工業化以前には自然起源の N_2O はおもに土壌と海洋から放出され, 前者の放出量は後者の2倍と見積もられている. トッド・ソワース (Todd Sowers) らは, テイラードームコアを分析することによって, 過去3.3万年にわたる N_2O の $\delta^{15}N$ と $\delta^{18}O$ の変動を復元し, 図6.24に見られるように, いずれの同位体比も時間的に変化することなくほぼ一定の値をとっていたことを明らかにしている (Sowers et al., 2003). この結果をもとにして, 彼らは土壌と海洋から放出される N_2O 量の比はほとんど変化しなかったと推定している. また, 最終氷期における N_2O 濃度を190ppb (912TgN), 大気中の寿命を118年として, 氷期最盛期における N_2O 放出量を7.7TgN/yrと評価している. さらに, 彼らは $\delta^{15}N$ に関する収支式を解き, 氷期最盛期に土壌と海洋からそれぞれ4.3TgN/yrと3.4TgN/yrの N_2O が放出されたと推定している.

第 6 章　氷床コアから復元された二酸化炭素，メタン，一酸化二窒素の変動

この 7.7 TgN/yr という放出量は完新世より 40％ ほど低く，その原因として微生物活動が低温下で弱まったことを挙げている．なお，最近，アドリアン・シルトらは，南極のテイラー氷河で採取した氷を分析して，1 万年前から 1.6 万年前の N_2O 濃度と $\delta^{15}N$，$\delta^{18}O$ の変動を復元し，それを解析して同様な結果を得ている (Schilt et al., 2014)．すなわち，最終氷期最盛期から完新世初期にかけて N_2O の放出は約 30％ 増加しており，海洋と土壌の寄与はほぼ等しく，両者からの放出は気温上昇と並行して変化しているというものである．

　土壌での N_2O の生成は，温度が高く，適度な土壌水分が保たれ，有機物が豊富にある熱帯域で最も活発に行われる．一方，海洋起源の N_2O は 40～60°S で最も多く生産されるが，熱帯域や沿岸湧昇域，アラビア海などでも相当な量が放出される．全体として見ると，土壌起源 N_2O の 72％，海洋起源の 41％ が 30°N～30°S の緯度帯から発生している．すなわち，氷期における CH_4 濃度には北半球中高緯度が，CO_2 濃度には南大洋が重要な役割を果たしているが，N_2O 濃度はおもに熱帯域の放出源によって支配されていると考えられる．本節の冒頭部で述べたように，CO_2 や CH_4 は 50 万～70 万年前の間氷期に比較的低い濃度を維持したが，N_2O は他の間氷期とほぼ同じ濃度を示している．このような現象は，それぞれの気体の濃度変動に関わる地域の違いを反映したものであり，氷期からの回復が十分でなかった間氷期でも，N_2O については，他の間氷期と同じ濃度まで上昇させるのに十分な量が低緯度で生成されたためと考えられる．

参考文献

[1] Abe-Ouchi, A., F. Saito, K. Kawamura, M. E. Raymo, J. Okuno, K. Takahashi, and H. Blatter (2013) Insolation-driven 100,000-year glacial cycles and hysteresis of ice-sheet volume. *Nature*, **500**, 190-193, doi:10.1038/nature12374.

[2] Adel, A. (1939) Note on the atmospheric oxide on nitrogen. *Astrophys. J.*, **90**, 627-628.

[3] 会田 勝 (1982)『大気と放射過程―大気の熱源と放射収支を探る』, 280pp., 東京堂出版.

[4] Allison, C. E., and R. J. Francey (1995) Recommendations for the reporting of stable isotope measurements of carbon and oxygen in CO_2 gas. Reference and intercomparison materials for stable isotopes of light elements, pp.155-162, 1-3 December 1993, Vienna.

[5] Anderson, L. A., and J. L. Sarmiento (1994) Redfield ratios of remineralization determined by nutrient data analysis. *Global Biogeochem. Cycles*, **8**, 65-80.

[6] Andres, R. J., G. Marland, I. Fung, and E. Matthews (1996) A 1° × 1° distribution of carbon dioxide emissions from fuel consumption and cement manufacture, 1950-1990. *Global Biogeochem. Cycles*, **10**, 419-429.

[7] Andres, R. J., D. J. Fielding, G. Marland, T. Boden, N. Kumar, and A. T. Kearney (1999) Carbon dioxide emissions from fossil-fuel use, 1751-1950. *Tellus*, **51B**, 759-765.

[8] Andres, R. J., G. Marland, T. Boden, and S. Bischof (2000) Carbon dioxide emissions from fossil fuel consumption and cement manufacture, 1751-1991, and an estimate of their isotopic composition and latitudinal distribution. *In*: "The Carbon Cycle" (ed. by Wigley, T. M. L., and D. S. Schimel), pp. 53-62, Cambridge University Press, Cambridge.

[9] Andres, R. J., T. A. Boden, F.-M. Bréon, P. Ciais, S. Davis, D. Erickson, J. S. Gregg, A. Jacobson, G. Marland, J. Miller, T. Oda, J. G. J. Olivier, M. R. Raupach, P. Payner, and K. Treanton (2012) A synthesis of carbon dioxide emissions from fossil-fuel combustion. *Biogeosciences*, **9**, 1845-1871, doi:10.5194/bg-9-1845-2012.

[10] Aoki, S., T. Nakazawa, S. Murayama, and S. Kawaguchi (1992) Measurements of atmospheric methane at the Japanese Antarctic Station, Syowa. *Tellus*, **44B**,

参考文献

273-281.

[11] Archer, D., H. Kheshgi, and E. Maier-Reimer（1998）Dynamics of fossil fuel CO_2 neutralization by marine $CaCO_3$. *Global Biogeochem. Cycles*, **12**, 259-276.

[12] Archer, D. E., P. A. Martin, J. Milovich, V. Brovkin, G.-K. Plattner, and C. Ashendel（2003）Model sensitivity in the effect of Antarctic sea ice and stratification on atmospheric pCO_2. *Paleoceanography*, **18**, doi:10.1029/2002PA000760.

[13] Archer, D.（2007）Methane hydrate stability and anthropogenic climate change. *Biogesciences*, **4**, 521-544.

[14] Arrhenius, S.（1896）On the influence of carbonic acid in the air upon the temperature of the ground. *Philos. Mag. J. Sci.*, **41**, 237-276.

[15] 浅野正二（2010）『大気放射学の基礎』，267pp., 朝倉書店．

[16] Baker, D. F., R. M. Law, K. R. Gumey, P. Rayner, P. Peylin, A. S. Denning, P. Bousquet, L. Bruhwiler, Y.-H. Chen, P. Ciais, I. Y. Fung, M. Heimann, J. John, T. Maki, S. Maksyutov, K. Masarie, M. Prather, B. Pak, S. Taguchi, and Z. Zhu（2006）TransCom 3 inversion intercomparison: Impact of transport model errors on the interannual variability of regional CO_2 fluxes, 1988-2003. *Global Biogeochem. Cycles*, **20**, GB1002, doi:10.1029/2004GB002439.

[17] Barnola, J.-M., D. Raynaud, Y. S. Korotkevich, and C. Lorius（1987）Vostok ice core provides 160,000-year record of atmospheric CO_2. *Nature*, **329**, 408-414.

[18] Bartlett, K. B., and R. C. Harriss（1993）Review and assessment of methane emissions from wetlands. *Chemosphere*, **26**, 261-320.

[19] Battle, M., M. L. Bender, P. P. Tans, J. W. C. White, J. T. Ellis, T. Conway, and R. J. Francey（2000）Global carbon sinks and their variability inferred from atmospheric O_2 and $\delta^{13}C$. *Science*, **287**, 2467-2470.

[20] Baumgartner, M., P. Kindler, O. Eicher, G. Floch, A. Schilt, J. Schwander, R. Spahni, E. Capron, J. Chappellaz, M. Leuenberger, H. Fischer, and T. F. Stocher（2013）NGRIP CH_4 concentration from 120 to 10 kyr before present and its relation to a $\delta^{15}N$ temperature reconstruction from the same ice core. *Clim. Past Discuss.*, **9**, 4655-4704, doi:10.5194/cpd-9-4655-2013-supplement.

[21] Bender, M. L., P. P. Tans, J. T. Ellis, J. Orchard, and K. Habfast（1994）A high precision isotope ratio mass spectrometry method for measuring the O_2/N_2 ratio of air. *Geochim. Cosmochim. Acta*, **58**, 4751-4758.

[22] Bender, M. L., D. T. Ho, M. B. Hendricks, R. Mika, M. O. Battle, P. P. Tans, T. J. Conway, B. Sturtevant, and N. Cassar（2005）Atmospheric O_2/N_2 changes, 1993-2002: Implications for the partitioning of fossil fuel CO_2 sequestration. *Global Biogeochem. Cycles*, **19**, GB4017, doi:10.1029/2004GB002410.

[23] Benedict, F. G. (1912) "The composition of the atmosphere with special reference to its oxygen content", 115pp., The Carnegie Institution of Washington, Washington, D.C.

[24] Bergamaschi, P., S. Houweling, A. Segers, M. Krol, C. Frankenberg, R. A. Scheepmaker, E. Dlugokencky, S. C. Wofsy, E. A. Kort, C. Sweeney, T. Schuch, C. Brenninkmeijer, H. Chen, V. Beck, and C. Gerbig (2013) Atmospheric CH_4 in the first decade of the 21st century: Inverse modeling analysis using SCIAMACHY satellite retrievals and NOAA surface measurements. *J. Geophys. Res.*, **118**, 7350-7369, doi:10.1002/jgrd.50480.

[25] Berger, W. H. (1982) Increase of carbon dioxide in the atmosphere during deglaciation: The coral reef hypothesis. *Naturwissenschaften*, **69**, 87-88.

[26] Blake, D. R., and F. S. Rowland (1986) World-wide increase in tropospheric methane, 1978-1983. *J. Atmos. Chem.*, **4**, 43-62.

[27] Blunier, T., and E. J. Brook (2001) Timing of millennial-scale climate change in Antarctica and Greenland during the last glacial period. *Science*, **291**, 109-112.

[28] Boden. T. A., R. J. Andres, and G. Marland (2013) Global, regional, and national fossil-fuel CO_2 emissions, doi:10.3334/CDIAC/00001_V2013, http://cdiac.ornl.gov/trends/emis/meth_reg.html.

[29] Bousquet, P., D. A. Hauglustaine, P. Peylin, C. Carouge, and P. Ciais (2005) Two decades of OH variability as inferred by an inversion of atmospheric transport and chemistry of methyl chloroform. *Atmos. Chem. Phys.*, **5**, 2635-2656.

[30] Bousquet, P., P. Ciais, J. B. Miller, E. J. Dlugokencky, D. A. Hauglutaine, C. Prigent, G. R. van der Werf, P. Peylin, E.-G. Brunke, C. Carouge, R. L. Langenfelds, J. Lathière, F. Papa, M. Ramonet, M. Schmidt, L. P. Steele, S. C. Tyler, and J. White (2006) Contribution of anthropogenic and natural sources to atmospheric methane variability. *Nature*, **443**, 439-443, doi:10.1038/nature05132.

[31] Bousquet, P., B. Ringeval, I. Pison, E. J. Dlugokencky, E.-G. Brunke, C. Carouge, F. Chevallier, A. Fortems-Cheiney, C. Frankenberg, D. A. Haglustain, P. B. Krummel, R. L. Langenfelds, M. Ramonet, M. Schmidt, L. P. Steele, S. Szopa, C. Yver, N. Viovy, and P. Ciais (2011) Source attribution of the changes in atmospheric methane for 2006-2008. *Atmos. Chem. Phys.*, **11**, 3689-3700, doi:10.5194/acp-11-3689-2011.

[32] Bouwman, A. F., K. W. van der Hoek, and J. G. J. Olivier (1995) Uncertainties in the global source distribution of nitrous oxide. *J. Geophys. Res.*, **100**, 2785-2800, doi:10.1029/94JD02946.

[33] Bouwman, A. F. (1998) Nitrogen oxides and tropical agriculture. *Nature*, **392**,

866-867.

[34] Braun, H., P. Ditlevsen, J. Kurths, and M. Mudelsee (2010) Limitations of red noise in analysing Dansgaard-Oeschger events. *Clim. Past*, **6**, 85-92.

[35] Broecker, W. S. (1982a) Ocean chemistry during glacial time. *Geochim. Cosmochim. Acta*, **46**, 1689-1705.

[36] Broecker, W. S. (1982b) Glacial to intergracial changes in ocean chemistry. *Prog. Oceanog.*, **11**, 151-197.

[37] Broecker, W. S. (1997) Thermohaline circulation, the Achilles Heel of our climate system: Will man-made CO_2 upset the current balance? *Science*, **278**, 1582-1588.

[38] Broecker, W. S., J. Lynch Stieglitz, E. Clark, I. Hajdas, and G. Bonani (2001) What caused the atmosphere's CO_2 content to rise during the last 8000 years? *Geochem. Geophys. Geosyst.*, **2**, doi:10.1029/2001GC000177.

[39] Brown, H. T., and F. Escombe (1905) On a new method for the determination of atmospheric carbon dioxide, based on the rate of its absorption by a free surface of a solution of caustic alkali. Proceedings of the Royal Society B: Biological Sciences, **76**, 112-117, doi:10.1098/rspb.1905.0003.

[40] Brown, A. T., C. M. Volk, M. R. Schoeberl, C. D. Boone, and P. F. Bernath (2013) Stratospheric lifetimes of CFC-12, CCl_4, CH_4, CH_3Cl and N_2O from measurements made by the Atmospheric Chemistry Experiment-Fourier Transform Spectrometer (ACE-FTS). *Atmos. Chem. Phys.*, **13**, 6921-6950, doi:10.5194/acp-13-6921-2013.

[41] Buizert, C. (2013) Studies of firn air, *In*: "The Encyclopedia of Quaternary Science" (ed. by Elias S. A.), vol. 2, pp. 361-372, Elsevier, Amsterdam.

[42] Caillon, N., J. P. Severinghaus, J. Jouzel, J.-M. Barnola, J. Kang, and V. Y. Lipenkov (2003) Timing of atmospheric CO_2 and Antarctic temperature changes across termination III. *Science*, **299**, 1728-1731, doi:10.1126/science.1078758.

[43] Callendar, G. S. (1938) The artificial production of carbon dioxide and its influence on temperature. *Quart. J. Roy. Meteorol. Soc.*, **64**, 223-237.

[44] Callendar, G. S. (1958) On the amount of carbon dioxide in the atmosphere. *Tellus*, **10**, 243-248.

[45] Chappellaz, J., J.-M. Barnola, D. Raynaud, Y. S. Korotkevich, and C. Lorius (1990) Ice-core record of atmospheric methane over the past 160,000 years. *Nature*, **345**, 127-131.

[46] Chappellaz, J. A., I. Y. Fung, and A. M. Thompson (1993) The atmospheric CH_4 increase since the Last Glacial Maximum; (1) source estimates. *Tellus*, **45B**, 228-

241.

[47] Chappellaz, J., T. Blunier, S. Kints, A. Daellenbach, J.-M. Barnola, J. Schwander, D. Raynaud, and B. Stauffer (1997) Changes in the atmospheric CH$_4$ gradient between Greenland and Antarctica during the Holocene. *J. Geophys. Res.*, **102**, 15987-15997.

[48] Chapuis-Lardy, L., N. Wrage, A. Metay, J.-L. Chotte, and M. Bernoux (2007) Soils, a sink for N$_2$O? A review. *Global Change Biol.*, **13**, 1-17, doi:10.1111/j.1365-2486.2006.01280.x.

[49] Cleveland, C. (2012) Callendar, Guy Stewart. http://www.eoearth.org/view/article/150861.

[50] Conrad, R. (1996) Soil microorganisms as controllers of atmospheric trace gases (H$_2$, CO, CH$_4$, OCS, N$_2$O and NO). *Microbiol. Rev.*, **60**, 609-640.

[51] Craig, H. (1957) Isotopic standards for carbon and oxygen and correction factors for mass-spectrometric analysis of carbon dioxide. *Geochim. Cosmochim. Acta*, **12**, 133-149.

[52] Craig, H. (1961) Standard for reporting concentrations of deuterium and oxygen-18 in natural waters. *Science*, **133**, 1833-1834, doi:10.1126/science.133.3467.1833.

[53] Craig, H., Y. Horibe, and T. Sowers (1988) Gravitational separation of gases and isotopes in polar ice caps. *Science*, **242**, 1675-1678.

[54] Crutzen, P. J., and C. Brühl (1993) A model study of atmospheric temperatures and the concentrations of ozone, hydroxyl, and some other photochemically active gases during the glacial, the pre-industrial Holocene and the present. *Geophys. Res. Lett.*, **20**, 1047-1050.

[55] Cunnold, D. M., L. P. Steele, P. J. Fraser, P. G. Simmonds, R. G. Prinn, R. F. Weiss, L. W. Porter, S. O'Doherty, R. L. Langenfelds, P. B. Krummel, H. J. Wang, L. Emmons, X. X. Tie, and E. J. Dlugokencky (2002) In situ measurements of atmospheric methane at GAGE/AGAGE sites during 1985-2000 and resulting source inferences. *J. Geophys. Res.*, **107**, 4225, doi:10.1029/2001JD001226.

[56] Curry, W. B., J. C. Duplessy, L. D. Labeyrie, and N. J. Shackleton (1988) Changes in the distribution of δ^{13}C of deep water $\sum$CO$_2$ between the last glaciation and the Holocene. *Paleoceanography*, **3**, 317-341.

[57] Dansgard, W. (1964) Stable isotopes in precipitation. *Tellus*, **16**, 436-468.

[58] Davidson, E. A., and D. Kanter (2014) Inventories and scenarios of nitrous oxide emissions. *Environ. Res. Lett.*, **9**, doi:10.1088/1748-9326/9/10/105012.

[59] De Klein, C., R. S. A. Novoa, S. Ogle, K. A. Smith, P. Rochette, T. C. Wirth,

参考文献

B. G. McConkey, A. Mosier and K. Rypdal (2006) N_2O emissions from managed soils, and CO_2 emissions from lime and urea application. Intergovernmental Panel on Climate Change Guidelines for National Greenhouse Gas Inventories, Volume 4: Agriculture, Forestry and Other Land Use, Institute for Global Environmental Strategies (IGES), Hayama.

[60] Delmotte, M., J. Chappellaz, E. J. Brook, P. Yiou, J.-M. Barnola, C. Goujon, D. Raynaud, and V. I. Lipenkov (2004) Atmospheric methane during the last four glacial-interglacial cycles: Rapid changes and their link with Antarctic temperature. *J. Geophys. Res.*, **109**, D12104, doi:10.1029/2003JD004417.

[61] Denning, S., T. Takahashi, and P. Friedlingstein (1999) Can a strong atmospheric CO_2 rectifier effect be reconciled with a "reasonable" carbon budget? *Tellus*, **51B**, 249-253.

[62] Dentener, F., and P. J. Crutzen (1994) A three-dimensional model of the global ammonia cycle. *J. Atmos. Chem.*, **19**, 331-369.

[63] Dlugokencky, E. J., L. P. Steele, P. M. Lang, and K. A. Masarie (1994) The growth rate and distribution of atmospheric methane. *J. Geophys. Res.*, **99**, 17021, doi:10.1029/94JD01245.

[64] Dlugokencky, E. J., E. G. Dutton, P. C. Novelli, P. P. Tans, K. A. Masarie, K. O. Lantz, and S. Madronich (1996) Changes in CH_4 and CO growth rates after the eruption of Mt. Pinatubo and their link with changes in tropical tropospheric UV flux. *Geophys. Res. Lett.*, **369**, 2761–2764, doi:10.1029/96GL02638.

[65] Dlugokencky, E. J., K. A. Masarie, P. M. Lang, and P. P. Tans (1998) Continuing decline in the growth rate of the atmospheric methane burden. *Nature*, **393**, 447-450.

[66] Dlugockenky, E. J., B. P. Walter, K. A. Masarie, P. M. Lang, and E. S. Kasischke (2001) Measurements of an anomalous global methane increase during 1998. *Geophys. Res. Lett.*, **28**, 499-502.

[67] Dlugokencky, E. J., S. Houweling, L. Bruhwiler, K. A. Masarie, P. M. Lang, J. B. Miller, and P. P. Tans (2003) Atmospheric methane levels off: Temporary pause or a new steady-state? *Geophys. Res. Lett.*, **30**, 1992, doi:10.1029/2003GL018126.

[68] Dlugokencky, E. J., R. C. Myers, P. M. Lang, K. A. Masarie, A. M. Crotwell, K. W. Thoning, B. D. Hall, J. W. Elkins, and L. P. Steele (2005) Conversion of NOAA atmospheric dry air CH_4 mole fractions to a gravimetrically prepared standard scale. *J. Geophys. Res.*, **110**, D18306, doi:10.1029/2005JD006035.

[69] Dlugokencky, E. J., L. Bruhwier, J. W. C. White, L. K. Emmons, P. C. Novelli, S. A. Montzka, K. A. Masarie, P. M. Lang, A. M. Crotwell, J. B. Miller, and L.

V. Gatti (2009) Observational constraints on recent increases in the atmospheric CH_4 burden. *Geophys. Res. Lett.*, **36**, L18803, doi:10.1029/2009GL039780.

[70] Elsig, J., J. Schmitt, D. Leuenberger, R. Schneider, M. Eyer, M. Leuenberger, F. Joos, H. Fischer, and T. F. Stocker (2009) Stable isotope constraints on Holocene carbon cycle changes from an Antarctic ice core. *Nature*, **461**, 507-510, doi:10.1038/nature08393.

[71] Enting, I. G. (2002) "Inverse Problems in Atmospheric Constituent Transport", Cambridge University Press, Cambridge.

[72] EPA Report (2010) Methane and nitrous oxide emissions from natural sources, Office of Atmospheric Programs, United States Environmental Protection Agency, EPA 430-R-10-001, Washington, D.C.

[73] Etheridge, D. M., L. P. Steele, R. L. Langenfelds, R. J. Francey, J.-M. Barnola, and V. I. Morgan (1996) Natural and anthropogenic changes in atmospheric CO_2 over the last 1000 years from air in Antarctic ice and firn. *J. Geophys. Res.*, **101**, 4115-4128.

[74] Etheridge, D. M., L. P. Steele, R. J. Francey, and R. L. Langenfelds (1998) Atmospheric methane between 1000 A.D. and present: Evidence of anthropogenic emissions and climatic variability. *J. Geophys. Res.*, **103**, 15979-15993.

[75] Fan, S., M. Gloor, J. Mahlman, S. Pacala, J. Sarmiento, T. Takahashi, and P. Tans (1998) A large terrestrial carbon sink in north america implied by atmospheric and oceanic carbon dioxide data and models. *Science*, **282**, 442-446, doi:10.1126/science.282.5388.442.

[76] Feely, R. A., T. Takahashi, R. Wanninkhof, M. J. McPhaden, C. E. Cosca, S. C. Sutherland, and M.-E. Carr (2006) Decadal variability of the air-sea CO_2 fluxes in the equatorial Pacific Ocean. *J. Geophys. Res.*, **111**, C08S90, doi:10.1029/2005JC003129.

[77] Ferretti, D. F., J. B. Miller, J. W. C. White, D. M. Etheridge, K. R. Lassey, D. C. Lowe, C. M. MacFarling Meure, M. F. Dreier, C. M. Trudinger, T. D. van Ommen, and R. L. Langenfelds (2005) Unexpected changes to the global methane budget over the past 2000 years. *Science*, **309**, 1714-1717.

[78] Fischer, H., M. Wahlen, J. Smith, D. Mastroianni, and B. Deck (1999) Ice core records of atmospheric CO_2 around the last three glacial terminations. *Science*, **283**, 1712-1714.

[79] Fischer, H., M. Behrens, M. Bock, U. Richter, J. Schmitt, L. Loulergue, J. Chappellaz, R. Spahni, T. Blunier, M. Leuenberger, and T. F. Stocker (2008) Changing boreal methane sources and constant biomass burning during the last termination.

参考文献

Nature, **452**, 864–867, doi:10.1038/nature06825.

[80] Flükiger, J., E. Monnin, B. Stauffer, J. Schwander, T. F. Stocker, J. Chappellaz, D. Raynaud, and J.-M. Barnola（2002）High-resolution Holocene N_2O ice core record and its relationship with CH_4 and CO_2. *Global Biogeochem. Cycles*, **16**, 1010, doi:10.29/2001GB001417.

[81] Francey, R. J., P. P. Tans, C. E. Allison, I. G. Enting, J. W. C. White, and M. Trolier（1995）Changes in oceanic and terrestrial carbon uptake since 1982. *Nature*, **373**, 326-330.

[82] Francey, R., P. Rayner, R. Langenfelds, and C. Trudinger（1999）The inversion of atmospheric CO_2 mixing ratios and isotopic composition to constrain large-scale air-sea fluxes. *In*: "CO_2 in the Oceans"（ed. by Nojiri Y.）, pp.237-243, National Institute for Environmental Studies, Tsukuba.

[83] Frankenberg, C., I. Aben, P. Bergamaschi, and S. Houweling（2010）Total column methane for the years 2003-2009 as seen by SCIAMACHY: Trends and variability. *Geophys. Res. Abstr.*, **12**, 14848.

[84] Fraser, P. J., M. A. K. Khalil, R. A. Rasmussen, and A. J. Crawford（1981）Trends of atmospheric methane in the Southern Hemisphere. *Geophys. Res. Lett.*, **8**, 1063-1066, doi:10.1029/GL008i010p01063.

[85] 福山 薫（1992）過去200万年における日射量の変化と気候変動モデル，『地球環境変動とミランコヴィッチ・サイクル』（安成哲三・粕谷健二 編），pp.3-24，古今書院．

[86] 藤枝 鋼，深堀正志 訳（2014）『大気放射学』(Liou, K. N.（2002）"An Introduction to Atmospheric Radiation"の訳本），672pp，共立出版．

[87] Fung, I., M. Prather, J. John, J. Lerner, and E. Matthews（1991）Three-dimensional model synthesis of the global methane cycle. *J. Geophys. Res.*, **96**, 13033, doi:10.1029/91JD01247.

[88] Gammon, R. H., E. T. Sundquist, and P. J. Fraser（1985）History of carbon dioxide in the atmosphere. *In*: "Atmospheric Carbon Dioxide and the Global Carbon Cycle"（ed. by Trabalka J. R.）, pp.25-62, United States Department of Energy.

[89] Goody, R. M., and C. D. Walshaw（1953）The origin of atmospheric nitrous oxide. *Quart. J. Roy. Meteorol. Soc.*, **79**, 496-500.

[90] Goody, R. M., and Y. L. Yung（1989）"Atmospheric radiation: theoretical basis", 2nd ed., Oxford University Press, New York.

[91] Goto, D., S. Morimoto, S. Ishidoya, A. Ogi, S. Aoki, and T. Nakazawa（2013）Development of a high precision continuous measurement system for the atmospheric O_2/N_2 ratio and its application at Aobayama, Sendai, Japan. *J. Meteorol. Soc. Jpn.*, **91**, 179-192, doi:10.2151/jmsj.2013-206.

[92] Gurney, K. R., R. M. Law, A. S. Denning, P. J. Rayner, D. Baker, P. Bousquet, L. Bruhwiler, Y.-H. Chen, P. Ciais, S. Fan, I. Y. Fung, M. Gloor, M. Heimann, K. Higuchi, J. John, T. Maki, S. Maksyutov, K. Masarie, P. Prather, B. C. Pak, J Randerson, J. Sarmieto, S. Taguchi, T. Takahashi, and C.-W. Yuen (2002) Towards robust regional estimates of CO_2 sources and sinks using atmospheric transport models. *Nature*, **415**, 626-630.

[93] Gurney, K. R., A. S. Denning, R. M. Law, and P. J. Rayner (2004) TransCom 3 experiment: Towards rubust regional estinmates of carbon sources and sinks using atmospheric transport models. *Global Chan. News Lett.*, **57**, 3-7.

[94] Hall, B. D., G. S. Dutton, and J. W. Elkins (2007) The NOAA nitrous oxide standard scale for atmospheric observations. *J. Geophys. Res.*, **112**, D09305, doi:10.1029/2006JD007954.

[95] Headly, M. A., and J. P. Severinghaus (2007) A method to measure Kr/N_2 ratios in air bubbles trapped in ice cores and its application in reconstructing past mean ocean temperature. *J. Geophys. Res.*, **112**, D19105. doi:10.1029/2006JD008.

[96] Heimann, M. and C. D. Keeling (1989) A three dimensional model of atmospheric CO_2 transport based on observed winds: 2. Model description and simulated tracer experiments. *In*: "Aspects of Climate Variability in the Pacific and the Western Americas" (ed. by Peterson, D. H.), Geophysical Monograph 55, pp.237-275, American Geophysical Union, Washington, D.C.

[97] Heimann, M., C. D. Keeling and C. J. Tucker (1989) A three dimensional model of atmospheric CO_2 transport based on observed winds: 3. Seasonal cycle and synoptic time scale variations. *In*: "Aspects of Climate Variability in the Pacific and Western Americas" (ed. by Peterson, D. H.), Geophysical Monograph 55, pp.277-303, American Geophysical Union, Washington, D.C.

[98] Hirsch, A. I., A. M. Michalak, L. M. Bruhwiler, W. Peters, E. J. Dlugokencky, and P. P. Tans (2006) Inverse modeling estimates of the global nitrous oxide surface flux from 1998-2001. *Global Biogeochem. Cycles*, **20**, GB1008, doi:10.1029/2004GB002443.

[99] Houghton, R. A. (1999) The annual net flux of carbon to the atmosphere from changes in land use 1850-1990. *Tellus*, **51B**, 298-313.

[100] Houghton, R. A. (2009) How well do we know the flux of CO_2 from land-use change? 8th International Carbon Dioxide Conference, 13-19 September, Jena, Germany.

[101] Houghton, R. A., J. I. House, G. Pongratz, G. R. van der Werf, R. S. DeFries, M. C. Hansen, C. Le Quéré and N. Ramankutty (2012) Carbon emissions from

参考文献

land use and land-cover change. *Biogeosciences*, **9**, 5125-5142, doi:10.5194/bg-9-5125-2012.

[102] Huang, J., A. Golombeck, R. Prinn, R. Weiss, P. Fraser, P. Simmonds, E. J. Dlugokencky, B. Hall, J. Elkins, P. Steele, R. Langenfelds, P. Krummel, G. Dutton, and L. Porter（2008）Estimation of regional emissions of nitrous oxide from 1997 to 2005 using multinetwork measurements, a chemical transport model, and an inverse method. *J. Geophys. Res.*, **113**, D17313, doi:10.1029/2007JD009381.

[103] Indermühle, A., T. F. Stoker, F. Joos, H. Fischer, H. J. Smith, M. Wahlen, B. Deck, D. Mastroianni, J. Tschumi, T. Blunier, R. Meyer, and B. Stauffer（1999）Holocene carbon-cycle dynamics based on CO_2 trapped in ice at Taylor Dome, Antarctica. *Nature*, **398**, 121-126.

[104] IPCC TAR（2001）"Climate Change 2001: The Scientific Basis, Contribution of Working Group I to the Third Assessment Report of the Intergovernmental Panel on Climate Change"（ed. by J. T. Houghton, Y. Ding, D. J. Griggs, M. Noguer, P. J. van der Linden, X. Dai, K. Maskell, and C. A. Johnson）, 881pp., Cambridge University Press, Cambridge, New York.

[105] IPCC AR4（2007）"Climate Change 2007: The Physical Science Basis, Contribution of Working Group I to the Fourth Assessment Report of the Intergovernmental Panel on Climate Change"（ed. by Solomon, S., D. Qin, M. Manning, Z. Chen, M. Marquis, K. B. Averyt, M. Tignor, and H. L. Miller）, 996pp., Cambridge University Press. Cambridge, New York.

[106] IPCC AR5（2014）"Climate Change 2013: The Physical Science Basis, Contribution of Working Group I to the Fifth Assessment Report of the Intergovernmental Panel on Climate Change"（ed. by Stocker, T. F., D. Qin, G. -K. Plattner, M. Tignor, S. K. Allen, J. Boschung, A. Nauels, Y. Xia, V. Bex, and P. M. Midgley）, 1535pp., Cambridge University Press, Cambridge, New York, doi:10.1017/CBO9781107415324.

[107] Ishidoya, S., S. Aoki, and T. Nakazawa（2003）High precision measurements of the atmospheric O_2/N_2 ratio on a mass spectrometer. *J. Meteorol. Soc. Jpn.*, **81**, 127-140.

[108] Ishidoya, S., S. Aoki, D. Goto, T. Nakazawa, S. Taguchi, and P. K. Patra（2012a）Time and space variations of the O_2/N_2 ratio in the troposphere over Japan and estimation of the global CO_2 budget for the period 2000-2010. *Tellus*, **64B**, 18964, http://dx.doi.org/10.3402/tellusb.v64i0.18964.

[109] Ishidoya, S., S. Morimoto, S. Aoki, S. Taguchi, D. Goto, S. Murayama, and T. Nakazawa（2012b）Oceanic and terrestrial biospheric CO_2 uptake estimated

from atmospheric potential oxygen observed at Ny-Ålesund, Svalbard, and Syowa, Antarctica. *Tellus*, **64B**, 18924, http://dx.doi.org/10.3402/tellusb.v64i0.18924.

[110] Ishii, M., R. A. Feely, K. B. Rodgers, G.-H. Park, R. Wanninkhof, D. Sasano, H. Sugimoto, C. E. Cosca, S. Nakaoka, M. Teiszewski, Y. Nojiri, S. E. Mikaloff Fletcher, Y. Niwa, P. K. Patra, V. Vaisala, H. Nakano, I. Lima, S. C. Doney, E. T. Buitenhuis, O. Aumont, J. P. Dunne, A. Lenton, and T. Takahashi (2014) Air-sea CO_2 flux in the pacific ocean for the period 1990-2009. *Biogeosciences*, **11**, 709-734, doi:10.5194/bg-11-709-2014.

[111] Ishijima, K., S. Sugawara, K. Kawamura, G. Hashida, S. Morimoto, S. Murayama, S. Aoki, and T. Nakazawa (2007) Temporal variations of the atmospheric nitrous oxide concentration and its $\delta^{15}N$ and $\delta^{18}O$ for the latter half of the 20th century reconstructed from firn air analyses. *J. Geophys. Res.*, **112**, D03305, doi:10.1029/2006JD007208.

[112] Ishijima, K., T. Nakazawa, and S. Aoki (2009) Variations of atmospheric nitrous oxide concentration in the northern and western Pacific. *Tellus*, **61B**, 408-415, doi:10.1111/j.1600-0889.2008.00406.x.

[113] Ishijima, K., P. K. Patra, M. Takigawa, T. Machida, H. Matsueda, Y. Sawa, L. P. Steele, P. B. Krummel, R. L. Langenfelds, S. Aoki, and T. Nakazawa (2010) Stratospheric influence on the seasonal cycle of nitrous oxide in the troposphere as deduced from aircraft observations and model simulations. *J. Geophys. Res.*, **115**, D20308, doi:10.1029/2009JD013322.

[114] Jin X., and N. Gruber (2003) Offsetting the radiative benefit of ocean iron fertilization by enhancing N_2O emissions. *Geophys. Res. Lett.*, **30**, 2249, doi:10.1029/2003GL018458.

[115] Kai, F. M., S. C. Tyler, J. T. Randerson, and D. R. Blake (2011) Reduced methane growth rate explained by decreased Northern Hemisphere microbial sources. *Nature*, **476**, 194-197, doi:10.1038/nature10259.

[116] Kaiser, J., T. Röckmann, C. A. M. Brenninkmeijer, and P. J. Crutzen (2003) Wavelength dependence of isotope fractionation in N_2O photolysis. *Atmos. Chem. Phys.*, **3**, 303-313.

[117] Kawamura, K., T. Nakazawa, S. Aoki, S. Sugawara, Y. Fujii, and O. Watanabe (2003) Atmospheric CO_2 variations over the last three glacial interglacial climatic cycles deduced from the Dome Fuji deep ice core, Antarctica using a wet extraction technique. *Tellus*, **55**, 126-137, doi:10.1034/j.1600-0889.2003.00050.x.

[118] Kawamura, K., J. Severinghaus, S. Ishidoya, S. Sugawara, G. Hashida, H. Motoyama, Y. Fujii, S. Aoki, and T. Nakazawa (2006) Convective mixing

of air in firn at four polar sites. *Earth Planet. Sci. Lett.*, **244**, 672-682, doi:10.1016/j.epsl.2006.02.017.

[119] Kawamura, K., F. Parrenin, L. Lisiecki, R. Uemura, F. Vimeux, J. P. Severinghaus, M. A. Hutterli, T. Nakazawa, S. Aoki, J. Jouzel, M. E. Raymo, K. Matsumoto, H. Nakata, H. Motoyama, S. Fujita, K. Goto-Azuma, Y. Fujii, and O. Watanabe (2007) Northern Hemisphere forcing of climatic cycles in Antarctica over the past 360,000 years. *Nature*, **448**, 912-916, doi:10.1038/nature06015.

[120] Kawamura, K., J. P. Severinghaus, M. R. Albert, Z. R. Courville, M. A. Fahnestock, T. Scambos, E. Shields, and C. A. Shuman (2013) Kinetic fractionation of gases by deep air convection in polar firn. *Atmos. Chem. Phys.*, **13**, 11141-11155, doi:10.5194/acp-13-11141-2013.

[121] Keeling, C. D. (1957) Variations in concentration and isotopic abundances of atmospheric carbon dioxide. Proceedings of the conference on recent research in climatology (ed. by Craig, H.), pp.43-49, Committee on Research in Water Resources and University of California, Scripps Institution of Oceanography, La Jolla, California.

[122] Keeling, C. D., J. A. J. Adams, C. A. J. Ekdahl, and P. R. Guenther (1976a) Atmospheric carbon dioxide variations at the South Pole. *Tellus*, **28**, 552-564.

[123] Keeling, C. D., R. B. Bacastow, A. E. Bainbridge, C. A. J. Ekdahl, P. R. Guenther, and L. S. Waterman (1976b) Atmospheric carbon dioxide variations at Mauna Loa Observatory, Hawaii. *Tellus*, **28**, 538-551.

[124] Keeling, C. D., R. B. Bacastow, A. F. Carter, S. C. Piper, T. P. Whorf, M. Heimann, W. G. Mook, and H. Roeloffzen (1989a) A three dimensional model of atmospheric CO_2 transport based on observed winds: 1. Analysis of observational data. *In*: "Aspects of Climate Variability in the Pacific and the Western Americas" (ed. by Peterson, D. H.), pp.165-236, Geophysical Monograph 55, American Geophysical Union, Washington, D.C.

[125] Keeling, C. D., S. C. Piper, and M. Heimann (1989b) A three dimensional model of atmosperhic CO_2 transport based on observed winds: 4. Mean annual gradients and interannual variations., *In*: "Aspects of Climate Variability in the Pacific and the Western Americas" (ed. by Peterson, D. H.), pp.305-363, American Geophysical Union, Washington, D.C.

[126] Keeling, C. D. (1997) A brief history of atmospheric carbon dioxide measurements and their impact on thoughts about environmental change. *In*: "A Better Future for the Planet Earth", pp.66-83, The Asahi Glass Foundation, Tokyo.

[127] Keeling, C. D., S. C. Piper, T. P. Whorf, and R. F. Keeling (2011) Evolution of

natural and anthropogenic fluxes of atmospheric CO_2 from 1957 to 2003. *Tellus*, **63B**, 1-22, doi:10.1111/j.1600-0889.2010.00507.x.

[128] Keeling, R. F. (1988) Development of an interferometric oxygen analyzer for precise measurement of the atmospheric O_2 mole fraction, Ph.D. thesis, 178pp., Harvard University, Cambridge.

[129] Keeling, R. F., and S. R. Shertz (1992) Seasonal and interannual variations in atmospheric oxygen and implications for the global carbon cycle. *Nature*, **358**, 723-727.

[130] Keeling, R. F., and H. E. Garcia (2002) The change in oceanic O_2 inventory associated with recent global warming. *Proc. Natl. Acad. Sci. U.S.A.*, **99**, 7848-7853, doi:10.1073/pnas.122154899.

[131] Keeling, R. F., and A. C. Manning (2014) Studies of recent changes in atmospheric O_2 content. *In*: "Treatise on Geochemistry, 2nd Edition", vol. 5 (ed. by Keeling, R. F., and L. Russell), pp. 385-404, Elsevier, Amsterdam.

[132] Khalil, M. A. K., and R. A. Rasmussen (1983) Sources, sinks, and seasonal cycles of atmospheric methane. *J. Geophys. Res.*, **88**, 5131-5144, doi:10.1029/JC088iC09p05131.

[133] Kienl, J. T., and K. E. Trenberth (1997) Earth's annual global mean energy budget. *Bull. Am. Meteor. Soc.*, **75**, 197-208.

[134] Kirschke, S., P. Bousquet, P. Ciais, M. Saunois, J. G. Canadell, E. J. Dlugokencky, P. Berganaschi, D. Bergmann, D. R. Blake, L. Bruhwiler, P. Cameron-Smith, S. Castaldi, F. Chevallier, L. Feng, A. Fraser, M. Heimann, E. L. Hodson, S. Houweling, B. Josse, P. J. Fraser, P. B. Krummel, J.-F. Lamarque, R. L. Langenfelds, C. Le Quéré, V. Naik, S. O'Doherty, P. I. Palmer, I. Pison, D. Plummer, B. Poulter, R. G. Prinn, M. Rigby, B. Ringeval, M. Santini, M. Schmidt, D. T. Shindell, I. J. Simpson, R. Spahni, L. P. Steele, S. A. Strode, K. Sudo, S. Szopa, G. R. van der Werf, A. Voulgarakis, M. van Weele, R. F. Weiss, J. E. Williams, and G. Zeng (2013) Three decades of global methane sources and sinks. *Nature Geosci.*, **6**, 813-823, doi:10.1038/ngeo1955.

[135] Kohfeld, K. E., and A. Ridgwell (2009) Glacial-interglacial variability in atmospheric CO_2. *In*: "Surface Ocean-Lower Atmosphere Processes" (ed. by Le Quéré C., and E. S. Saltzman), pp.251-286, American Geophysical Union, Washington, D.C.

[136] Kroeze, C., A. Mosier, and L. Bouwman (1999) Closing the global N_2O budget: A retrospective analysis 1500-1994. *Global Biogeochem. Cycles*, **13**, 1-8.

[137] Langenfelds, R. L., R. J. Francey, L. P. Steele, M. Battle, R. F. Keeling, and W.

参考文献

F. Budd（1999）Partitioning of the global fossil CO_2 sink using a 19-year trend in atmospheric O_2. *Geophys. Res. Lett.*, **26**, 1897-1900.

[138] Lassey, K. R., D. Lowe, and A. M. Smith（2007）The atmospheric cycling of radiomethane and the "fossil fraction" of the methane source. *Atmos. Chem. Phys.*, **7**, 2141-2149.

[139] Law, R., I. Simmonds, and W. F. Budd（1992）Application of an atmospheric tracer model to high southern latitudes. *Tellus*, **44B**, 358, doi:10.1034/j.1600-0889.1992.00013.x.

[140] Le Quéré, C., C. Rödenbeck, E. T. Buitenhuis, T. J. Conway, R. Langenfelds, A. Gomez, C. Labuschagne, M. Ramonet, T. Nakazawa, N. Metzl, N. Gillett, M. Heimann（2007）Saturation of the Southern Ocean CO_2 sink due to recent climate change. *Science*, **316**, 1735-1738, doi:10.1126/science.1136188.

[141] Le Quéré, C., R. J. Andres, T. Boden, T. Conway, R. A. Houghton, J. I. House, G. Marland, G. P. Peters, G. R. van der Werf, A. Ahlström, R. M. Andrew, L. Bopp, J. G. Canadell, P. Ciais, S. C. Doney, C. Enright, P. Friedlingstein, C. Huntingford, A. K. Jain, C. Jourdain, E. Kato, R. F. Keeling, K. Klein Goldewijk, S. Levis, P. Levy, M. Lomas, Poulter, M. R. Raupach, J. Schwinger, S. Sitch, B. D. Stocker, N. Viovy, S. Zaehie, and N. Zeng（2013）The global carbon budget 1959-2011. *Earth Syst. Sci. Data*, **5**, 165-185, doi:10.5194/essd-5-165-2013.

[142] Le Quéré, C., G. P. Peters, R. J. Anders, R. M. Andrew, T. A. Boden, P. Ciais, P. Friedlingstein, R. A. Houghton, G. Marland, R. Moriarty, S. Sitch, P. Tans, A. Ameth, A. Arvanitis, D. C. E. Bakker, L. Bopp, J. G. Canadell, L. P. Chini, S. C. Doney, A. Harper, I. Harris, J. I. House, A. K. Jain, S. D. Jones, E. Kato, R. F. Keeling, K. Klein Goldwijk, A. Kortzinger, C. Koven, N. Lefevre, F. Maignan, A. Omar, T. Ono, G. -H. Park, B. Pfell, B. Poulter, M. R. Raupach, P. Regnier, C. Rödenbeck, S. Saito, J. Schwinger, J. Segschneider, B. D. Stocker, T. Takahashi, B. Tilbrook, S. van Heuven, N. Viovy, R. Wanninkhof, A. Wiltshire, and S. Zaehle（2014）Global carbon budget 2013. *Earth Syst. Sci. Data*, **6**, 235-263, doi:10.5194/essd-6-235-2014.

[143] Lean, J., and D. Rind（1998）Climate forcing by changing solar radiation. *J. Climate*, **11**, 3069-3094.

[144] Lee, J.（2012）History of the greenhouse effect and anthropogenic global warming research, http://www.eoearth.org/view/article/51cbee067896bb431f69593d.

[145] Lenton, A., B. Tilbrook, R. M. Law, D. Bakker, S. C. Doney, N. Gruber, M. Ishii, M. Hopperma, N. S. Loveduski, R. J. Matear, B. I. McNeil, N. Metzl, S. E. M. Fletcher, P. M. S. Monteiro, C. Rödenbeck, C. Sweeney, and T. Taka-

hashi (2013) Sea-air CO_2 fluxes in the Southern Ocean for the period 1990-2009. *Biogeosciences*, **10**, 4037-4054, doi:10.5194/bg-10-4037-2013.

[146] Levin, I., C. Veidt, B. H. Vaughn, G. Brailsford, T. Bromley, R. Heinz, D. Lowe, J. B. Miller, C. Poβ, and J. W. C. White (2013) No inter-hemispheric $\delta^{13}CH_4$ trend observed. *Nature*, **486**, E3-E4, doi:10.1038/nature11175.

[147] Levine, J. G., E. W. Wolff, A. E. Jones, L. C. Sime, P. J. Valdes, A. T. Archibald, G. D. Carver, N. J. Warwick, and J. A. Pyle (2011) Reconciling the changes in atmospheric methane sources and sinks between the Last Glacial Maximum and the pre-industrial era. *Geophys. Res. Lett.*, **38**, L23804, doi:10.1029/2011GL049545.

[148] Levitus, S., J. I. Antonov, T. P. Boyer, R. A. Locarnini, H. E. Garcia, and A. V. Mishonov (2009) Global ocean heat content 1955-2008 in light of recently revealed instrumentation problems. *Geophys. Res. Lett.*, **36**, L07608 doi:10.1029/2008GL037155.

[149] Liss P. S., and L. Merlivat (1986) Air-sea gas exchange rates: Introduction and synthesis. *In:* "The Role of Air-Sea Exchange in Geochemical Cycling", pp.113-127, Springer Netherlands, Dordrecht.

[150] Loulergue, L., A. Schilt, R. Spahni, V. Masson-Delmotte, T. Blunier, B. Lemieux, J.-M. Barnola, D. Raynaud, T. F. Stocker, and J. Chappellaz (2008) Orbital and millennial-scale features of atmospheric CH_4 over the past 800,000 years. *Nature*, **453**, 383-386, doi:10.1038/nature06950.

[151] Lovelock, J. E. (1971) Atmospheric fluorine compounds as indicators of air movements. *Nature*, **230**, 379, doi:10.1038/230379a0.

[152] Lowe, D. C., M. R. Manning, G. W. Brailsford, and A. M. Bromley (1997) The 1991-1992 atmospheric methane anomaly: Southern Hemisphere C-13 decrease and growth rate fluctuations. *Geophys. Res. Lett.*, **24**, 857-860, doi:10.1029/97GL00830.

[153] Luft, K. F. (1943) Über eine neue Methode der registrierenden Gassanalyse mit Hilfe der Absorption iltraroter Strahlen ohne spektrale Zerlegung. *Ztschrf. Tech. Phys.*, **24**, 97-104.

[154] MacFarling Meure, C., D. Etheridge, C. Trudinger, P. Steele, R. Langenfelds, T. van Ommen, A. Smith, and J. Elkins (2006) Law Dome CO_2, CH_4 and N_2O ice core records extended to 2000 years BP. *Geophys. Res. Lett.*, **33**, L14810, doi 10.1029/2006GL026152.

[155] Machida, T., T. Nakazawa, M. Tanaka, Y. Fujii, S. Aoki and O. Watanabe (1994) Atmospheric CH_4 and N_2O concentrations during the last 250 years deduced from H15 ice core, Antarctica. Proceedings of the International Symposium on Global

参考文献

Cycles of Atmospheric Greenhouse Gases, pp.113-116.

[156] Machida, T., T. Nakazawa, Y. Fujii, S. Aoki, and O. Watanabe (1995) Increase in the atmospheric nitrous oxide concentration during the last 250 years. *Geophys. Res. Lett.*, **22**, 2921-2924, doi:10.1029/95GL02822.

[157] Machta, L., and E. Hughes (1970) Atmospheric oxygen in 1967 to 1970. *Science*, **168**, 1582-1584.

[158] Manning, A. C., R. F. Keeling, and J. P. Severinghaus (1999) Precise atmospheric oxygen measurements with paramagnetic oxygen analyzer. *Global Biogeochem. Cycles*, **13**, 1107-1115.

[159] Manning, A. C., and R. F. Keeling (2006) Global oceanic and land biotic carbon sinks from the Scripps atmospheric oxygen flask sampling network. *Tellus*, **58B**, 95-116.

[160] Martin, J. H. (1990) Glacial-interglacial CO_2 change: The iron hypothesis. *Paleoocean*, **5**, 1-13.

[161] Martinerie, P., G. P. Brasseur, and C. Granier (1995) The chemical composition of ancient atmospheres: A model study constrained by ice core data. *J. Geophys. Res.*, **100**, 14291-14304.

[162] Masson-Delmotte, V., S. Hou, A. Ekaykin, J. Jouzel, A. Aristarain, R. T. Bermardo, D. Bromwich, O. Cattani, M. M. Delmotte, S. Falourd, M. Frezzotti, H. Gallée, L. Genoni, E. Isaksson, A. Landais, M. M. Helson, G. Hoffmann, J. Lopez, V. Morgan, H. Motoyama, D. Noone, H. Oerter, J. R. Petit, A. Royer, R. Uemura, G. A. Schmidt, E. Schlosser, J. C. Simões, E. J. Steig, B. Stenni, M. Stievenard, M. R. van den Broeke, R. S. W. van de Wal, W. J. van de Berg, F. Vimeux, and J. W. C. White (2008) A review of Antarctic surface snow isotopic composition: Observations, atmospheric circulation, and isotopic modeling. *J. Climate*, **21**, 3359-3387, doi:10.1175/2007JCLI2139.1.

[163] McMath, R. R., O. C. Mohler, and L. Goldberg (1949) Telluric bands of CH_4 in the solar spectrum. *Astrophys. J.*, **109**, 17-27.

[164] Migeotte, M. V. (1948) Methane in the earth's atmosphere. *Phys. Rev.*, **66**, 400-403.

[165] Miller, J. B., K. A. Mack, R. Dissly, J. W. C. White, E. J. Dlugokencky, and P. P. Tans (2002) Development of analytical methods and measurements of $^{13}C/^{12}C$ in atmospheric CH_4 from the NOAA Climate Monitoring and Diagnostics Laboratory Global Air Sampling Network. *J. Geophys. Res*, **107**, 4178, doi:10.1029/2001JD000630.

[166] Minschwaner, K., R. J. Salawitch, and M. B. McElroy (1993) Absorption of solar

radiation by O_2: Implications for O_3 and lifetimes of N_2O, $CFCl_3$ and CF_2Cl_2. *J. Geophys. Res.*, **98**, 10543-10561.

[167] Monnin, E., A. Indermühle, A. Dallenbach, J. Flückiger, B. Stauffer, T. F. Stocker, D. Raynaud, and J.-M. Barnola (2001) Atmospheric CO_2 concentrations over the last glacial termination. *Science*, **291**, 112-114.

[168] Montzka, S. A., M. Krol, E. Dlugokencky, B. Hall, P. Jockel and J. Lelieveld (2011) Small interannual variability of global atmospheric hydroxyl. *Science*, **331**, 67, doi:10.1126/science.1197640.

[169] Morimoto, S., S. Aoki, T. Nakazawa, and T. Yamanouchi (2006) Temporal variations of the carbon isotopic ratio of atmospheric methane observed at Ny Ålesund, Svalbard from 1996 to 2004. *Geophys. Res. Lett.*, **33**, L01807, doi:10.1029/2005GL024648.

[170] 村山昌平, 中澤高清, 青木周司, 森本真司 (1997) 昭和基地における大気中 CO_2 の炭素同位体比 $\delta^{13}C$ と酸素同位体比 $\delta^{18}O$ の変化. 南極資料, **41**, 177-190.

[171] Murayama, S., S. Taguchi, and K. Higuchi (2004) Interannual variation in the atmospheric CO_2 growth rate: Role of atmospheric transport in the Northern Hemisphere. *J. Geophys. Res.*, **109**, D02305, doi:10.1029/2003JD003729.

[172] Murray, L. T., L. J. Mickley, J. O. Kaplan, E. D. Sofen, M. Pfeiffer, and B. Alexander (2014) Factors controlling variability in the oxidative capacity of the troposphere since the Last Glacial Maximum. *Atmos. Chem. Phys.*, **14**, 3589-3622, doi:10.5194/acp-14-3589-2014.

[173] Nakazawa, T., S. Morimoto, S. Aoki, and M. Tanaka (1993a) Time and space variations of the carbon isotopic ratio of tropospheric carbon dioxide over Japan. *Tellus*, **45B**, 258-274.

[174] Nakazawa, T., T. Machida, K. Esumi, M. Tanaka, Y. Fujii, S. Aoki, and O. Watanabe (1993b) Measurements of CO_2 and CH_4 concentrations in air in a polar ice core. *J. Glaciol.*, **39**, 209-215.

[175] Nakazawa, T., T. Machida, M. Tanaka, Y. Fujii, S. Aoki and O. Watanabe (1993c) Atmospheric CO_2 concentrations and carbon isotopic ratios for the last 250 years deduced from an Antarctic ice core, H15. Proceedings of the Fourth International Conference on Analysis and Evaluation of Atmospheric CO_2 Data, Present and Past, pp.193-196.

[176] Nakazawa, T., T. Machida, M. Tanaka, Y. Fujii, S. Aoki and O. Watanabe (1993d) Differences of the atmospheric CH_4 concentration between the Arctic and Antarctic regions in pre-industrial/pre-agricultural era. *Geophys. Res. Lett.*, **20**, 943-946.

参考文献

[177] Nakazawa, T., S. Morimoto, S. Aoki, and M. Tanaka (1997) Temporal and spatial variations of the carbon isotopic ratio of atmospheric carbon dioxide in the western Pacific region. *J. Geophys. Res.*, **102**, 1271-1285, doi:10.1029/96JD02720.

[178] Nakazawa, T., S. Aoki, K. Kawamura, T. Saeki, S. Sugawara, H. Honda, G. Hashida, S. Morimoto, N. Yoshida, S. Toyoda, Y. Makide and T. Shirai (2002) Variations of stratospheric trace gases measured using a balloon-borne cryogenic sampler. *Adv. Space Res.*, **30**, 1349-1357.

[179] Neftel, A., E. Moor, H. Oeschger, and B. Stauffer (1985) Evidence from polar ice cores for the increase in atmospheric CO_2 in the past two centuries. *Nature*, **315**, 45-47, doi:10.1038/315045a0.

[180] Nevison, C. D., R. F. Weiss, and D. J. Erickson (1995) Global oceanic emissions of nitrous oxide. *J. Geophys. Res.*, **100**, 15809-15820.

[181] Nevison, C. D., E. Dlugokencky, G. Dutton, J. W. Elkins, P. Fraser, B. Hall, P. B. Krummel, R. L. Langenfelds, S. O'Doherty, R. G. Prinn, L. P. Steele, and R. F. Weiss (2011) Exploring causes of interannual variability in the seasonal cycles of tropospheric nitrous oxide. *Atmos. Chem. Phys.*, **11**, 3713-3730, doi:10.5194/acp-11-3713-2011.

[182] Novelli, P. C., J. W. Elkins, and L. P. Steele (1991) The development and evaluation of a gravimetric reference scale for measurements of atmospheric carbon monoxide. *J. Geophys. Res.*, **96**, 13109-13121.

[183] Oeschger, H., U. Siegenthaler, U. Schotterer, and A. Gugelmann (1975) A box diffusion model to study the carbon dioxide exchange in nature. *Tellus*, **27**, 168-192.

[184] Pan, Y., R. A. Birdsey, J. Fang, R. Houghton, P. E. Kauppi, W. A. Kurz, O. L. Phillips, A. Shvidenko, S. L. Lewis, J. G. Canadell, P. Ciais, R. B. Jackson, S. W. Pacala, A. D. McGuire, S. Piao, A. Rautiainen, S. Sitch, and D. Hayes (2011) A large and persistent carbon sink in the world's forests. *Science*, **333**, 988-993, doi:10.1126/science.1201609.

[185] Parrenin, F., V. Masson-Delmotte, P. Kohler, D. Raynaud, D. Paillard, J. Schwander, C. Barbante, P. M. Lang, A. Wegner, and J. Jouzel (2013) Synchronous change of atmospheric CO_2 and Antarctic temperature during the last deglacial warming. *Science*, **339**, 1060-1063, doi:10.1126/science.1226368.

[186] Patra, P. K., M. Ishizawa, S. Maksyutov, T. Nakazawa, and G. Inoue (2005a) Role of biomass burning and climate anomalies for land-atmosphere carbon fluxes based on inverse modeling of atmospheric CO_2. *Global Biogeochem. Cycles*, **19**, GB3005, doi:10.1029/2004GB002258.

[187] Patra, P. K., S. Maksyutov, M. Ishizawa, T. Nakazawa, T. Takahashi, and J. Ukita (2005b) Interannual and decadal changes in the sea-air CO_2 flux from atmospheric CO_2 inverse modeling. *Global Biogeochem. Cycles*, **19**, GB4013, doi:10.1029/2004GB002257.

[188] Patra, P. K., S. Houweling, M. Krol, P. Bousquet, D. Belikov, D. Bergmann, H. Bian, P. Cameron-Smith, M. P. Chipperifield, K. Corbin, A. Fortems-Cheiney, A. Fraser, E. Gloor, P. Hess, A. Ito, S. R. Kawa, R. M. Law, Z. Loh, S. Maksyutov, L. Meng, P. I. Palmer, R. G. Prinn, M. Rigby, R. Saito, and C. Willson (2011) TransCom model simulations of CH_4 and related species: Linking transport, surface flux and chemical loss with CH_4 variability in the troposphere and lower stratosphere. *Atmos. Chem. Phys.*, **11**, 12813-12837, doi:10.5194/acp-11-12813-2011.

[189] Pearman, G. I. (1977) Further studies of the comparability of baseline atmospheric carbon dioxide measurements. *Tellus*, **29**, 171-181.

[190] Peylin, P., R. M. Law, K. R. Gurney, F. Chevallier, A. R. Jacobson, T. Maki, Y. Niwa, P. K. Patra, W. Peters, P. J. Rayner, C. Rödenbeck, I. T. van der Laan-Luijkx, and X. Zhang (2013) Global atmospheric carbon budget: Results from an ensemble of atmospheric CO_2 inversions. *Biogeosciences*, **10**, 6699-6720, doi:10.5194/bg-10-6699-2013.

[191] Pierrot, D., E. Lewis, and D. W. R. Wallace (2006) MS Excel program developed for CO_2 system calculations, ORNL/CDIAC-105a, Carbon Dioxide Information Analysis Center, Oak Ridge National Laboratory, U.S. Department of Energy, Oak Ridge, Tennessee, doi:10.3334/CDIAC/otg.CO2SYS_XLS_CDIAC105a.

[192] Prather, M. J., C. D. Holmes, and J. Hsu (2012) Reactive greenhouse gas scenarios: Systematic exploration of uncertainties and the role of atmospheric chemistry. *Geophys. Res. Lett.*, **39**, doi:10.1029/2012GL051440.

[193] Prinn, R., D. Cunnold, R. Rasmussen, P. Simmonds, F. Alyea, A. Crawford, P. Fraser, and R. Rosen (1990) Atmospheric emissions and trends of nitrous oxide deduced from 10 years of ALE-GAGE data. *J. Geophys. Res.*, **95**, 18369-18385.

[194] Prinn, R. G., J. Huang, R. F. Weiss, D. M. Cunnold, P. J. Fraser, P. G. Simmonds, A. McCulloch, C. Harth, S. Reimann, P. Salameh, S. O'Doherty, R. H. J. Wang, L. W. Porter, B. R. Miller, and P. B. Krummel (2005) Evidence for variability of atmospheric hydroxyl radicals over the past quarter century. *Geophys. Res. Lett.*, **32**, L07809, doi:10.1029/2004GL022228.

[195] Quay, P., J. Stutsman, D. Wilbur, A. Snover, E. J. Dlugockenky, and T. Brown (1999) The isotopic composition of atmospheric methane. *Global Biogeochem.*

Cycles, **13**, 445-461.

[196] Randerson, J. T., M. V. Thompson, T. J. Conway, I. Y. Fung, and C. B. Field (1997) The contribution of terrestrial sources and sinks to trends in the seasonal cycle of atmospheric carbon dioxide. *Global Biogeochem. Cycles*, **11**, 535-560.

[197] Ravishankara, A. R., J. S. Daniel, and R. W. Portmann (2009) Nitrous oxide (N_2O): The dominant ozone-depleting substance emitted in the 21st century. *Science*, **326**, 123-125, doi:10.1126/science.1176985.

[198] Raynaud, D., J. Chappellaz, C. Ritz, and P. Martinerie (1997) Air content along the Greenland Ice Core Project core: A record of surface climatic parameters and elevation in central Greenland. *J. Geophys. Res.*, **102**, 26607-26613.

[199] Ridgwell, A., and R. Zeebe (2005) The role of the global carbonate cycle in the regulation and evolution of the Earth system. *Earth Planet. Sci. Lett.*, **234**, 299-315, doi:10.1016/j.epsl.2005.03.006.

[200] Rigby, M., R. G. Prinn, P. J. Fraser, P. G. Simmonds, R. L. Langenfelds, J. Huang, D. M. Cunnold, L. P. Steele, P. B. Krummel, R. F. Weiss, S. O'Doherty, P. K. Salameh, H. J. Wang, C. M. Harth, J. Mühle, and L. W. Porter (2008) Renewed growth of atmospheric methane. *Geophys. Res. Lett.*, **35**, L22805, doi:10.1029/2008GL036037.

[201] Röckmann, T., J. Kaiser, and C. A. M. Brenninkmeijer (2003) The isotopic fingerprint of the pre-industrial and the anthropogenic N_2O source. *Atmos. Chem. Phys.*, **3**, 315-323.

[202] Rubino, M., D. M. Etheridge, C. M. Trudinger, C. E. Allison, M. O. Battle, R. L. Langenfelds, L. P. Steele, M. Curran, M. Bender, J. W. C. White, T. M. Jenk, T. Blunier, and R. J. Francey (2013) A revised 1000 year atmospheric δ^{13}C-CO_2 record from Law Dome and South Pole, Antarctica. *J. Geophys. Res.*, **118**, 8482-8499, doi:10.1002/jgrd.50668.

[203] Sabine, C. L., R. A. Feely, N. Gruber, R. M. Key, K. Lee, J. L. Bullister, R. Wanninkhof, C. S. Wong, D. W. R. Wallance, B. Tilbrook, F. J. Millero, T.-H. Peng, A. Kozyr, T. Ono, and A. F. Rios (2004) The oceanic sink for anthropogenic CO_2. *Science*, **305**, 367-371, doi:10.1126/science.1097403.

[204] Saikawa, E., C. A. Schlosser, and R. G. Prinn (2013) Global modeling of soil nitrous oxide emissions from natural processes. *Global Biogeochem. Cycles*, **27**, 972-989, doi:10.1002/gbc.20087.

[205] Saikawa, E., R. G. Prinn, E. Dlugokencky, K. Ishijima, G. S. Dutton, B. D. Hall, R. Langenfelds, Y. Tohjima, T. Machida, M. Manizza, M. Rigby, S. O'Doherty, P. K. Patra, C. M. Harth, R. F. Weiss, P. B. Krummel, M. van der Schoot, P. J.

Steele, S. Aoki, T. Nakazawa, and J. W. Elkins (2014) Global and regional emissions estimates for N_2O. *Atmos. Chem. Phys.*, **14**, 4617-4641, doi:10.5194/acp-14-4617-2014.

[206] Sasakawa, M., A. Ito, T. Machida, N. Tsuda, Y. Niwa, D. Davydov, A. Fofonov, and M. Arshinov (2010) Annual variation of methane emissions from forested bogs in West Siberia (2005-2009): A case of high CH_4 and precipitation rate in the summer of 2007. *Atmos. Chem. Phys. Discuss.*, **10**, 27759-27776, doi:10.5194/acpd-10-27759-2010.

[207] Schilt, A., M. Baumgartner, J. Schwander, D. Buiron, E. Capron, J. Chappellaz, L. Loulergue, S. Schüpbach, R. Spahni, H. Fischer, and T. F. Stocker (2010a) Atmospheric nitrous oxide during the last 140,000 years. *Earth Planet. Sci. Lett.*, **300**, 33-43, doi:10.1016/j.epsl.2010.09.027.

[208] Schilt, A., M. Baumgartner, T. Blunier, J. Schwander, R. Spahni, H. Fischer, and T. F. Stocker (2010b) Glacial-interglacial and millennial-scale variations in the atmospheric nitrous oxide concentration during the last 800,000 years. *Quat. Sci. Rev.*, **29**, 182-192, doi:10.1016/j.quascirev.2009.03.011.

[209] Schilt, A., E. J. Brook, T. K. Bauska, D. Baggenstos, H. Fischer, F. Joos, V. V. Petrenko, H. Schaefer, J. Schmitt, J. P. Severinghaus, R. Spahni, and T. F. Stocker (2014) Isotopic constraints on marine and terrestrial N_2O emissions during the last deglaciation. *Nature*, **516**, 234-237, doi:10.1038/nature13971.

[210] Schmitt, J., R. Schneider, J. Elsig, D. Leuenberger, A. Lourantou, J. Chappellaz, P. Köler, F. Joos, T. F. Stocker, M. Leuenberger, and H. Fischer (2012) Carbon isotope constraints on the deglacial CO_2 rise from ice cores. *Science*, **336**, 711-714, doi:10.1126/science.1217161.

[211] Schwander, J. (1989) The transformation of snow to ice and the occlusion of gases. *In*: "The Environmental Record in Glaciers and Ice Sheets" (ed. by Oescher, H., and C. C. Langway), pp.53-67, Wiley, New York.

[212] Severinghaus, J. P. (1995) Studies of the terrestrial O_2 and carbon cycles in sand dune gases and in biosphere 2, PhD Thesis, 148pp., Columbia University, New York.

[213] Shackleton, N. J. (2000) The 100,000-year ice-age cycle identified and found to lag temperature, carbon dioxide, and orbital eccentricity. *Science*, **289**, 1897-1902, doi:10.1126/science.289.5486.1897.

[214] Siegenthaler, U., T. F. Stocker, E. Monnin, D. Lüthi, J. Schwander, B. Stauffer, D. Raynaud, J.-M. Barnola, H. Fischer, V. Masson-Delmotte, and J. Jozel (2005) Stable carbon cycle-climate relationship during the late Pleistocene. *Science*, **310**,

1313-1317, doi:10.1126/science.1120130.

[215] Sigman, D. M., D. C. McCorkle, and W. R. Martin (1998) The calcite lysocline as a constraint on glacial/interglacial low-latitude production changes. *Global Biogeochem. Cycles*, **12**, 409-427.

[216] Sigman, D. M., and E. A. Boyle (2000) Glacial/interglacial variations in atmospheric carbon dioxide. *Nature*, **407**, 859-869.

[217] Sigman, D. M., M. P. Hain, and G. H. Haug (2010) The polar ocean and glacial cycles in atmospheric CO_2 concentration. *Nature*, **466**, 47-55, doi:10.1038/nature09149.

[218] Simpson, I. J., M. P. S. Andersen, S. Meinardi, L. Bruhwiler, N. J. Blake, D. Helmig, F. S. Rowland, and D. R. Blake (2012) Long-term decline of global atmospheric ethane concentrations and implications for methane. *Nature*, **488**, 490-494, doi:10.1038/nature11342.

[219] Sowers, T., M. Bender, D. Raynaud, and Y. S. Korotkevich (1992) $\delta^{15}N$ of N_2 in air trapped in polar ice: A tracer of gas transport in the firn and a possible constraint on ice age-gas age difference. *J. Geophys. Res.*, **97**, 15683-15697.

[220] Sowers, T., A. Rodebaugh, N. Yoshida, and S. Toyoda (2002) Extending records of the isotopic composition of atmospheric N_2O back to 1800 A.D. from air trapped in snow at the South Pole and the Greenland Ice Sheet Project II ice core. *Global Biogeochem. Cycles*, **16**, 1129, doi:10.1029/2002GB001911.

[221] Sowers, T., R. B. Alley, and J. Jubenville (2003) Ice core records of atmospheric N_2O covering the last 106,000 years. *Science*, **301**, 945, doi:10.1126/science.1085293.

[222] Sowers, T. (2010) Atmospheric methane isotope records covering the Holocene period. *Quat. Sci. Rev.*, **29**, 213-221, doi:10.1016/j.quascirev.2009.05.023.

[223] SPARC Report (2013) "Lifetimes of Stratospheric Ozone-Depleting Substances, Their Replacements, and Related Species" (ed. by Ko, M. K. W., P. A. Newman, S. Reimann, and S. E. Strahan), No. 6, WCRP-15/2013.

[224] Steele, L. P., P. J. Fraser, R. A. Rasmussen, M. A. K. Khalil, T. J. Conway, A. J. Crawford, R. H. Gammon, K. A. Masarie, and K. W. Thoning (1987) The global distribution of methane in the troposphere. *J. Atmos. Chem.*, **5**, 125-171.

[225] Stephens, B. B., and R. F. Keeling (2000) The influence of Antarctic sea ice on glacial-interglacial CO_2 variations. *Nature*, **404**, 171-174.

[226] Stephens, B. B., R. F. Keeling, and W. J. Paplawsky (2003) Shipboard measurements of atmospheric oxygen using a vacuum-ultraviolet absorption technique. *Tellus*, **55B**, 857-878.

[227] Stephens, B. B., P. S. Bakwin, P. P. Tans, R. M. Teclaw, and D. D. Baumann (2007a) Application of a differential fuel-cell analyzer for measuring atmospheric oxygen variations. *J. Atmos. Ocean. Technol.*, **24**, 82-94, doi:10.1175/JTECH1959.1.

[228] Stephens, B. B., K. R. Gurney, P. P. Tans, C. Sweeney, W. Peters, L. Bruhwiler, P. Ciais, M. Ramonet, P. Bousquet, T. Nakazawa, S. Aoki, T. Machida, G. Inoue N. Vinnichenko, J. Lloyd, A. Jordan, M. Heimann, O. Shibistova, R. L. Langenfelds, L. P. Steele, R. J. Francey, and A. S. Denning (2007b) Weak northern and strong tropical land carbon uptake from vertical profiles of atmospheric CO_2. *Science*, **316**, 1732-1735, doi:10.1126/science.1137004.

[229] Still. C. J., J. A. Berry, G. J. Collatz, and R. S. DeFries (2003) Global distribution of C3 and C4 vegetation: Carbon cycle implications. *Global Biogeochem. Cycles*, **17**, 1006, doi:10.1029/2001GB001807.

[230] Su, C. W., and E. D. Goldberg (1973) Chlorofluorocarbons in the atmosphere. *Nature*, **245**, 27-27, doi:10.1038/245027a0.

[231] Suess, H. E. (1955) Radiocarbon concentration in modern wood. *Science*, **122**, 415-517.

[232] Suits, N. S., A. S. Denning, J. A. Berry, C. J. Still, J. Kaduk, J. B. Miller, and I. T. Baker (2005) Simulation of carbon isotope discrimination of the terrestrial biosphere. *Global Biogeochem. Cycles*, **19**, GB1017, doi:10.1029/2003GB002141.

[233] 鈴木 淳，井上麻夕里（2012）造礁サンゴ類の石灰化機構と地球環境変動に対する応答．*海の研究*, **21**, 177-188.

[234] Syakila, A., and C. A. Kroeze (2011) The global nitrous oxide budget revisited. *Greenhouse Gas Meas. Manage.*, **1**, 17-26, doi:10.3763/ghgmm.2010.0007.

[235] Takahashi, T., O. J, J. G. Goddard, D. W. Chipman, and S. C. Sutherland (1993) Seasonal variation of CO_2 and nutrients in the high-latitude surface oceans: A comparative study. *Global Biogeochem. Cycles*, **7**, 843-878.

[236] Takahashi, T., R. H. Wanninkhof, R. A. Feely, R. F. Weiss, D. W. Chipman, N. Bates, J. Olafsson, C. Sabine, and S. C. Sutherland (1999) Net sea-air CO_2 flux over the global oceans: An improved estimate based on the sea-air pCO_2 difference. *In*: "CO_2 in the Oceans" (ed. by Nojiri Y.), pp.9-15, National Institute for Environmental Studies, Tsukuba.

[237] Takahashi, T. A., S. C. Sutheriand, C. Sweeney, A. Poisson, N. Metzl, B. Tilbrook, N. Bates, R. Wanninkhof, R. A. Feely, C. Sabine, J. Olafsson, and Y. Nojiri (2002) Global sea-air CO_2 flux based on climatological surface ocean pCO_2, and seasonal biological and temperature effects. *Deep-Sea Res. Part II*:

Topical Studies in Oceanography, **49**, 1601-1622.

[238] Takahashi, T. A., S. C. Sutheriand, R. Wanninkhof, C. Sweeney, R. A. Feely, D. W. Chipman, B. Hales, G. Friederich, F. Chavez, C. Sabine, A. Watson, D. C. E. Bakker, U. Schuster, N. Metzl, H. Yoshikawa-inoue, M. Ishii, T. Midorikawa, Y. Nojiri, A. Kötzinger, T. Steinhoff, M. Hoppema, J. Olafsson, T. S. Amarson, B. Tilbrook, T. Johannessen, A. Olsen, R. Bellerby, C. S. Wong, B. Delille, N. R. Bates, and H. J. W. de Baar（2009）Climatological mean and decadal change in surface ocean pCO_2, and net sea-air CO_2 flux over the global oceans. *Deep-Sea Res. Part II: Topical Studies in Oceanography*, **56**, 554-577, doi:10.1016/j.dsr2.2008.12.009.

[239] Tanaka, M., T. Nakazawa, and S. Aoki（1983）High-quality measurements of the concentration of atmospheric carbon dioxide. *J. Meteorol. Soc. Jpn.*, **61**, 678-685.

[240] Tans, P. P., T. J. Conway, and T. Nakazawa（1989）Latitudinal distribution of the sources and sinks of atmospheric carbon dioxide from surface observations and an atmospheric transport model. *J. Geophys. Res.*, **94**, 5151-5172.

[241] Tans, P. P., I. Y. Fung, and T. Takahashi（1990）Observational constraints on the global atmospheric CO_2 budget. *Science*, **247**, 1431-1438.

[242] Tans, P. P.（1997）A note on isotopic ratios and the global atmospheric methane budget. *Global Biogeochem. Cycles*, **11**, 77-81.

[243] Thompson, R. L., F. Chevallier, A. M. Crotwell, G. Dutton, R. L. Langenfelds, R. G. Prinn, R. F. Weiss, Y. Tohjima, T. Nakazawa, P. B. Krummel, L. P. Steele, P. Fraser, S. O'Doherty, K. Ishijima, and S. Aoki（2014）Nitrous oxide emissions 1999 to 2009 from a global atmospheric inversion. *Atmos. Chem. Phys.*, **14**, 1801-1817, doi:10.5194/acp-14-1801-2014.

[244] Tohjima, Y.（2000）Method for measuring changes in the atmospheric O_2/N_2 ratio by a gas chromatograph equipped with a thermal conductivity detector. *J. Geophys. Res.*, **105**, 14575-14584.

[245] Tohjima, Y., H. Mukai, Y. U. Nojiri, H. Yamagishi, and T. Machida（2008）Atmospheric O_2/N_2 measurements at two Japanese sites: Estimation of global oceanic and land biotic carbon sinks and analysis of the variations in atmospheric potential oxygen（APO）. *Tellus*, **60B**, 213-225, doi:10.1111/j.1600-0889.2007.00334.x.

[246] Tollefson, J.（2014）The case of the missing heat. *Nature*, **505**, 276-278.

[247] Umezawa, T., D. Goto, S. Aoki, K. Ishijima, P. K. Patra, S. Sugawara, S. Morimoto, and T. Nakazawa（2014）Variations of tropospheric methane over Japan during 1988-2010. *Tellus*, **66B**, 23837, http://dx.doi.org/10.3402/tellusb.v66.23837.

[248] U. S. Standard Atmosphere（1976）NOAA/NASA/US Airforce, Washington

D.C., October 1976.

[249] Valsala, V., S. Maksyutov, M. Telszewski, S. Nakaoka, N. Y, M. Ikeda, and R. Murtugudde (2012) Climate impacts on the structures of the North Pacific air-sea CO_2 flux variability. *Biogeosciences*, **9**, 477-492, doi:10.5194/bg-9-477-2012.

[250] van der Werf, G. R. (2004) Continental-scale partitioning of fire emissions during the 1997 to 2001 El Niño/La Niña period. *Science*, **303**, 73-76, doi:10.1126/science.1090753.

[251] van der Werf, G. R., J. T. Randerson, L. Giglio, G. J. Collatz, P. S. Kasibhatla, and A. F. Arellano (2006) Interannual variability in global biomass burning emissions from 1997 to 2004. *Atmos. Chem. Phys.*, **6**, 3423-3441.

[252] van der Werf, G. R., J. T. Randerson, L. Giglio, G. J. Collatz, M. Mu, P. S. Kasibhatla, D. C. Morton, R. S. DeFries, Y. Jin, and T. T. van Leeuwen (2010) Global fire emissions and the contribution of deforestation, savanna, forest, agricultural, and peat fires (1997-2009). *Atmos. Chem. Phys. Discuss.*, **10**, 16153-16230, doi:10.5194/acpd-10-16153-2010.

[253] Van Minnen, J. G., K. Klein Goldewijk, E. Stehfest, B. Eickhout, G. van Drecht, and R. Leemans (2009) The importance of three centuries of land-use change for the global and regional terrestrial carbon cycle. *Climatic Change*, **97**, 123-144, doi:10.1007/s10584-009-9596-0.

[254] van Oss, H. G. (2012) Cement, U.S. Geological Survey.

[255] van Vuuren, D. P., J. A. Edmonds, M. Kainuma, K. Riahi, and J. Weyant (2011) A special issue on the RCPs. *Climatic Change*, **109**, 1-4, doi:10.1007/s10584-011-0157-y.

[256] Volk, C. M., J. W. Elkins, D. W. Fahey, G. S. Dutton, J. M. Gilligan, M. Loewenstein, J. R. Podolske, K. R. Chan, and M. R. Gunson (1997) Evaluation of source gas lifetimes from stratospheric observations. *J. Geophys. Res.*, **102**, 25543–25564.

[257] Voulgarakis, A., V. Naik, J.-F. Lamarque, D. T. Shindell, P. J. Young, M. J. Prather, O. Wild, R. D. Field, D. Bergmann, P. Cameron-Smith, I. Cionni, W. J. Collins, S. B. Dalsøren, R. M. Doherty, V. Eyring, G. Faluvegi, G. A. Folberth, L. W. Horowitz, B. Josse, I. A. MacKenzie, T. Nakashima, D. A. Plummer, M. Righi, S. T. Rumbold, D. S. Stevenson, S. A. Strode, K. Sudo, S. Szopa, and G. Zeng (2013) Analysis of present day and future OH and methane lifetime in the ACCMIP simulations. *Atmos. Chem. Phys.*, **13**, 2563-2587, doi:10.5194/acp-13-2563-2013.

[258] Walter, B. P., M. Heimann, and E. Matthews (2001) Modeling modern methane

emissionsfrom natural wetlands: 2. Interannual variations 1982-1993. *J. Geophys. Res.*, **106**, 34207-34219.

[259] Wanninkhof, R. (1992) Relationship between wind speed and gas exchange over the ocean. *J. Geophys. Res.*, **97**, 7373, doi:10.1029/92JC00188.

[260] Watanabe, O., J. Jouzel, S. Johnsen, F. Parrenin, H. Shoji, and N. Yoshida (2003) Homogeneous climate variability across East Antarctica over the past three glacial cycles. *Nature*, **422**, 509-512.

[261] Weber, S. L., A. J. Drury, W. H. J. Toonen, and M. van Weele (2010) Wetland methane emissions during the Last Glacial Maximum estimated from PMIP2 simulations: Climate, vegetation, and geographic controls. *J. Geophys. Res.*, **115**, D06111, doi:10.1029/2009JD012110.

[262] Weiss, R. F. (1974) Carbon dioxide in water and seawater: The solubility of a non-ideal gas. *Mar. Chem.*, **2**, 203-215.

[263] Whiticar, M., and H. Schaefer (2007) Constraining past global tropospheric methane budgets with carbon and hydrogen isotope ratios in ice. *Phil. Trans. R. Soc. A*, **365**, 1793-1828, doi:10.1098/rsta.2007.2048.

[264] Wood, R. W. (1909) Note on the theory of the greenhouse. *Phil. Mag.*, **17**, 319-320.

[265] Woodwell, G. M., R. H. Whittaker, W. A. Reiners, G. E. Likens, C. C. Delwiche, and D. B. Botkin (1978) The biota and the world carbon budget. *Science*, **199**, 141-146.

[266] Wrage, N., G. L. Velthof, M. L. van Beusichem, and O. Oenema (2001) Role of nitrifier denitrification in the production of nitrous oxide. *Soil Biol. Biochem.*, **33**, 1723-1732.

[267] Zeebe, R. E. and D. A. Wolf-Gladrow (2001) "CO_2 in Seawater: Equilibrium, Kinetics, Isotopes", Elsevier Oceanography Series, 65, 346pp., Elsevier, Amsterdam.

[268] Zhao, C. L., P. P. Tans, and K. W. Thoning (1997) A high precision manometric system for absolute calibrations of CO_2 in dry air. *J. Geophys. Res.*, **102**, 5885-5894.

索　引

あ 行

亜間氷期　233
アネックスＢ国　79
亜氷期　233
アメリカ海洋大気庁地球システム研究所全球監視部門　5
アメリカ地質調査所　78
アメリカ標準技術研究所　61
アメリカ標準局　58
アラゴナイト　91
あられ石　91
アルカリ度　89
アルカリポンプ　236
アルゴン　2
アルビード　20
アルベド　20

一酸化二窒素　2

ウィーンの変位則　18
ウォーカー循環　70
埋立て　149

エアロゾル　18
永久水温躍層　88
液体シンチレーションカウンター　59
エルニーニョ　70
塩素原子　3

オーストラリア連邦科学産業研究機構　121
オゾン　2
オゾン層　2
温室効果　2

温室効果ガス世界資料センター　160
温室効果気体　1

か 行

回転帯　19
海洋　1
海洋酸素同位体ステージ　231
解離平衡　87
拡散層　209
火山噴火　12
ガスクロマトグラフ　9
化石燃料　13
化石燃料燃焼　36
加速器質量分析計　59
活性窒素種　179
カルサイト　91
緩衝因子　92
間氷期　12

キーリングプロット　56
気候効果　83
気候変動に関する国際連合枠組条約　29
気候変動に関する政府間パネル　3
希釈効果　103
季節変動　66
気体輸送係数　93
気体輸送速度　87
北大西洋振動　74
逆解析　122
キャビティーリングダウン分光法　46
キャリアガス効果　50
吸収源　30
吸収率　23

凝結　21
京都議定書　29
キルヒホッフの放射法則　23

グロスフラックス　117
クロロフルオロカーボン　3

傾斜角　232
経年増加　74
顕熱　13

光解離　31
光合成　54
呼吸　56
国際エネルギー機関　78
国際原子力機関　58
国際連合食糧農業機関　82
国際連合統計局　78
黒体　18
湖沼　149

さ 行

歳差運動　232
産業革命　7
酸素　2

C_3植物　54
自然起源　8
湿地　149
質量分析計　57
射出率　22
シャピウス帯　19
シュウ酸標準試料　61
従属栄養呼吸　64
重量法　50

索　引

重力分離　208
シューマン-ルンゲ帯　18
寿命　29
純一次生産　123
順解析　122
瞬時の放射強制力　27
硝化　178
硝化細菌　178
　　　——による脱窒　178
笑気ガス　9
硝酸製造　179
蒸発　21
消滅源　31
植物プランクトン　99
C4植物　54
シロアリ　149
人為起源　3
深層海洋　35
振動-回転帯　18
森林管理効果　83
森林再成長効果　83
森林破壊　54

水酸基ラジカル　31
水蒸気　1
水素イオン指数　89
水素炎イオン化型検出器　48
水田　149
スース効果　13
スクリップス海洋研究所　66

生物ポンプ　236
整流効果　134
世界気候研究計画　33
世界気象機関全球大気監視　51
セメント製造　66
全球海洋コンベアーベルト　233
全球海洋生物地球化学モデル　77
全球火災放出データベース　84
全球生態系モデル　77
全球大気気体実験　5
全球大気研究用排出データベース　167
全球炭素循環モデル　120
全球排出インベントリー活動　192
先進的全球大気気体実験　5
潜熱　13
千分率　53

総一次生産　123

た　行

大気　1
大気化学モデル　151
大気化学輸送モデル　151
大気寿命実験　5
大気トレーサー輸送モデル相互比較計画　128
大気の窓　19
大気ポテンシャル酸素　114
大気輸送モデル　72
第5期結合モデル相互比較計画　33
第5次評価報告書　3
第3期結合モデル相互比較計画　33
第3次評価報告書　28
体積比　2
代表的濃度経路　36
太平洋十年規模変動　35
太陽定数　18
太陽放射　17
第4次評価報告書　6
対流圏　209
脱窒　178
脱窒細菌　178
炭酸アルカリ度　90
炭酸塩補償　226
炭酸塩ポンプ　237
炭酸物質　87
ダンスガード-オシュガーイベント　233
炭素循環　62
炭素貯蔵庫　54

地殻　148
地球温暖化　1
地球温暖化指数　29
地球環境に関する歴史的データベース　85
地球放射　17
窒素　1
窒素系化学肥料　179
窒素酸化物　31
窒素施肥効果　83
中深層海洋　64

底生有孔虫　206
電子遷移帯　19
電子捕獲型検出器　9
天文単位　18

同位体　42
同位体比　42
同位体非平衡効果　56
同位体分別　42
等価黒体温度　20
動的同位体分別係数　55
動物プランクトン　237
独立栄養呼吸　64
土壌吸収　148
土地利用改変　36
トップダウン法　42

な　行

ナイロン製造　179
軟組織ポンプ　237
南方振動指数　72

二酸化炭素　1
二酸化炭素還元反応　148
二酸化炭素情報分析センター　78
二酸化炭素施肥効果　83
二酸化炭素分圧　86

索　引

熱塩循環　233
熱拡散　201
熱帯収束帯　76
熱伝導度検出器　103
年々変動　66

農業廃棄物　149
濃度　3

は　行

ハイエイタス　35
バイオマス燃焼　148
排泄物　179
ハイドロクロロフルオロカーボン　3
ハイドロフルオロカーボン　3
バイポーラシーソー　233
発生源　42
ハートレー帯　18
パーフルオロカーボン　3
パーメグ　103
パラマグネティック酸素分析計　102
ハロカーボン　3
反芻動物　149
半幅値　49

非アネックスB国　79
非拡散層　209
日傘効果　12
ピストン速度　87
ピーディベレムナイト　58
ピナツボアノマリー　73
非分散型赤外分析計　43
非メタン揮発性有機化合物　241
非融解法　210
氷河　40
氷河期　12

氷期–間氷期サイクル　12
標準ガス　43
標準平均海水　58
氷床　12
氷床コア　4
氷床流動モデル　206
表層海洋　41
表層混合層　87
比例計数管　59

フィルン　201
ブックキーピング法　82
浮遊性有孔虫　206
ブリューワー–ドブソン循環　183
フレアリング　77
分解　56
分子拡散　86

ベイズ統計　129
ヘルツベルグ帯　18

方解石　91
放射エネルギー収支　17
放射強制力　25
放射性炭素　13
放出源　96
飽和度　90
簿記法　82
ボックス拡散モデル　120
ボトムアップ法　42

ま　行

マーチンの鉄仮説　238
マノメトリック法　50

ミッシングシンク　81
南太平洋収束帯　155
南半球環状モード　133
ミランコビッチサイクル　232

メタン　2
メタン細菌　148
メタンハイドレート　63
メチル基転移反応　148
モデル間不確かさ　131
モデル内不確かさ　131
モル比　3

や　行

融解法　210
有機物肥料　179
有光層　106
有効放射強制力　27

溶解度　89
溶解度ポンプ　236
溶解躍層　239
溶存態有機物　64
溶存無機炭素　64
四フッ化炭素　4

ら　行

ライソクライン　239
ラニーニャ　71

陸域生物化学モデル　184
陸上生物圏　53
離心率　232
硫酸エアロゾル　12
領域炭素循環評価計画　136

励起酸素原子　31
レヴェル因子　92

六フッ化硫黄　3
六フッ化エタン　4

欧文索引

A

absorptivity 23
accelerator mass spectrometer 59
Advanced Global Atmospheric Gases Experiment 5
aerosol 18
AGAGE 5
agricultural waste 149
albedo 20
ALE 5
ALK 89
alkalinity 89
alkalinity pump 236
Annex B country 79
anthropogenic origin 3
APO 114
AR4 6
AR5 3
aragonite 91
argon 2
astronomical unit 18
atmosphere 1
atmospheric chemistry model 151
atmospheric chemistry transport model 151
atmospheric potential oxygen 114
Atmospheric Tracer Transport Model Intercomparison Project 128
atmospheric transport model 73
atmospheric window 19
Atmospheric Lifetime Experiment 5
AU 18
autotrophic respiration 64

B

Bayesian statistics 129
benthic foraminifera 206
between-model uncertainty 131
biological pump 236
biomass burning 148
bipolar seesaw 233
blackbody 18
bookkeeping method 82
bottom-up approach 42
box-diffusion model 120
Brewer-Dobson circulation 183
buffer factor 92

C

C3 plant 54
C4 plant 54
calcite 91
carbon cycle 62
carbon dioxide 1
Carbon Dioxide Information Analysis Center 78
carbon reservoir 54
carbonate alkalinity 90
carbonate compensation 226
carbonate pump 237
carbonate species 87
carrier gas effect 50
cavity ring-down spectroscopy 46
CDIAC 78
cement production 66
CFC 3
Chappuis band 19
chlorine atom 3
chlorofluorocarbon 3
climate effect 83
CMIP3 33
CMIP5 33
CO_2 fertilization effect 83
CO_2 partial pressure 86
CO_2 reduction reaction 148
Commonwealth Scientific and Industrial Research Organisation 121
concentration 3
condensation 21
convective layer 209
Coupled Model Intercomparison Project 3 33
Coupled Model Intercomparison Project 5 33
CRDS 46
crust 148
CSIRO 121

D

Dansgaard-Oeschger event 233
decomposition 56

deep ocean 35
deforestation 54
degree of saturation 90
denitrification 178
denitrification bacteria 178
destruction source 31
DIC 64
diffusive layer 209
dilution effect 103
dissociation equilibrium 87
dissolved inorganic carbon 64
dissolved organic carbon 64
DOC 64
dry extraction method 210

E

eccentricity 232
ECD 9
EDGAR 167
effective radiative forcing 27
El Niño 70
electron capture detector 9
electronic transition band 19
emission source 42
Emissions Database for Global Atmospheric Research 167
emissivity 22
equivalent blackbody temperature 20
evaporation 21
excited oxygen atom 31
excreta 179

F

FAO 82
FID 48

Fifth Assessment Report 3
firn 201
flame ionization detector 48
flaring 77
Food and Agriculture Organization of the United Nations 82
forest management effect 83
forest regrowth effect 83
forward analysis 122
fossil fuel 13
fossil fuel combustion 36
Fourth Assesment Report 6

G

GAGE 5
gas chromatograph 9
gas transfer coefficient 93
gas transfer velocity 87
GC 9
GEIA 192
GFED 84
glacial period 12
glacial-interglacial cycle 12
glacier 40
Global Atmospheric Gases Experiment 5
global carbon cycle model 120
Global Emissions Inventory Activity 192
Global Fire Emissions Database 84
global ocean biogeochemical model 77

global ocean conveyor belt 233
global terrestrial biospheric model 77
global warming 1
global warming potential 29
GPP 123
gravimetric method 51
gravitational separation 208
greenhouse effect 2
greenhouse gas 1
gross flux 117
gross primary production 123
GWP 29

H

half-width 49
halocarbon 3
Hartley band 18
HCFC 3
Herzberg band 18
heterotrophic respiration 64
hexafluoroethane 4
HFC 3
Hiatus 35
Historical Database of Global Environment 85
HYDE 85
hydrochlorofluorocarbon 3
hydrofluorocarbon 3
hydroxyl radical 31

I

IAEA 58
ice core 5
ice sheet 12
ice sheet flow model 206
IEA 78

欧文索引

Industrial Revolution 7
instantaneous radiative forcing 27
interannual variation 66
interglacial period 12
Intergovernmental Panel on Climate Change 3
intermediate-deep ocean 64
International Atomic Energy Agency 58
International Energy Agency 78
interstadial period 233
Intertropical Convergence Zone 76
inverse analysis 122
IPCC 3
isotope 42
isotope fractionation 42
isotope ratio 42
isotopic disequilibrium effect 56
ITCZ 76

K

Keeling plot 56
kinetic isotope fractionation factor 55
Kirchhoff's law of thermal radiation 23
Kyoto Protocol 29

L

La Niña 71
lake and marsh 149
land use change 36
landfill 149
latent heat 13
laughing gas 9
lifetime 29
liquid scintillation counter 59

lysocline 239

M

manometric method 50
Marine Isotope Stage 231
Martin's Iron Hypothesis 238
mass spectrometer 57
methane 2
methane hydrate 63
methanogen 148
Milankovitch cycle 232
missing sink 81
mole ratio 3
molecular diffusion 86

N

NAO 74
National Bureau of Standards 58
National Institute of Standards and Technology 61
National Oceanic and Atmospheric Administration/Earth System Research Laboratory/Global Monitoring Division 5
natural origin 8
NBS 58
NDIR 43
net primary production 123
NIST 61
nitobacter 178
nitric acid production 179
nitrification 178
nitrifier denitrification 178
nitrogen 1
nitrogen fertilization

effect 83
nitrogen oxide 31
nitrogenous fertilizer 179
nitrous oxide 2
NMVOC 241
NOAA/ESRL/GMD 5
non-Annex B country 79
non-diffusive layer 209
non-dispersive infrared analyzer 43
non-methane volatile organic compound 241
North Atlantic Oscillation 74
NPP 123
nylon production 179

O

obliquity 232
ocean 1
organic fertilizer 179
oxalic acid standard 61
oxygen 2
ozone 2
ozone layer 2

P

Pacific Dacadal Oscillation 35
paramagnetic oxygen analyzer 102
parasol effect 12
PDB 58
PDO 35
Pee Dee Belmnite 58
per meg 103
per mil 53
perfluorocarbon 3
permanent thermocline 88
PFC 3
pH 89

欧文索引

photic zone 106
photolysis 31
photosynthesis 54
phytoplankton 99
Pinatubo anomaly 73
piston velocity 87
planktonic foraminifera 206
potential of hydrogen 89
precession 232
proportional counter 59

R

radiation budget 17
radiative forcing 25
radioactive carbon 13
RCP 36
reactive nitrogen species 179
RECCAP 137
rectifier effect 134
Regional Carbon Cycle Assessment and Process 136
Representative Concentration Pathways 36
respiration 56
Revelle factor 92
rice field 149
rotation band 19
ruminant 149

S

Schumann-Runge band 18
Scripps Institution of Oceanography 66
seasonal cycle 66
secular increase 74
sensible heat 13
sink 30
SMOW 58
soft tissue pump 237

SOI 72
soil sink 148
solar constant 18
solar radiation 17
solubility 89
solubility pump 236
source 97
South Pacific Convergence Zone 155
Southern Annual Mode 133
Southern Oscillation Index 72
SPCZ 155
stadial period 233
standard gas 43
Standard Mean Ocean Water 58
Suess effect 13
sulfate aerosol 12
sulfur hexafluoride 3
surface mixed layer 87
surface ocean 41

T

TCD 104
termite 149
terrestrial biogeochemical model 184
terrestrial biosphere 53
terrestrial radiation 17
tetrafluoromethane 4
thermal conductivity detector 104
thermal diffusion 201
thermohaline circulation 233
Third Assesment Report 28
top-down approach 42
TransCom 128
transmethylation reaction 148

U

UNFCCC 29
United Nations Framework Convention on Climate Change 29
United Nations Statistics Office 78
United States Geological Survey 78
UNSO 78
USGS 78

V

vibration-rotation band 19
volcanic eruption 12
volume ratio 2

W

Walker circulation 70
water vapor 1
WCRP 33
WDCGG 160
wet extraction method 210
wetland 149
Wien's displacement law 18
within-model uncertainty 131
WMO/GAW 52
World Climate Research Programme 33
World Data Centre for Greenhouse Gases 160
World Meteorological Organization/Global Atmospheric Watch 51

Z

zooplankton 237

著者紹介

中澤　高清（なかざわ　たかきよ）

略　歴　1976 年東北大学大学院理学研究科博士課程単位習得退学．東北大学理学部助手，助教授，教授，同理学研究科教授などを経て，2012 年より現職．
現　在　東北大学・名誉教授／客員教授，理学博士
専　攻　気象学・大気科学

青木　周司（あおき　しゅうじ）

略　歴　1984 年東北大学大学院理学研究科博士課程修了．国立極地研究所助手，東北大学理学部助教授などを経て，2003 年より現職．
現　在　東北大学大学院理学研究科大気海洋変動観測研究センター・教授，理学博士
専　攻　気象学・大気科学

森本　真司（もりもと　しんじ）

略　歴　1994 年東北大学大学院理学研究科博士課程修了．国立極地研究所助手，准教授などを経て，2013 年より現職．
現　在　東北大学大学院理学研究科大気海洋変動観測研究センター・教授，博士（理学）
専　攻　大気科学

現代地球科学入門シリーズ 5
地球環境システム
－温室効果気体と地球温暖化－

Introduction to
Modern Earth Science Series
Vol.5
Global Environment System：
Greenhouse Gases and
Global Warming

2015 年 5 月 25 日　初版 1 刷発行

著　者　中澤高清
　　　　青木周司 ⓒ 2015
　　　　森本真司

発行者　南條光章

発行所　共立出版株式会社
〒 112-0006
東京都文京区小日向 4 丁目 6 番地 19 号
電話　03-3947-2511（代表）
振替口座　00110-2-57035
URL http://www.kyoritsu-pub.co.jp/

印　刷　藤原印刷
製　本

一般社団法人
自然科学書協会
会員

検印廃止
NDC 451, 451.85, 450

ISBN 978-4-320-04713-6　Printed in Japan

■地学・地球科学・宇宙科学関連書　http://www.kyoritsu-pub.co.jp/　共立出版

地質学用語集 —和英・英和—	日本地質学会編
応用地学ノート	武田裕幸他責任編集
水文学	杉田倫明訳
水文科学	杉田倫明他著
環境地下水学	藤縄克之著
地下水流動 —モンスーンアジアの資源と循環—	谷口真人編著
人類紀自然学	人類紀自然学編集委員会編著
化石の研究法	化石研究会編
氷河時代と人類 (双書 地球の歴史 7)	酒井潤一他著
地質図の読み方・書き方 (地学ワンポイント 1)	羽田　忍著
汚染される地下水 (地学ワンポイント 2)	藤縄克之著
地すべり (地学ワンポイント 3)	藤田　崇著
黒　鉱 (地学ワンポイント 4)	石川洋平著
よみがえる分子化石 (地学ワンポイント 5)	秋山雅彦著
地球・生命	大谷栄治他著
プレートテクトニクス	新妻信明著
プレートダイナミクス入門	新妻信明著
サージテクトニクス	西村敬一他訳
地球の構成と活動 (物理科学のコンセプト 7)	小出昭一郎監修
躍動する地球 第2版	石井健一他著
地震学 第3版	宇津徳治著
地震予知論入門 (共立全書 209)	力武常次著
大学教育 地学教科書 第2版	小島丈兒他著
国際層序ガイド	日本地質学会訳編
地質学調査の基本	日本地質学会地質基準委員会編著
地質基準	日本地質学会地質基準委員会編著
東北日本弧 —岩日本海の拡大とマグマの生成—	周藤賢治著
日本の地質 増補版	日本の地質増補版編集委員会編
岩石学概論(上) 記載岩石学	周藤賢治他著
岩石学概論(下) 解析岩石学	周藤賢治他著
同位体岩石学	加々美寛雄他著
岩石学Ⅰ —偏光顕微鏡と造岩鉱物— (共立全書 189)	都城秋穂他著
岩石学Ⅱ —岩石の性質と分類— (共立全書 205)	都城秋穂他著
岩石学Ⅲ —岩石の成因— (共立全書 214)	都城秋穂他著
地殻・マントル構成物質	周藤賢治他著
岩石熱力学	川嵜智佑著
岩石・鉱物のための熱力学	内田悦生著
水素同位体比から見た水と岩石・鉱物	黒田吉益著
地球資源学入門 第2版 (地球科学入門シリーズ 7)	日下部　実訳
偏光顕微鏡と岩石鉱物 第2版	黒田吉益他著
ハンディー版 環境用語辞典 第3版	上田豊甫他編
地球・環境・資源	内田悦生他編
地下水汚染論	地下水問題研究会編
地盤環境工学	嘉門雅史他著
狂騒する宇宙	井川俊彦訳
ジャストロウトンプソン天文学	佐藤文隆他訳
復刊 宇宙電波天文学	赤羽賢司他著
現代天文学が明かす宇宙の姿	桜井邦朋著
宇宙物理学	桜井邦朋著
宇宙物理学 (KEK物理学シリーズ 3)	小玉英雄他著
大規模構造の宇宙論 (基本法則から読み解く物理学最前線 4)	松原隆彦著
めぐる地球 ひろがる宇宙	林　憲二他著
轟きは夢をのせて (喜・怒・哀・楽の宇宙日記 1)	的川泰宣著
人類の星の時間を見つめて (喜・怒・哀・楽の宇宙日記 2)	的川泰宣著
いのちの絆を宇宙に求めて (喜・怒・哀・楽の宇宙日記 3)	的川泰宣著
この国とこの星と私たち (喜・怒・哀・楽の宇宙日記 4)	的川泰宣著
大気放射学 —衛星リモートセンシングと気候問題へのアプローチ—	藤枝　鋼他著
竜巻のふしぎ —地上最強の気象現象を探る—	森田正光他著
カラー図解 物理学事典	杉原　亮他訳
ケンブリッジ 物理公式ハンドブック	堤　正義訳
独習独解 物理で使う数学 完全版	井川俊彦訳